高等学校工程设计、开发及应用型规划教材

嵌入式系统及应用开发实践教程

赵亦欣◎主编

西南大學出版社
SWUP 国家一级出版社 全国百佳图书出版单位

图书在版编目(CIP)数据

嵌入式系统及应用开发实践教程 / 赵亦欣主编. --
重庆：西南大学出版社, 2023.3
ISBN 978-7-5697-1818-8

Ⅰ.①嵌… Ⅱ.①赵… Ⅲ.①微型计算机—系统开发—教材 Ⅳ.①TP360.21

中国国家版本馆CIP数据核字(2023)第053877号

嵌入式系统及应用开发实践教程
QIANRUSHI XITONG JI YINGYONG KAIFA SHIJIAN JIAOCHENG
赵亦欣　主编

责任编辑：刘欣鑫
责任校对：朱春玲
版式设计：汤　立
排　　版：杜霖森
出版发行：西南大学出版社
　　　　　重庆·北碚　邮编：400715
　　　　　网址：www.xdcbs.com
印　　刷：重庆市骏煌印务有限公司
幅面尺寸：185 mm×260 mm
印　　张：17
字　　数：372千字
版　　次：2023年3月　第1版
印　　次：2023年4月　第1次印刷
书　　号：ISBN 978-7-5697-1818-8

定　　价：59.00元

高等学校工程设计、开发及应用型规划教材

嵌入式系统及应用开发实践教程

顾　问　张自力　西南大学

　　　　　肖国强　西南大学

主　编　赵亦欣　西南大学

参　编　黄　伟　西南大学

　　　　　林景栋　重庆大学

内容简介

《嵌入式系统及应用开发实践教程》以Cortex-M4系列嵌入式微控制器为中心展开叙述，将全书内容划分成基础篇、提高篇、设计篇、综合篇四个部分。其中，基础篇和提高篇根据嵌入式微控制器的片内功能组件、片间同步串行通信、通用异步串行通信、以太网及TCP/IP通信等教学内容，设计了安装开发环境及新建工程、基于固件库函数点亮LED流水灯、按键输入的外部中断控制、定时器中断控制、SPI通信、IIC通信、UART串口通信、RS485通信、Ethernet通信等九个实验，旨在引导学生在实验平台及开发环境中，综合运用理论知识，完成应用基础实践性软件开发，培养学生对嵌入式系统及网络通信技术的分析、设计、编程、开发、调试等应用实践能力。设计篇则注重发挥学生的设计能力、思维能力、创造能力和实践能力，明确提出了现场设备的本地及远程操作控制、基于DMP传感器的运动姿态检测实验、视频图像采集及基本处理、无线局域网WiFi通信等四个设计任务，让学生自主完成嵌入式系统应用开发，培养学生自主设计创新能力。综合篇则更加体现嵌入式系统开发的综合性和实践性，推荐了工业现场总线Modbus ASCII通信、工业以太网Modbus TCP/IP通信、近场无线NFC通信、无线个域网ZigBee通信、长距离物联网LoRa通信、窄带物联网NB-IoT通信、自动避障轮式移动机器人控制、嵌入式AI图像分类、嵌入式AI运动事件识别、嵌入式AI声音识别等十个综合实践项目任务，与工业网络、物联网技术、人工智能及机器人技术相结合，让学生根据任务要求，独立完成嵌入式系统分析、设计及开发，着眼于现实需求及技术发展，综合培养学生设计开发及创新实践能力。

《嵌入式系统及应用开发实践教程》层次清晰、重点突出、内容丰富。基础篇和提高篇中的实验给出了原理、内容及步骤，图文并茂、易教易学。设计篇和综合篇则给出了目的、功能需求和实践要求，注重自主分析、设计、开发和创新，有利于开展课程设计、课外实践、毕业设计等项目。作为高等学校工程设计、开发及应用型规划教材，《嵌入式系统及应用开发实践教程》可作为普通高校本科学生、专业硕士研究生及专科学生的自动化、网络工程、计算机、电子信息等专业实验教学用书，也可作为从事嵌入式系统设计开发的专业人员参考用书。

前言

嵌入式系统是以应用为中心的专用计算机系统，对功能、可靠性、成本、体积和功耗有严格的要求。在嵌入式系统设计及应用开发过程中，需要综合片内体系结构、片上功能组件、输入输出驱动、同步异步通信等多方面软件、硬件知识，根据实际应用开发需要，设计出实时性高、稳定性好、实用性强的嵌入式系统。因此，嵌入式系统及应用开发是计算机、自动化、网络工程、电子信息等工科专业学习内容的重要组成部分，是培养学生解决复杂工程问题能力的有效途径。

国内"嵌入式系统及应用开发"相关实践教材品种较为丰富，主要分为两大类：一类是偏重于理论教学配套的实验教材，主要是国内高等学校采用；另一类是着重与销售的开发板配套的开发指南，主要是技术开发人员和学生在自主学习中使用。目前，现有实践教材可进一步改进的内容为：以配合理论教学为主编写的传统实验教材可充实工程实践方面内容；注重应用开发实践能力训练的开发指南在系统性和层次递进方面存在改进之处。因此，有必要结合各方面优势和发展需求，编写出更有利于提升学习者综合能力的综合实践教材。

本实践教程突破了单一实验开发平台局限，以Cortex-M4嵌入式微控制器为基础，采用固件库函数调用和C语言编程开发方式，以专业应用能力为导向，剖析嵌入式系统共性基础功能应用开发技巧，融入多种新兴技术和研究热点，延伸跨领域应用能力，为学习者提供一套完整、新颖、操作性强的实践教程。

本教程根据课程的性质、任务、要求和学习对象，设计了13个实验项目和10个综合实践项目，根据内容可划分为四个大类：基础篇、提高篇、设计篇和综合篇。其中，基础篇实验包括：安装开发环境及新建工程、基于固件库函数点亮LED流水灯、按键输入的外部中断控制、定时器中断控制；提高篇实验包括：SPI通信、IIC通信、UART串口通信、RS485通信、Ethernet通信；设计篇实验包括：现场设备的本地及远程操作控制、基于DMP传感器的运动姿态检测、视频图像采集及基本处理、无线局域网WiFi通信；综合篇项目包括：工业现场总线Modbus ASCII通信、工业以太网Modbus TCP/IP通信、近场无线NFC通信、无线个域网ZigBee通信、长距离物联网LoRa通信、窄带物联网NB-IoT通信、自动避障轮式移动机器人控制、嵌入式AI图像分类、嵌入式AI运动事件识别、嵌入式AI声音识别。

本书的特色是：(1)在基础篇和提高篇的实验内容中，融入了编写者们长期从事嵌入式系统开发教学和嵌入式产品应用开发沉淀的经验，有利于帮助学习者更好地掌握应用开发技巧，培养应用实践能力。(2)在设计篇实践项目设计中，提供了远程操控、姿态解算、图像处理、物联网通信等方面实践项目，适用于开展课程设计和实习实训。(3)在综合篇实践项目设计中，提供了工业互联网、物联网、机器人、人工智能等方面实践项目，适用于开展毕业设计和应用开发等综合实践。本实践教材层次递进地覆盖了对不同阶段的能力培养，不仅可以满足计算机、自动化、网络工程、电子信息的大学生和研究生学习的需要，还可以作为工程领域的软硬件人员和设计人员学习用书。

本书由赵亦欣担任主要编写人，张自力、肖国强担任顾问，黄伟、林景栋同志参编，各章分工如下：

● 实验1到实验9、实验12、实验13、综合实践1、综合实践4、综合实践5和综合实践7由西南大学赵亦欣编写

● 综合实践6和综合实践10由西南大学张自力编写

● 综合实践8和综合实践9由西南大学肖国强编写

● 实验11和综合实践2由西南大学黄伟编写

● 实验10和综合实践3由重庆大学林景栋编写

全书由赵亦欣总撰，以及最后定稿。

全书编写过程中，得到西南大学刘伟老师的大力支持，在此表示诚挚的感谢。由于编者经验和水平有限，书中存在不足之处，敬请同行和各位读者批评指正。

目 录

概述:实验的基本要求

0.1 概述

嵌入式系统及应用开发实践教程可以作为计算机、网络工程、自动化等专业的嵌入式系统及应用开发、嵌入式微控制器、嵌入式软件开发等本科实践教学教材及实验指导书;也可作为计算机、自动化程等专业硕士研究生学习物联网技术、嵌入式系统、工业互联网等课程的实践教学教材及参考资料;还可作为教师、研究生和科研人员实际完成嵌入式系统及应用项目开发的参考资料。为了满足不同专业对实践教学的要求,在实际开展教学活动过程中,可结合各自专业的特点、培养目标和课程目标,灵活选择本实践教程中若干项目,成体系地培养学生嵌入式系统应用的开发能力,加深对嵌入式系统的认识,促进对理论知识的理解和掌握。

嵌入式系统及应用开发所需依托的硬件平台,可由各种以Cortex-M系列嵌入式微控制器为核心的开发板、MDK开发软件、计算机以及各种辅助设备组成。本嵌入式系统及应用开发实践教程未对具体采用何种开发板进行限定,在开发实践过程中涉及硬件内容时,以提供的电路原理图为参考基础。学习者可根据自己实际使用的硬件平台,对嵌入式应用程序进行调整或修改,以适应具体硬件平台需要。

0.2 实验前准备及安全操作规程

0.2.1 实验前准备

实验前应复习教材中有关章节,查阅相关辅助教学资料,认真研读本嵌入式系统及应用开发实践教程中选定的实验项目,了解实验目的、原理、设备、内容、方法、步骤,明确实验过程中应注意的问题,并按实验项目准备记录。

0.2.2 安全操作规程

(1)实验之前确保电源开关处于“关”的位置;

(2)接线或拆线必须在切断电源的情况下进行,接线时注意电源极性,经严格检查,并经指导老师确认后,方可接通电源;

(3)实验过程中,需要小心操作设备的连接组件,避免损坏设备和装置;

(4)实验完毕,需关闭电源,拆除连接,并经指导老师确认后,方可离开。

基础篇实验

实验1　安装开发环境及新建工程

1.1　实验目的

(1)能够安装MDK 5 (也称Keil 5)开发环境。

(2)能够安装被选用嵌入式微控制器芯片对应的MCU DEVICE安装包。

(3)能够独立新建工程并添加所选嵌入式微控制器芯片对应的固件库。

(4)能够根据所选嵌入式微控制器芯片,对新建工程的开发环境进行配置。

(5)能够根据采用的仿真器,对新建工程的开发环境进行配置。

(6)能够完成新建工程程序文件编译、修改,并下载到开发板运行。

(7)鼓励和引导使用国产嵌入式微控制器芯片进行应用开发。

1.2　实验设备

- PC计算机
- Cortex-M系列嵌入式微控制器为核心的开发板
- 仿真器
- MDK 5 (Keil 5)集成调试环境软件
- MCU DEVICE安装包,如Keil.STM32F4xx_DFP.2.11.0.pack
- 标准固件库函数安装包,如en.stm32f4_dsp_stdperiph_lib.zip

1.3　实验原理

嵌入式系统应用程序需要在一台通用计算机上开发,该计算机上需要安装相应的集成开发环境(如MDK、IAR等),我们将这台装有集成开发环境的计算机称为“宿主机”。需要被开发的嵌入式微控制器或单片机被称为“目标机”。“宿主机”与“目标机”之间通过“仿真器”连接,共同构成如图1-1所示的嵌入式系统开发平台。

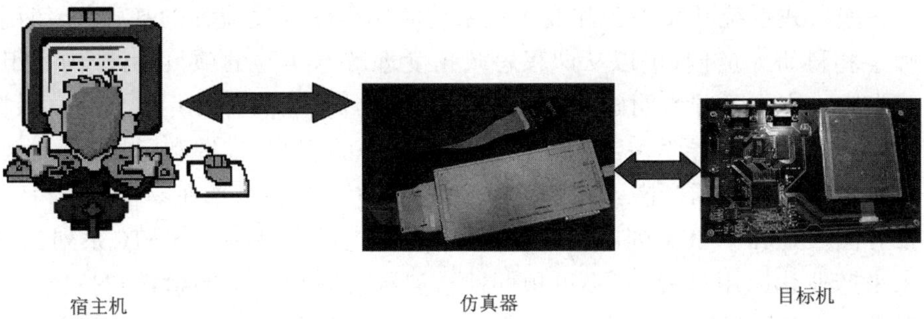

图1-1　嵌入式系统开发平台

通过“仿真器”，程序从“宿主机”传送到“目标机”，这叫“下载”；通过“仿真器”，程序从“目标机”传送到“宿主机”，叫“上传”。在“宿主机”的集成开发环境中，可以对应用程序进行修改，并通过集成开发环境对应用程序设置断点、单步运行等条件。通过“仿真器”，监视其在“目标机”上的运行状态和结果，帮助应用程序修改，称为“调试”。在“宿主机”的集成开发环境中，已调试好的程序被编译成“目标机”可直接执行的机器码，并下载到“目标机”的程序存储器中，称为“烧片”或“程序固化”。至此，“目标机”可与“宿主机”分离，独立运行。

嵌入式系统应用程序开发的流程框图如图1-2所示，在1.5节实验步骤部分，将对其如何安装开发环境，如何建立工程，如何设置编译环境和工程模板参数，如何完成程序的编译、修改、下载等过程的内容，给出更加详细的描述和说明。

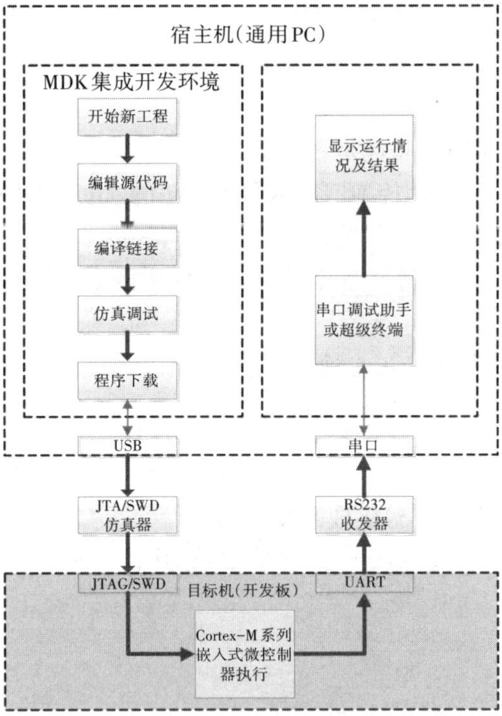

图1-2　嵌入式系统应用程序开发流程框图

在理解嵌入式系统开发平台和嵌入式系统应用程序开发流程的基础上，使用本实践教程的师生和科研人员们，可以从课程思政角度理解本实验的项目设计、内容组织和步骤描述等内容。本实验并未明确指定某一厂家的芯片作为具体使用的嵌入式微控制器，主要目的是着重突出引导学习者对原理、方法、技巧的理解、掌握和运用，更加鼓励开发人员灵活地选择和使用国产嵌入式微控制者来进行应用开发，如兆易创新、雅特力科技、致象科技等国产Cortex-M系列嵌入式微控制器，还包括宏晶科技的STC系列51单片机，避免在未来产业化应用过程中，不可预期地遭遇国外霸权主义的封锁和打压。同时，也有利于促进大家共同推动国产技术、产品和应用的快速发展，鼓励大家报效祖国，为中华民族的伟大复兴而努力奋斗。

1.4 实验内容

学习安装和使用MDK 5(Keil 5)集成开发环境。学习安装被选用嵌入式微控制器芯片的支持包。新建一个简单工程文件并添加所选嵌入式微控制器芯片对应的固件库函数文件。根据选用的嵌入式微控制器芯片，配置开发环境条件。根据采用的仿真器，配置开发环境参数。掌握新建工程程序文件的编译、修改、下载等过程及方法。在学习、理解、掌握、实践和归纳总结后，进一步向国产嵌入式微控制器应用开发方面发展和践行，真正做到学以致用，更好地促进民族工业发展。

1.5 实验步骤

1.5.1 实验前准备

(1)检查MDK 5(Keil 5)安装包是否准备好；

(2 检查所选嵌入式微控制器芯片对应的MCU DEVICE安装包(如Keil.STM32F4xx_DFP.2.11.0.pack)是否准备好；

(3)检查所选嵌入式微控制器芯片对应的固件库函数安装包(如en.stm32f4_dsp_stdperiph_lib.zip)是否准备好；

(4)检查各实验设备是否能正常地使用；

(5)检查是否已经熟悉实验原理、内容、步骤。

1.5.2 实验步骤

1.5.2.1 安装MDK 5(Keil 5)集成开发环境

双击MDK 5(Keil 5)安装包，开始安装。在图1-3所示安装流程中，点击下方的“Next”，继续安装。

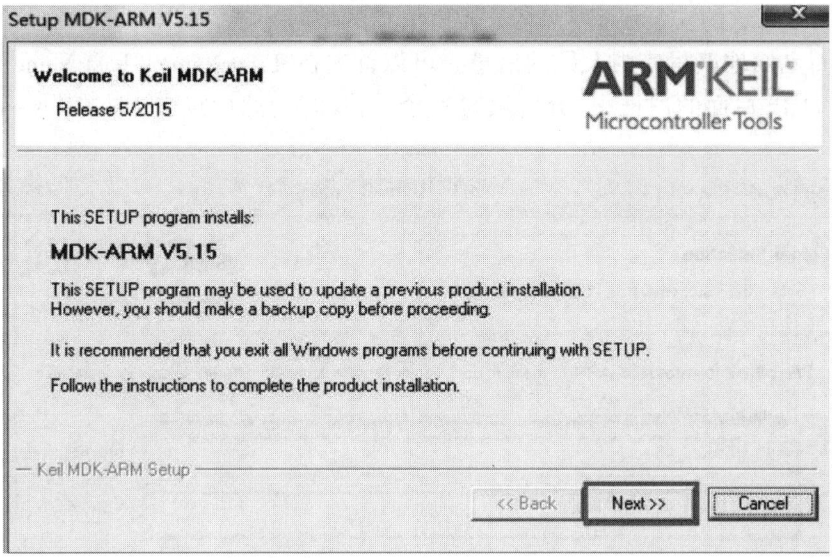

图 1-3　MDK 5(Keil 5)安装流程 1

在图 1-4 所示的安装流程中,对于许可权的认可,先勾选该窗体中左下方位置的选择框,然后再点击下方的“Next”,继续后续安装。

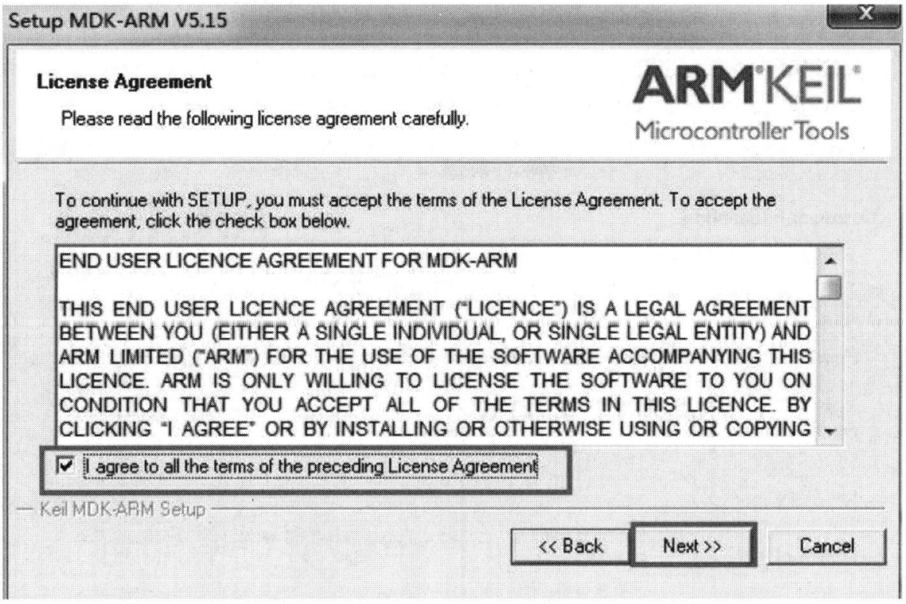

图 1-4　MDK 5(Keil 5)安装流程 2

在图 1-5 所示的安装流程中,对于安装文件夹位置的选择,可以在该窗体中选择 MDK 5 的安装路径和各种安装包的安装路径(后续芯片支持包会安装到此路径下),也可以直接采用默认路径,然后点击下方的“Next”,继续后续安装。

在图1-6所示的安装流程中，对于客户信息的填写要求，可以简化操作的复杂度，不需要完整而全面地填写使用人员的信息。可以首先在“First Name”“Last Name”“Company Name”“E-mail”后面的白框中，分别填写一个空格即可，然后点击下方的“Next”，继续后续安装。

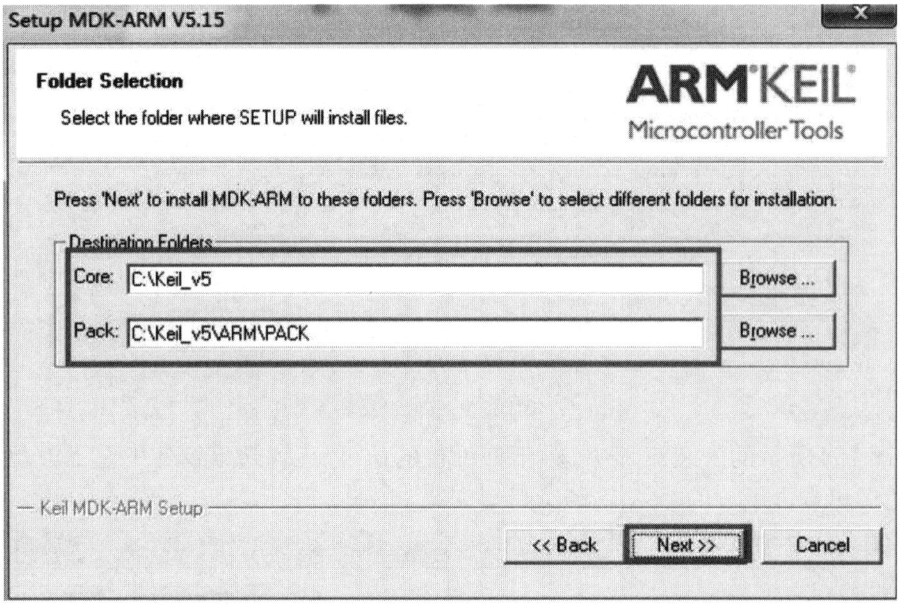

图1-5　MDK 5(Keil 5)安装流程3

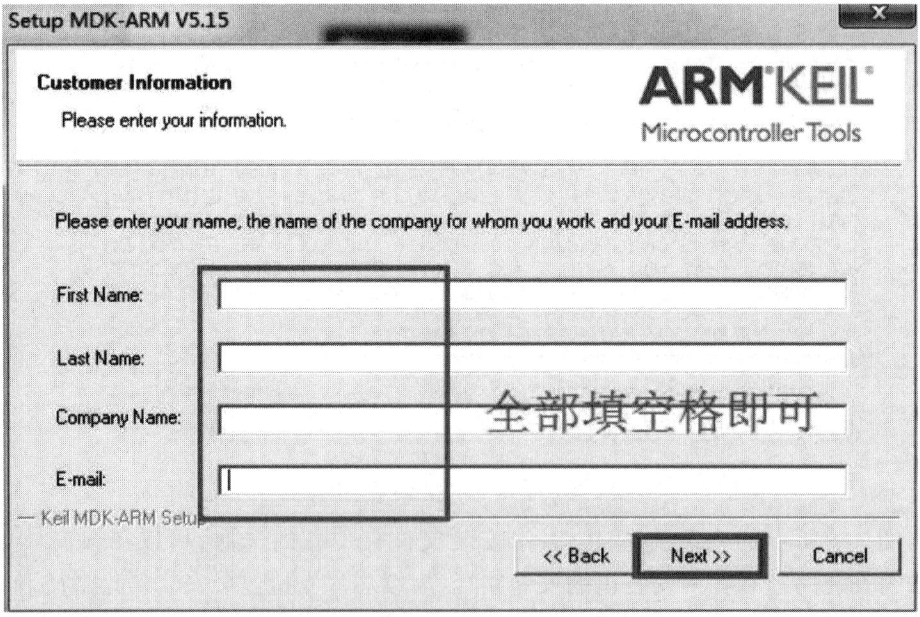

图1-6　MDK 5(Keil 5)安装流程4

在图1-7所示安装流程中,点击"Finish",结束安装。

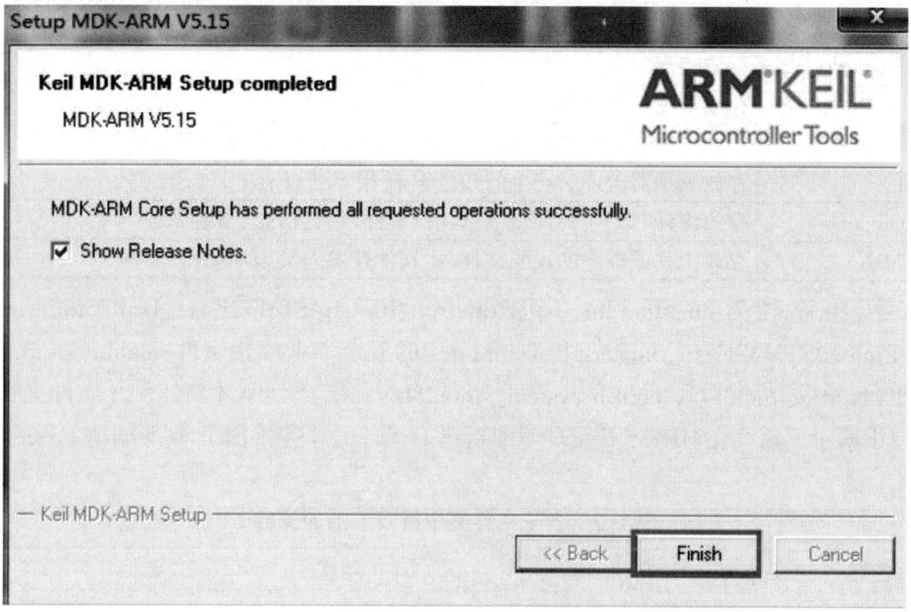

图1-7 MDK 5(Keil 5)安装流程5

1.5.2.2 安装MCU DEVICE安装包

为了能支持以STM32-F4xx嵌入式微控制器为核心的开发板采用的MCU芯片,需安装相应的MCU DEVICE安装包。双击MCU DEVICE安装包Keil.STM32F4xx_DFP.2.11.0.pack,开始安装。安装路径默认与MDK 5(Keil 5)安装路径一致,不需要更改。鼓励大家采用国产嵌入式微控制器芯片进行应用开发,则可参照此步,增添相应的芯片支持包。

1.5.2.3 新建本地工程文件夹并添加固件库

本实践教程是基于STM32-F4xx嵌入式微控制器固件库函数来指导嵌入式系统应用开发的。首先,在电脑上新建一个本地工程文件夹,命名为M4-GPIOtest,其下建6个子文件夹,如图1-8。

图1-8 本地工程文件夹

6个子文件夹的主要用途如表1-1所示。

表 1-1　本地工程文件夹中各子文件夹的主要用途

名称	用途
Project	存放工程
User	存放开发的各应用程序
Libraries	存放固件库函数文件及符合 Cortex 微控制器软件接口标准的软件接口
Listing	存放编译器编译时产生的 C/汇编/链接等列表清单
Output	存放编译时产生的调试信息、hex 文件、预览信息、封装库等
Doc	存放工程或程序的说明文件,由软件开发人员添加

然后,将路径为 en. stm32f4_dsp_stdperiph_lib. zip\STM32F4xx_DSP_StdPeriph_Lib_V1.8.0\ Project\STM32F4xx_StdPeriph_Templates\的五个参考模板文件:main.c、stm32f4xx_it.h、stm32f4xx_it.c、stm32f4xx_conf.h、system_stm32f4xx.c,解压到刚才新建的子文件夹 User 中,如表 1-2 中所示。后续在 MDK 5 开发环境中新建工程时,会将它们添加到所创建工程的 User 组文件夹。

表 1-2　各子文件夹中需要添加的文件

名称	用途
Project	暂时为空
User	stm32f4xx_conf.h:用来配置固件库函数的头文件
	system_stm32f4xx.c:STM32 系统文件,包含系统初始化、时钟配置等
	stm32f4xx_it.h、stm32f4xx_it.c:中断服务程序可添加在 stm32f4xx_it.c 程序中
	main.c:主程序
Libraries	CMSIS:Cortex-M4 内核有关的库文件
	STM32F4xx_StdPeriph_Driver:STM32 标准固件库函数
Listing	暂时为空
Output	暂时为空
DOC	本工程的说明

同理,在新建的子文件夹 Libraries 中,再建两个文件夹 CMSIS 和 STM32F4xx_StdPeriph_Driver,将路径为 en. stm32f4_dsp_stdperiph_lib. zip\STM32F4xx_StdPeriph_Lib_V1.8.0\ Libraries\CMSIS\的 Device 和 Include 两个文件夹,解压到刚才新建子文件夹 Libraries 的 CMSIS 文件夹里。将路径为 en. stm32f4_dsp_stdperiph_lib. zip\STM32F4xx_StdPeriph_Lib_V1.8.0\ Libraries\STM32F4xx_StdPeriph_Driver\的 inc 和 src 两个文件夹,解压到刚才新建子文件夹 Libraries 的 STM32F4xx_StdPeriph_Driver 文件夹里,如表 1-2 中所示。后续配置 MDK 5 开发环境时,会将它们分别添加到新建工程的 CMSIS 组文件夹和 STM32F4xx StdPeriph Driver 组的文件夹。

1.5.2.4　MDK 5 开发环境中新建工程并添加固件库

(1)MDK 5 开发环境中新建工程

打开 MDK 5,单击 Project→New μVision Project,新建一个工程,如图 1-9 所示。工程

名可以根据功能命名，也可根据自己的命名习惯命名，如M4-test，保存在之前所建立的...\M4-GPIOtest\Project文件夹下。

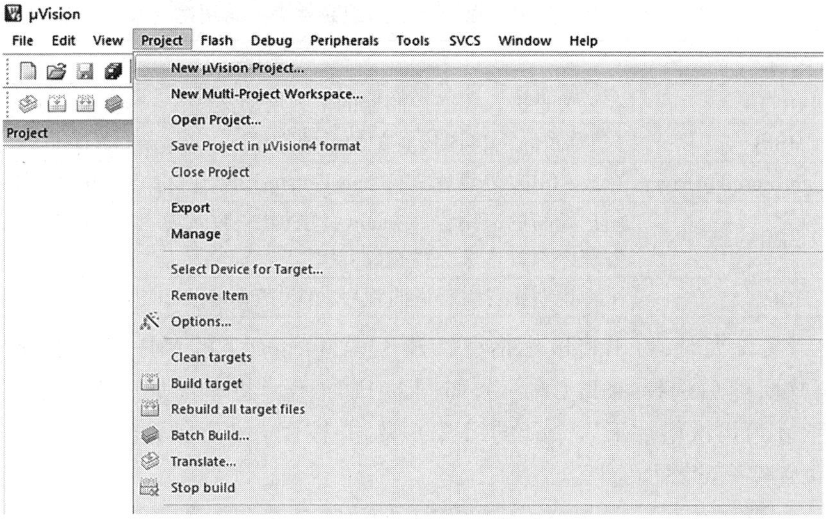

图1-9　在MDK 5中新建工程

(2)选择实际使用的MCU型号

在保存新建工程文件后，会弹出选择目标设备的窗体，需要根据实际使用的MCU型号进行选择，如STM32F429IGTx，并点击"OK"，如图1-10所示。鼓励采用国产芯片进行嵌入式系统应用开发，若采用，则参照此步，在添加了相应的芯片支持包后，则选择相应的嵌入式微控制器。

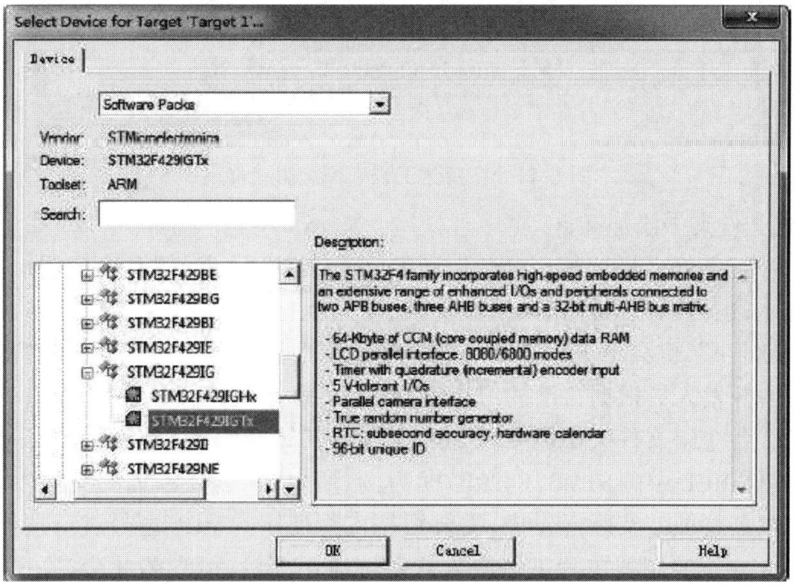

图1-10　选择MCU型号

(3)在新建工程文件中添加组文件夹

在MDK 5的新建工程文件里,添加5个组文件夹,如表1-3所示,用来存放各种文件。

表1-3　新建工程中添加的组文件夹及其用途

名称	用途
STARTUP	存放所选嵌入式微控制器的汇编启动文件:startup_stm32f429_439xx.s
CMSIS	存放Cortex-M4内核有关的系统文件:system_stm32f4xx.c
STM32F4xx_StdPeriph_Driver	存放STM32外设库文件:misc.c、stm32f4xx_ppp.c(ppp代表外设)
USER	用户编写的应用程序:main.c(主程序,暂时为空)、stm32f4xx_it.c(中断服务程序都放这个文件,暂时为空)
DOC	工程说明.txt:用于说明程序功能、版本修改和注意事项等信息

添加组文件夹时,可以将鼠标指在新建工程M4-test下的M4-GPIO目标文件夹处,单击鼠标右键,然后选择“Add Group”,如图1-11所示。将新增加一个的组文件夹按表1-3命名后,才可再次增加下一个新的组文件夹,并按表1-3命名,直到将5个组文件夹中需要添加的文件全部添加完毕。

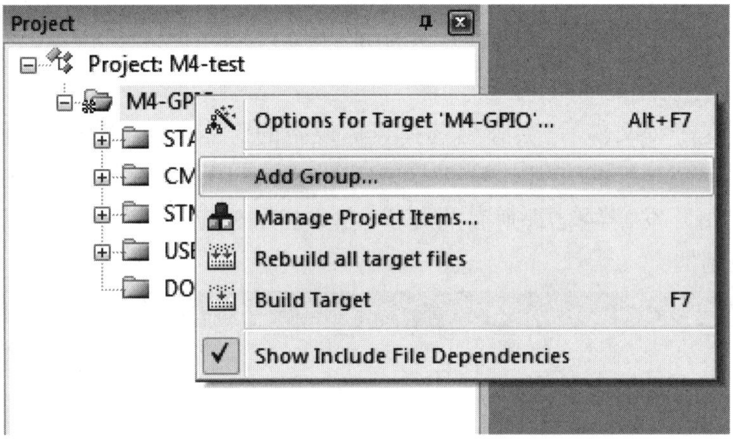

图1-11　在新建工程中添加组文件夹

(4)在组文件夹中添加文件

在给各个组文件夹添加相应文件时,可以双击组文件夹,就会出现添加文件的路径选择对话窗体;也可以用鼠标指向组文件夹,单击鼠标右键,然后选择“Add Existing Files to Group ‘XXX’…”,也会出现添加文件的路径选择对话窗体。进入路径选择对话窗体的两种方式可由开发人员根据自己的习惯选择,前者简便,后者保证了操作方法的一致性,各有优缺点。各个组文件夹中需要添加的文件及其路径如表1-4所示,为了便于讲述实验步骤,以具体MCU中的STM32F429IGTx为例,所以,在需要添加的文件中就有相应的嵌入式微控制器特征。实际开发中,需要根据实际使用的MCU型号进行选择,尤其鼓励采用国产嵌入式微控制器芯片进行嵌入式系统应用开发,可参照此步,添加与实际采用的国产嵌入式微控制器芯片相关文件,为项目开发提供有效支持。

表 1-4　工程中组文件夹添加文件的路径

名称	需添加文件及其路径
STARTUP	…\M4-GPIOtest\Libraries\CMSIS\Device\ST\STM32F4xx\Source\Templates\arm\startup_stm32f429_439xx.s
CMSIS	…\M4-GPIOtest\Libraries\CMSIS\Device\ST\STM32F4xx\Source\Templates\system_stm32f4xx.c
STM32F4xx StdPeriph Driver	…\M4-GPIOtest\Libraries\STM32F4xx_StdPeriph_Driver\src\misc.c …\M4-GPIOtest\Libraries\STM32F4xx_StdPeriph_Driver\src\stm32f4xx_ppp.c（ppp代表外设）
USER	…\M4-GPIOtest\User\main.c …\M4-GPIOtest\User\stm32f4xx_conf.h …\M4-GPIOtest\User\stm32f4xx_it.c …\M4-GPIOtest\User\stm32f4xx_it.h
DOC	暂为空

如表1-4所列，“STARTUP”“CMSIS”“STM32F4xx StdPeriph Driver”和“USER”四个组文件夹都需要添加文件，只是各个组文件夹添加的文件数量和种类不同，以下逐一讲述其相应步骤。

首先，在STARTUP组文件夹中，添加的是与所选嵌入式微控制器相对应的启动文件，它是一个后缀为.s的汇编程序文件，如图1-12所示。

图1-12　在新建工程STARTUP组文件夹中添加文件

其次，在CMSIS组文件夹中，添加的是与所选嵌入式微控制器相关的Cortex-M系列标准化软件接口文件，如图1-13所示。

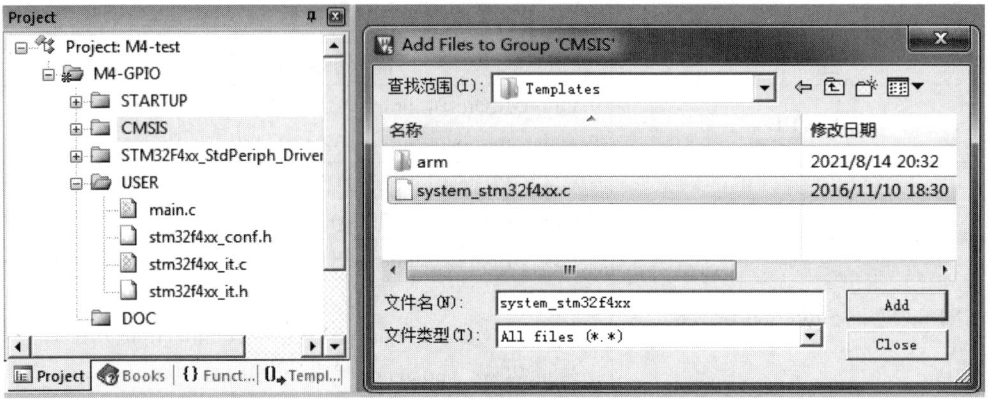

图 1-13　在新建工程 CMSIS 组文件夹中添加文件

再次，在 STM32F4xx_StdPeriph_Driver 组文件夹中，添加的是与所选嵌入式微控制器相关的固件库函数文件，如图 1-14 所示，可先全选添加所有的固件库，后续再进行调整。

图 1-14　在新建工程 STM32F4xx_StdPeriph_Driver 组文件夹中添加文件

最后，在 USER 组文件夹中，添加的是主程序、中断服务程序及其头文件、与所选嵌入式微控制器相关的配置文件，如图 1-15 所示。

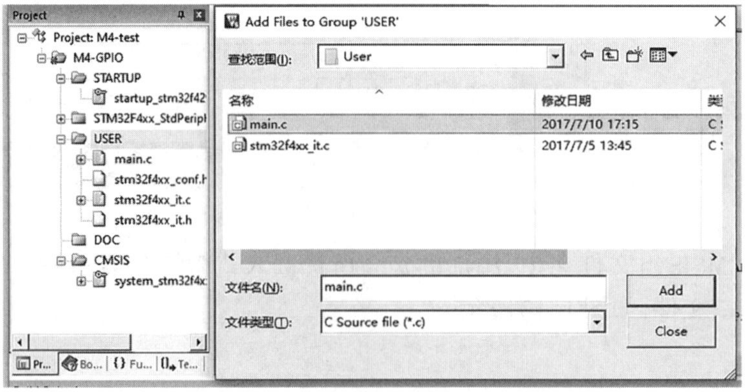

图 1-15　在新建工程 USER 组文件夹中添加文件

(5)修改文件

当STM32F4xx_StdPeriph_Driver组文件夹添加文件时，选择了全选添加，那么会在STM32F4xx_StdPeriph_Driver组中同时存在两个与FSMC相关的固件库函数，一个是stm32f4xx_fsmc.c，另一个是stm32f4xx_fmc.c。如果实际使用的嵌入式微控制器为STM32-F429，则需要使用stm32f4xx_fmc.c，那么就在STM32F4xx_StdPeriph_Driver组文件夹中删除stm32f4xx_fsmc.c，保留stm32f4xx_fmc.c。如果实际使用的嵌入式微控制器为STM32-F407，则需要使用stm32f4xx_fsmc.c，那么就在STM32F4xx_StdPeriph_Driver组文件夹中删除stm32f4xx_fmc.c，保留stm32f4xx_fsmc.c。

由于已添加文件中没有main.h文件，故需要打开main.c文件，在最开始处把#include "main.h"替换为#include "stm32f4xx.h"，否则，后续编译时会报错。另外，main.c可以先将不需要的代码都删除，只留下可能会用到的延迟函数，并把它提前到int main(void)之前，再保留一个基本的程序框架[包含int main(void)函数里的初始化部分和无限循环部分]，后续按实际应用开发工作需要，再添加相应的代码。

同样，由于已添加文件中没有main.h文件，故需要打开stm32f4xx_it.c文件，在最开始处把#include "main.h"删除，保留#include "stm32f4xx_it.h"。由于stm32f4xx_it.h已经包含了#include "stm32f4xx.h"，故stm32f4xx_it.c中不需要再添加。另外，还需要将stm32f4xx_it.c文件中void SysTick_Handler(void)函数里TimingDelay_Decrement()注释掉，因为，上一步在主程序main.c中，已经将TimingDelay_Decrement()的函数实体删除了。如不对stm32f4xx_it.c进行上述修改，后续编译时会报错。

1.5.2.5配置开发环境

在建立好工程后，需要对此新建的工程进行环境配置，制定其编译、链接、下载时所需的相关路径、参数、所用仿真器及下载时所执行的工作选项等内容。如图1-16所示，用鼠标左键点击魔术棒选项后，进入对新建工程的开发环境进行配置的窗口界面。也可以将鼠标指向新建工程M4-test下的M4-GPIO目标文件夹处，单击右键，然后选择“Options for Target ‘XXX’…”，进入对新建工程的开发环境进行配置的窗口界面。

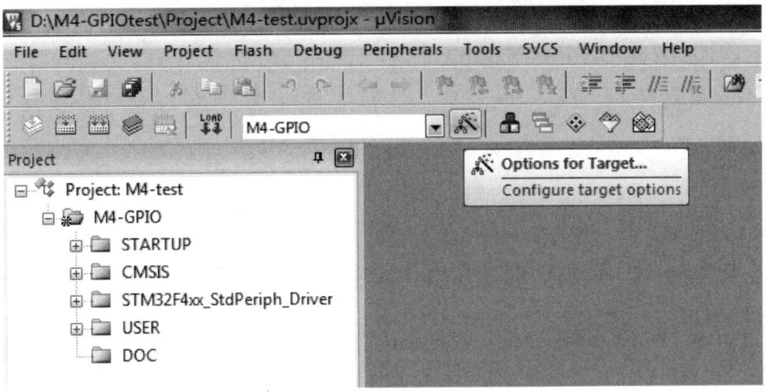

图1-16 开发环境中点击魔术棒选项

(1)Target选项卡中修改配置

首先,左上方Xtal(MHz)的参数可直接采用默认值,它只用于软件仿真,对于硬件仿真或直接把程序下载到目标机,没有任何影响。

其次,Target选项卡中需要勾选微库“Use MicroLIB”,如图1-17所示,以便后续在编写串口通信程序时,可以直接使用printf函数。而且有些应用中如果使用了STM32的浮点运算单元FPU,就一定要打开微库,不然有时会出现各种奇怪的现象。

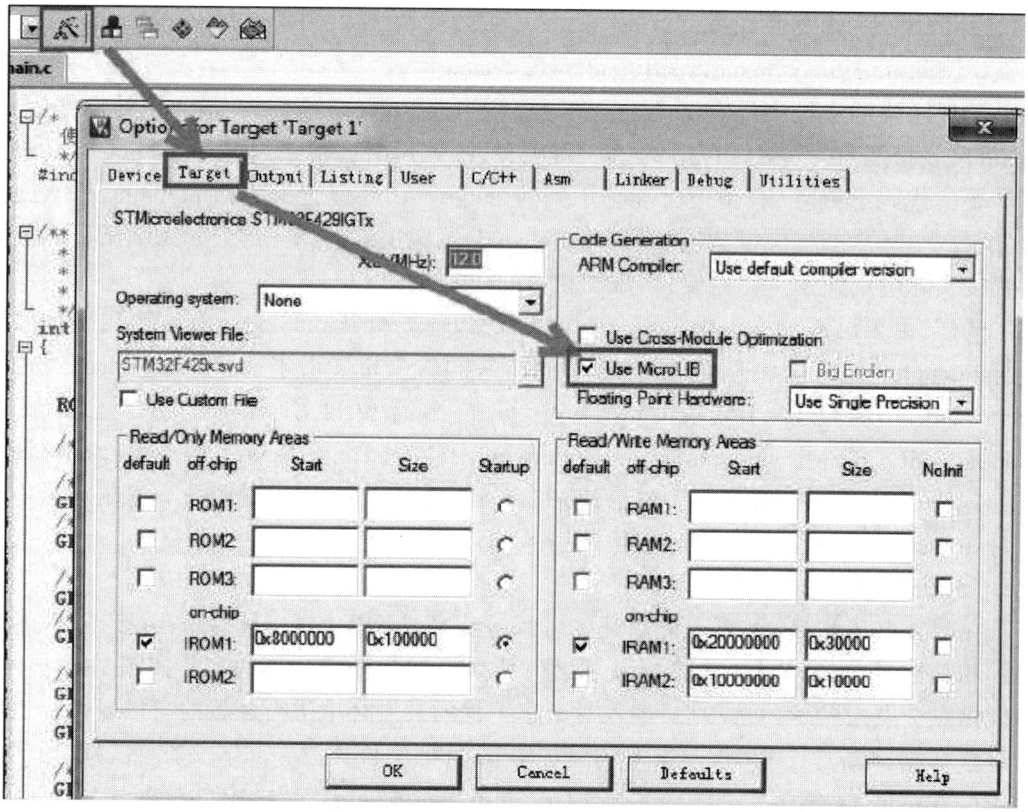

图1-17　配置Target选项卡

再次,FPU的使用选项位于微库配置选项的下方,如图1-17所示,“Use Single Precision”表示使用的单精度浮点数,“Not Used”表示关闭浮点数功能,默认情况下处于“Use Single Precision”状态。

最后,该窗口下方IROM1、IRAM1、IRAM2,分别是指嵌入式微控制器片内集成Flash存储器地址和空间大小、主内存SRAM存储器地址和空间大小、紧耦合CCM SRAM存储器和空间大小,不需要作任何修改或配置,它们与所选嵌入式微控制器直接相关。

(2)Output选项卡中修改配置

首先,需要把编译链接后的输出文件定位到之前新建本地工程文件夹中“Output”子文件夹里,如图1-18所示。用鼠标左键点击“Select Folder for Objects...”,会弹出选择存储路径的窗口，正确选择保存路径为新建本地工程文件夹中“Output”子文件夹后，再点击该弹出窗口右下角的“OK”，完成编译链接后的输出文件存储位置定位的设定工作。需要特别说明一下，在以后拷贝整个工程时，可以把该文件夹中的所有文件都删除，减少工程拷贝时所占用的存储空间，待拷贝到新电脑后，只需重新编译链接一次，该文件夹就会重新生成相应文件。

其次，对编译链接后输出的可执行文件进行正确命名，可以根据功能命名，也可以根据开发人员自己定义的命名规则进行命名。如果编译链接后生成的是库文件，则可以在文件名上体现为XXX-LIB，如图1-18所示；如果编译链接后生成的是一般执行文件，则不建议在文件名上体现XXX-LIB。

最后，为了在编译过程中生成hex文件，需要将“Create HEX File”前面的选项勾上，则可在编译链接过程中显示的最后环节，看到creating hex file from “前面命名的文件名 ...”；同样，在输出文件夹中，可以见到编译链接后生成的十六进制可执行文件。

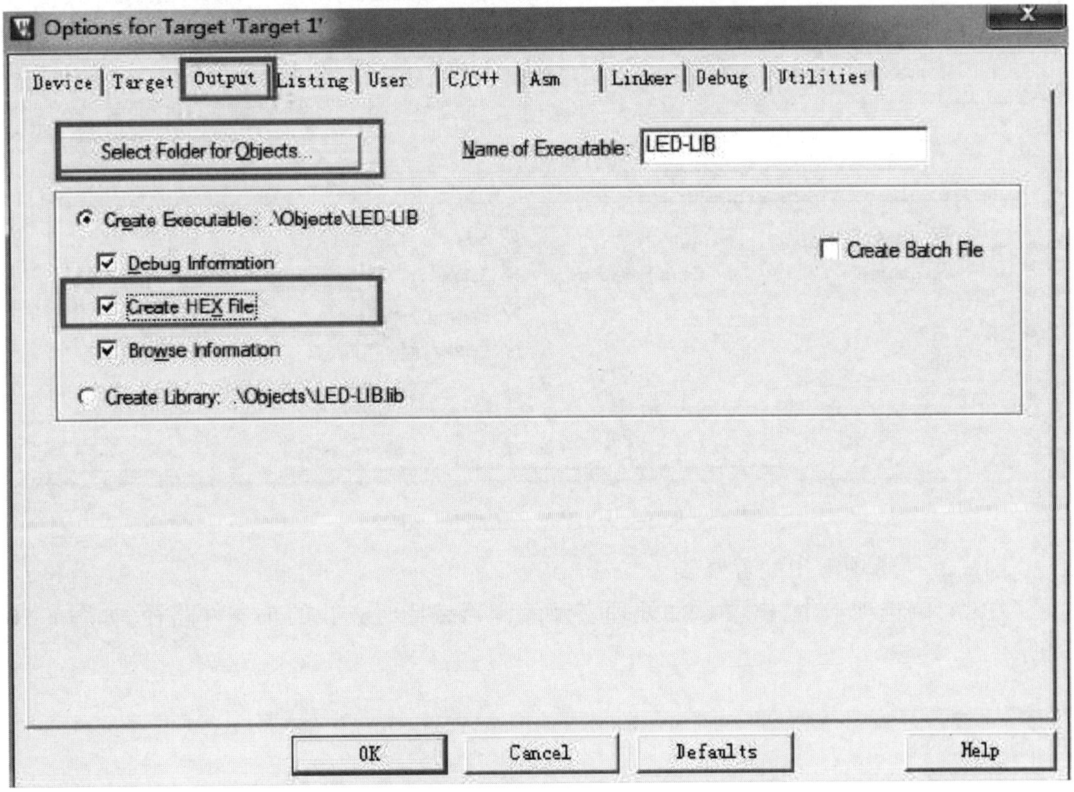

图1-18　配置Output选项卡

(3)Listing选项卡中配置修改

在Listing选项卡中，把编译链接后输出的列表文件定位到之前建立的本地工程目录下“Listing”文件夹里。如图1-19所示。用鼠标左键点击“Select Folder for Listings…”，会弹出选择存储路径的窗口，正确选择保存路径为新建本地工程文件夹中“Listing”子文件夹后，再点击该弹出窗口右下角的“OK”，完成编译链接后输出列表文件的存储位置设定工作。需要特别说明一下，在以后拷贝整个工程时，可以把该文件夹中的所有文件都删除，减少工程拷贝时所占用的存储空间，待拷贝到新电脑后，只需重新编译链接一次，该文件夹就会重新生成相应文件。

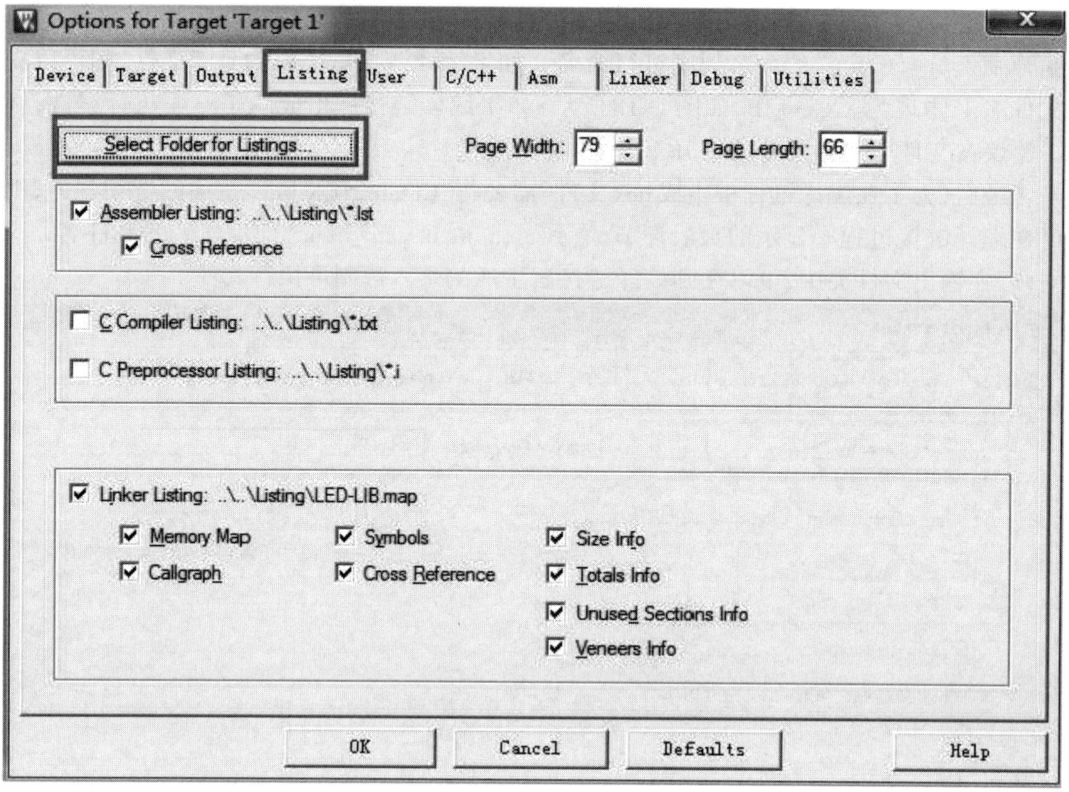

图1-19　配置Listing选项卡

（4）C/C++选项卡中配置修改

在C/C++选项卡中，需要添加处理宏及编译器编译时查找的头文件路径，如图1-20所示。

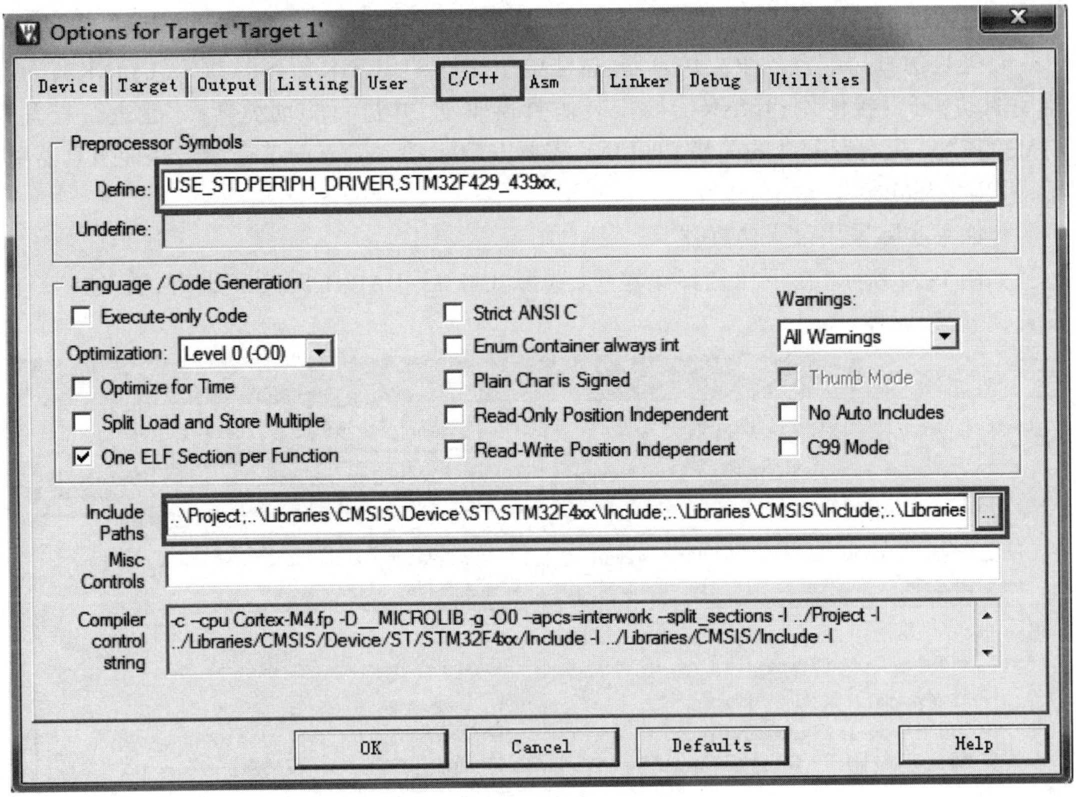

图1-20　配置C/C++选项卡

首先,添加的宏包括:

USE_STDPERIPH_DRIVER, STM32F429_439xx

两个宏定义之间采用英文逗号连接。添加宏,就相当于在文件中使用"#define"语句定义宏一样。在编译器中添加宏的好处就是,只要用了这个工程模板,就不用源文件中为这两个宏修改代码。STM32F429_439xx宏:是为了告诉STM32标准库,使用的芯片是STM32F429,使STM32标准库根据所选定芯片型号自动进行配置。USE_STDPERIPH_DRIVER宏:是为了让stm32f4xx.h包含stm32f4xx_conf.h这个头文件。

其次,"Include Paths"添加的是头文件路径,如果编译时提示找不到头文件,一般就是这里的配置出了问题。头文件放在哪个文件夹,就应把该文件夹添加到这里。可以采用鼠标左键点击图1-20最下面标记框末尾处的那个"…"按钮,在弹出的窗口中,添加编译器编译时查找的头文件路径,包括:

..\Project

..\Libraries\CMSIS\Device\ST\STM32F4xx\Include

..\Libraries\CMSIS\\Include

..\Libraries\ STM32F4xx_StdPeriph_Driver\inc

..\User

(5)Debug选项卡中配置修改

首先是仿真器配置。秉火仿真器、意法电子原厂ST-LINK仿真器、原厂ULINK2仿真器免驱动,可直接使用;JLINK需要安装仿真器驱动,并进行驱动更新,才能进行配置;STM32-F407探索者配套的简易ST-LINK需要安装驱动。以下简单介绍这几种仿真器配置,供开发人员参考。

●如果实际采用秉火仿真器

如图1-21所示,在下拉选择菜单里,选择"CMSIS-DAP Debugger"即可,有关进一步设置,在后续详述。

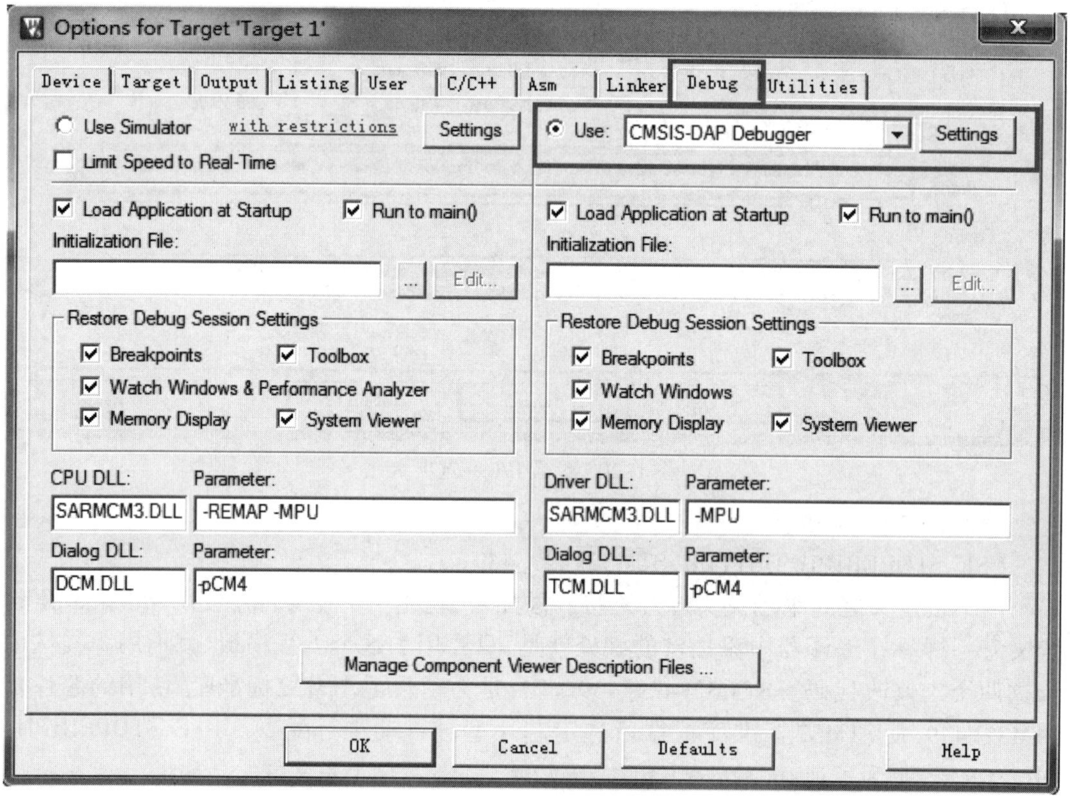

图1-21 配置秉火的仿真器

●如果实际采用意法电子原厂ST-LINK仿真器

如图1-22所示,在下拉选择菜单里,选择"ST-Link Debugger"即可。

●如果实际采用原厂ULINK2仿真器

如图1-23所示,在下拉选择菜单里,选择"ULINK2/ME Cortex Debugger"即可。

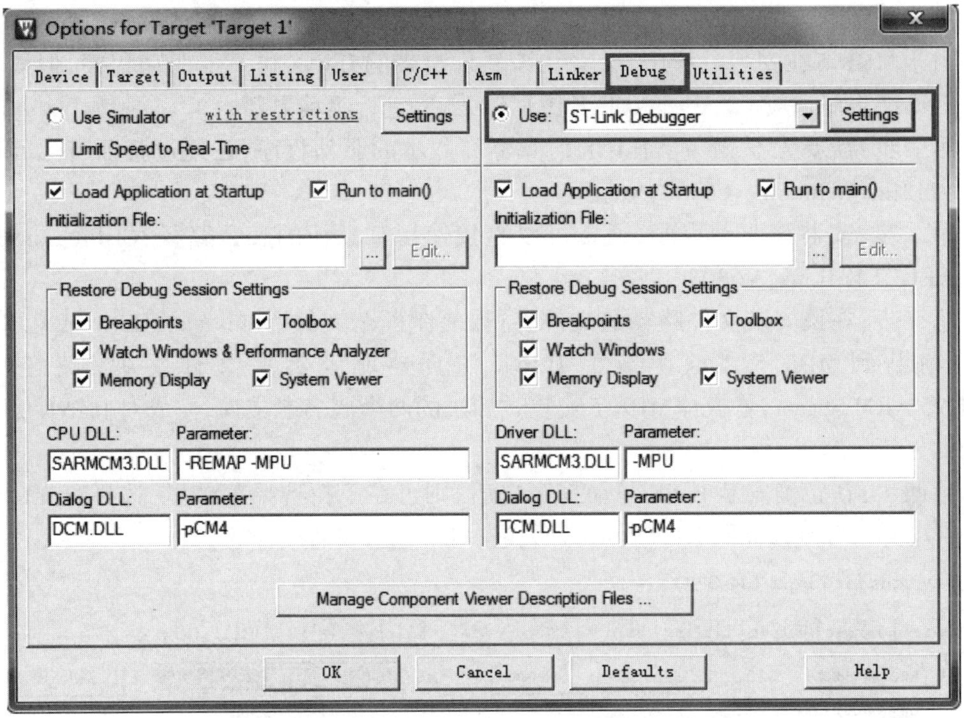

图 1-22　配置意法电子原厂 ST-LINK 仿真器

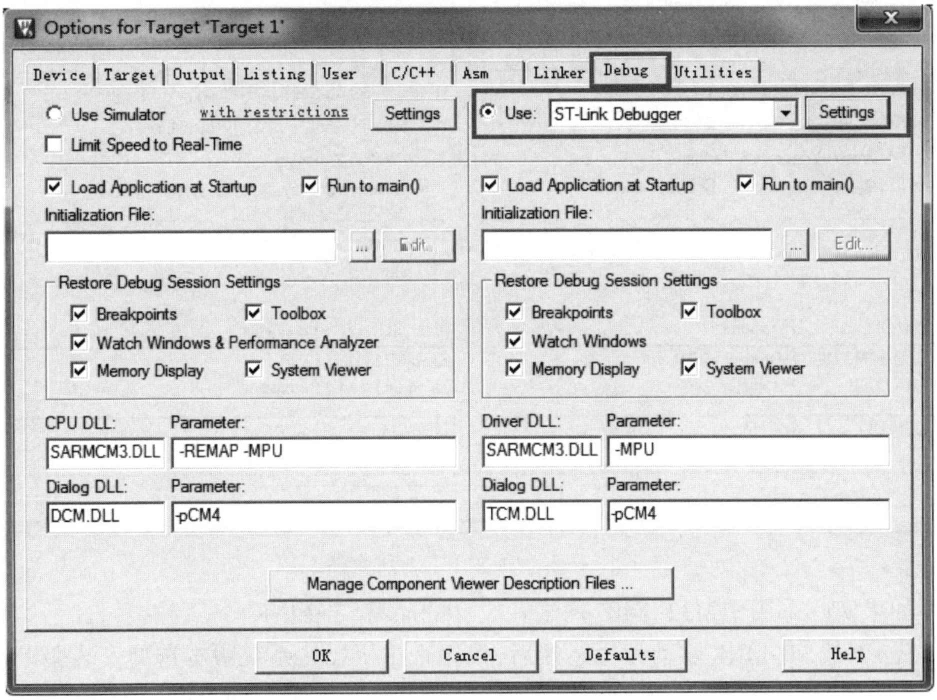

图 1-23　配置原厂 ULINK2 仿真器

●如果实际采用JLINK仿真器

由于MDK 5在安装过程中,会安装该软件自带的JLINK仿真器驱动程序,但该驱动程序并不能很好适应V8、V9的JLINK仿真器,需要进行驱动更新。

第一步:需要先下载一个JLINK仿真器高版本的驱动程序,已经过验证有效的驱动程序为JLink_Windows_V630d.exe。

第二步:安装该驱动程序,通常可以直接使用其默认的安装路径:C:\Program Files (x86)\SEGGER\JLink_V630d。

第三步:在该安装文件路径的文件夹里,复制两个文件:JLink.exe、JLinkARM.dll,将它们粘贴到MDK 5之前生成的JLINK仿真器驱动程序文件夹中,路径为C:\Keil_v5\ARM\Segger,替换掉MDK 5安装时加入的两个同名老文件,完成对JLINK仿真器驱动的更新。

第四步:在正确安装JLNK驱动程序之后,则可在下拉选择菜单里,选择"J-LINK/J-TRACE Cortex"即可,如图1-24所示,有关进一步设置,在后续详述。

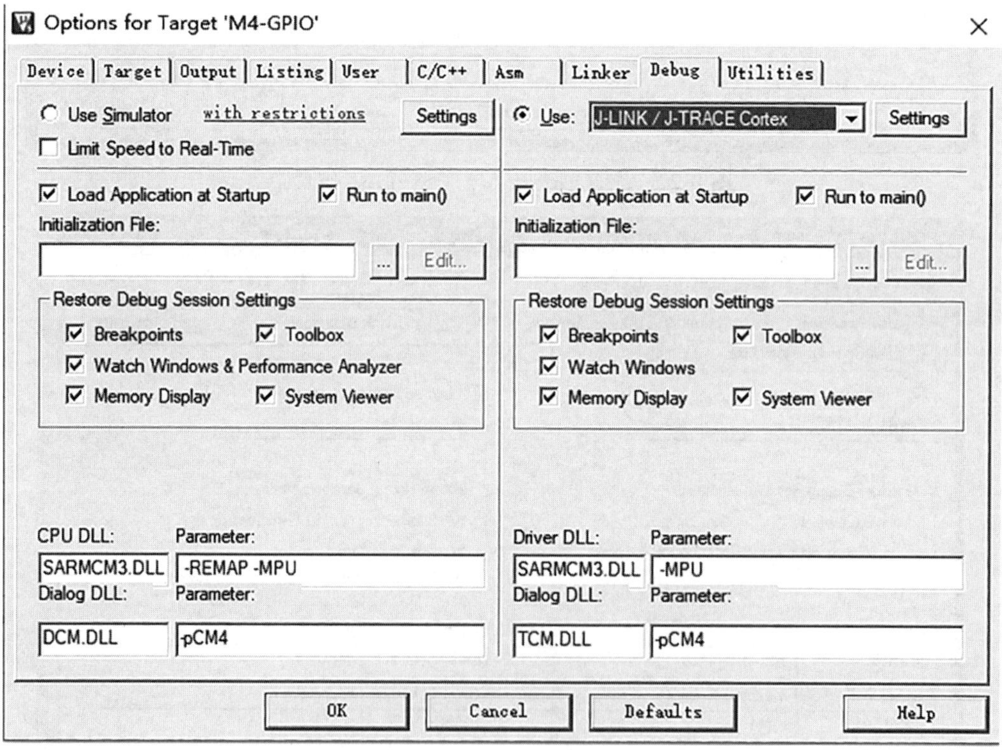

图1-24 配置JLINK仿真器

●如果实际采用STM32-F407探索者配套的简易ST-LINK

首先,下载ST-LINK驱动程序。然后,根据宿主机操作系统版本选择安装驱动,32位操作系统则安装x86的32位驱动程序,64位操作系统则安装amd64的64位驱动程序。之后，将简易ST-LINK通过USB连接到宿主机，则可以在宿主机“设备管理器”的“通用串行总线控制器”中看到ST-Linker。最后，参照图1-22，在下拉选择菜单里，选择“ST-Link Debugger”即可。

●仿真器识别及程序下载参数设置

在正确选择了仿真器且接入实际仿真器和目标机后，需要继续完成其适配检查和下载参数设置。点击“Settings”按钮，将弹出一个设置对话窗口，默认处于“Debug”菜单下，根据配置和连接的仿真器不同，显示情况略有不同，如图1-25、图1-26、图1-27所示。

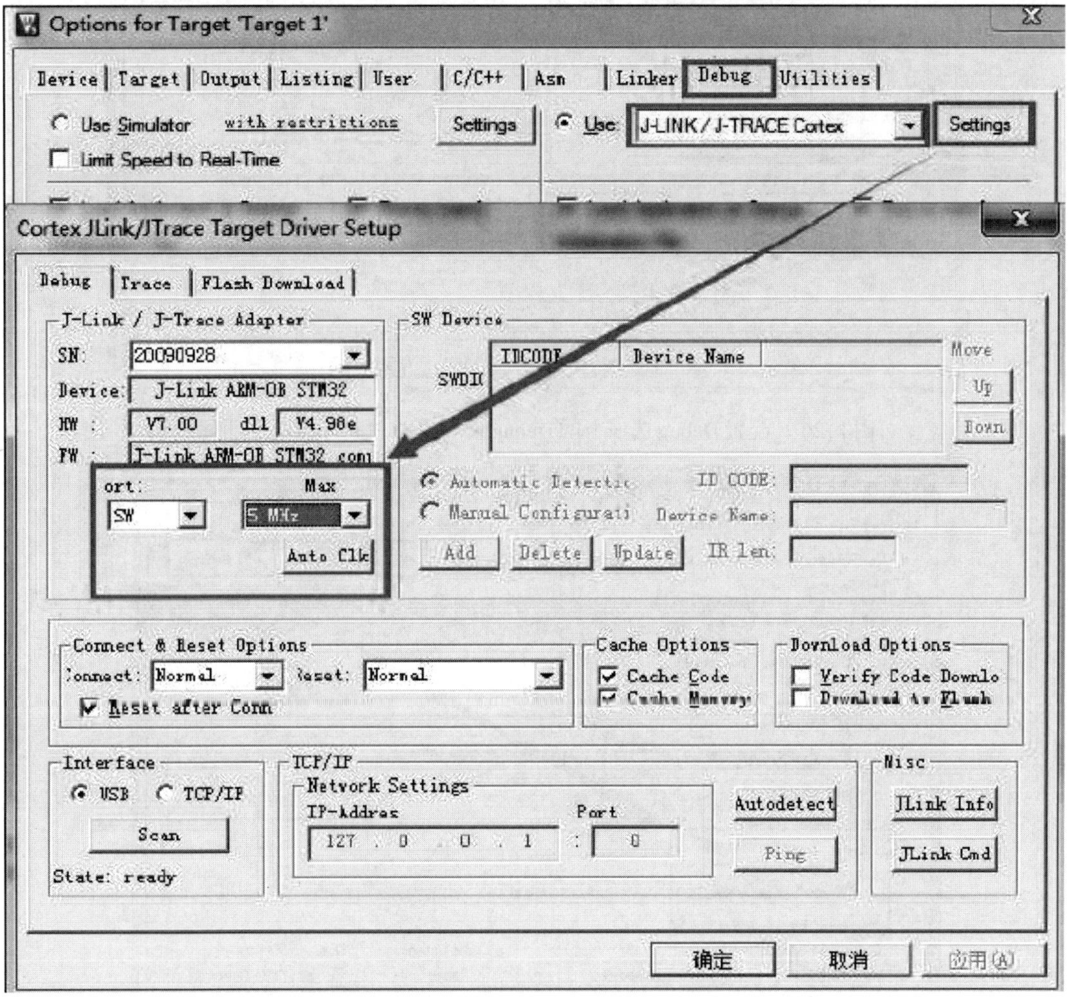

图1-25　配置Debug选项卡的Debug菜单中JLINK仿真器适配

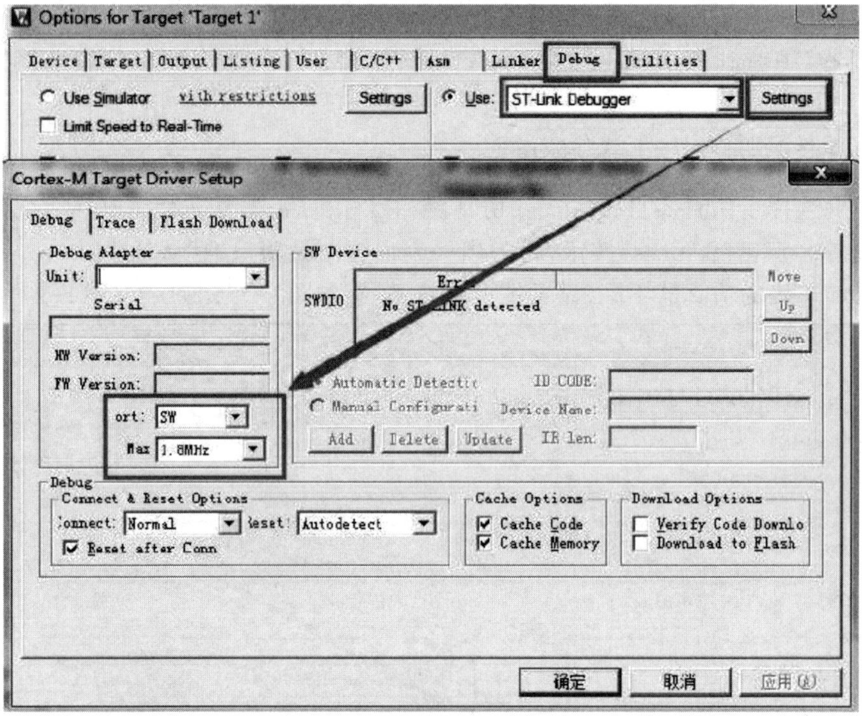

图1-26 配置Debug选项卡的Debug菜单中ST-LINK仿真器适配

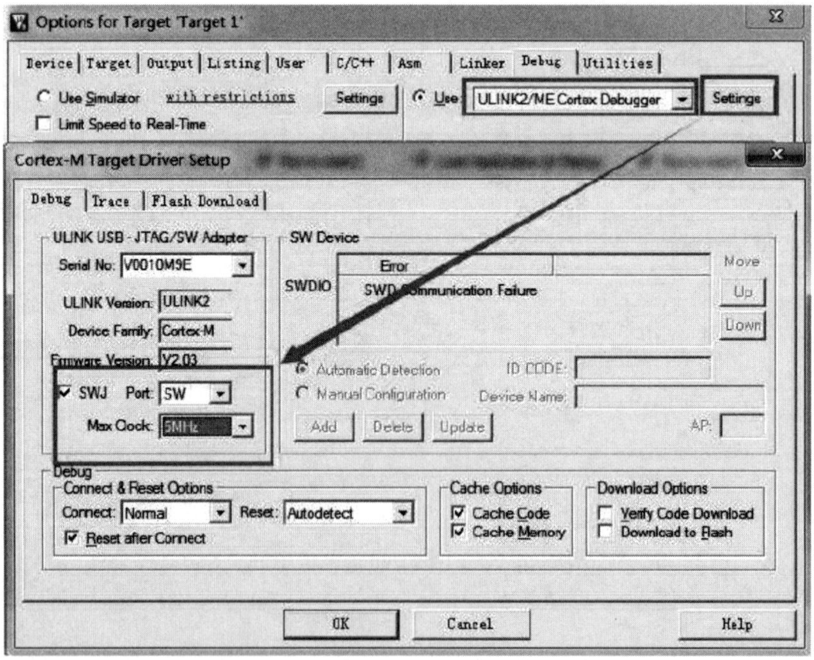

图1-27 配置Debug选项卡的Debug菜单中ULINK2仿真器适配

在仿真器正确适配之后，如下载程序后，不能自动运行，要手动复位，则需检查“Flash Download”中“Reset and Run”是否正确勾选，如图1-28所示。下载时，如提示找不到Device，需检查最下面标记框中显示的嵌入式微控制器Flash是否正确，如不正确，则点击下面的“Add”按钮，重新选择添加正确的嵌入式微控制器片内Flash。

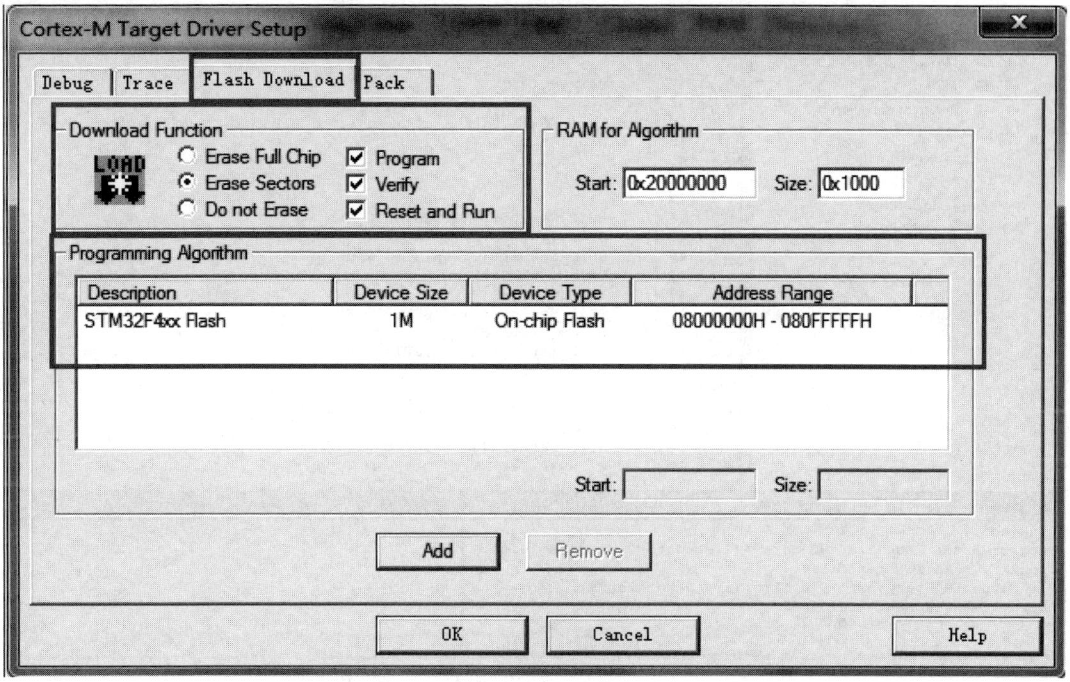

图1-28　配置Debug选项卡的Flash Download菜单中参数配置

1.5.2.6　应用程序编译、链接、下载

在建立好工程、配置好环境、连接好仿真器后，对于已经开发完成的应用程序，可以进行编译、链接、下载操作。如图1-29所示，用鼠标左键点击左上角的编译按钮（实线方框标注），开始进行整个工程的编译、链接，在下方位置（实线方框标注），则会显示出整个编译、链接过程及结果信息。如果无错误，则可以选择左上方“LOAD”按钮（虚线方框标注），开始进行下载到目标机的步骤，待下载成功后，则目标机可以脱离宿主机，执行应用程序所要完成的各种功能。

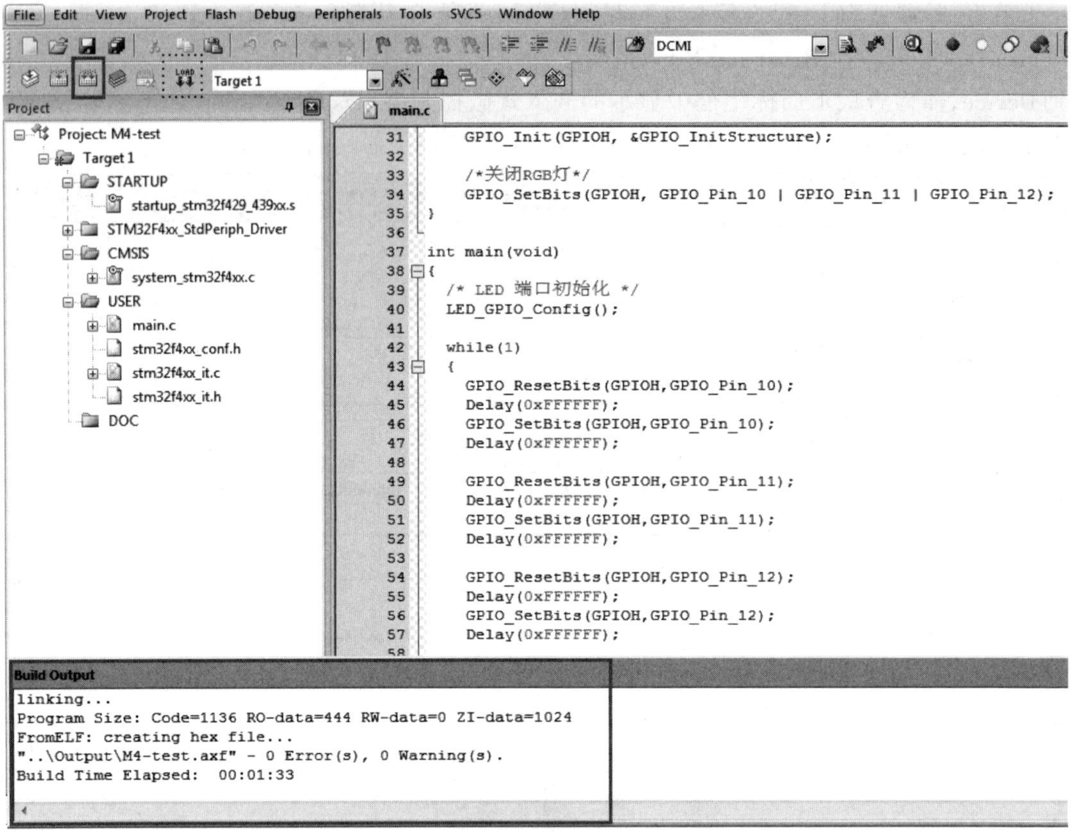

图 1-29　应用程序编译、链接、下载操作

如果在编译、链接过程中出现错误，则可以根据在编译、链接过程中出现的错误信息，找到出错代码，进行相应修改，直到全部错误被更正完毕为止。关于警告信息，没有要求必须完成全部的修改和处理，可以视情况而定。

在下载之前，一定要确保仿真器正确连接宿主机和目标机，并且已经被开发环境正确识别，才能正常地完成下载任务。如果采用电池供电的笔记本电脑是宿主机时，一旦电池电量偏低，会使程序下载不成功，需要重新将笔记本连上外部供电后，再重新完成下载任务。

关于如何进入程序调试环境、如何设断点、如何单步调试等内容，作为开发人员自行学习的内容，可以查阅相关资料后，以后续开发的应用程序为基础，按照相应步骤，完成在调试环境中对程序调试的学习。也可以通过后续在应用程序的不同位置增加串口打印程序的方式，根据检查应用程序的运行情况，进行逐段程序代码的分析调试。

1.6　实验要求

（1）熟练掌握 MDK 5（Keil 5）集成开发环境的安装、工程建立、环境配置；

(2)根据选定的嵌入式微控制器,建立一个自己的工程模板,新建组文件夹及相应文件;

(3)配置开发环境和参数,正确连接仿真器,确保新建工程编译后没有警告及错误,确保编译后程序能够正确地下载到目标机;

(4)填写实验报告。

a.按照实验报告的要求统一格式,填写实验报告;

b.简述MDK 5集成开发环境的安装和步骤;

c.简述在MDK 5集成开发环境中新建工程的方法和步骤;

d.简述按新建工程所选芯片进行开发环境配置的方法和步骤;

e.简述按实际采用的仿真器进行开发环境配置的方法和步骤;

f.简述对应用程序编译、链接、下载的方法和步骤。

1.7 思考题

(1)如何将实验平台与计算机进行连接?

(2)如何新建工程?

(3)如何配置新工程的开发环境?

(4)如何编译、链接、下载程序?

(5)如何进行应用程序调试?

(6)如何完成国产嵌入式微控制器的相关工作?

实验2　基于固件库函数点亮LED流水灯

2.1　实验目的

(1)理解GPIO基本概念与GPIO基本输出工作原理。
(2)理解GPIO基本输出功能控制LED灯的工作原理。
(3)掌握GPIO固件库编程点亮LED灯要用的固件库函数。
(4)掌握应用开发前应进行功能需求分析的基本方法。
(5)掌握应用开发中子函数的设计方法。
(6)掌握应用开发中主程序的设计方法。
(7)鼓励和引导使用国产嵌入式微控制器芯片进行应用开发。

2.2　实验设备

- PC计算机
- Cortex-M系列嵌入式微控制器为核心的开发板
- 仿真器
- MDK 5 (Keil 5)集成调试环境软件

2.3　实验原理

2.3.1　GPIO基本概念与GPIO基本输出工作原理

(1)GPIO的基本概念

GPIO是指嵌入式微控制器的输入输出引脚。嵌入式微控制器经GPIO引脚与各种外围电路连接,从而实现数据采集、通信、控制等功能。常见嵌入式微控制器的GPIO可被分成很多组,每组有16个引脚,所有GPIO引脚都具有基本输入输出功能。

(2)GPIO基本输出的工作原理

GPIO内部结构如图2-1所示,上面虚线框部分用于输入功能,下面虚线框部分用于输出功能,不同引脚还有特定的第二功能。本实验仅涉及GPIO的基本输出功能,所以,只介绍实线方框内的内容,其他功能在后续相关实验中再展开讲述。

GPIO基本输出功能本质就是由嵌入式微控制器控制其引脚输出高、低电平。如果把GPIO引脚通过外围电路连接LED灯,那就可以控制LED灯的亮灭;如果GPIO引脚接入到继电器或三极管，那就可以通过继电器或三极管控制外部大功率电路的通断。从GPIO基本输出功能的工作原理来分析，图2-1的实线方框中，0/1数字被转换到嵌入式微控制器引脚上最终输出电压信号的流程如下：

①应用程序通过写GPIO"输出数据寄存器GPIOx_ODR"或通过"置位/复位寄存器GPIOx_BSRR"的程序代码，修改输出数据寄存器的0/1数字值，其内部逻辑转换电路将0/1数字转换成低/高电平，并传送到双MOS管结构电路，作为输入信号。

②双MOS管结构电路由上方P-MOS和下方N-MOS管组成，这个结构使GPIO具有"推挽输出"和"开漏输出"两种模式。通过"输出类型寄存器GPIOx_OTYPER"可以控制GPIO端口选择推挽模式或者开漏模式。

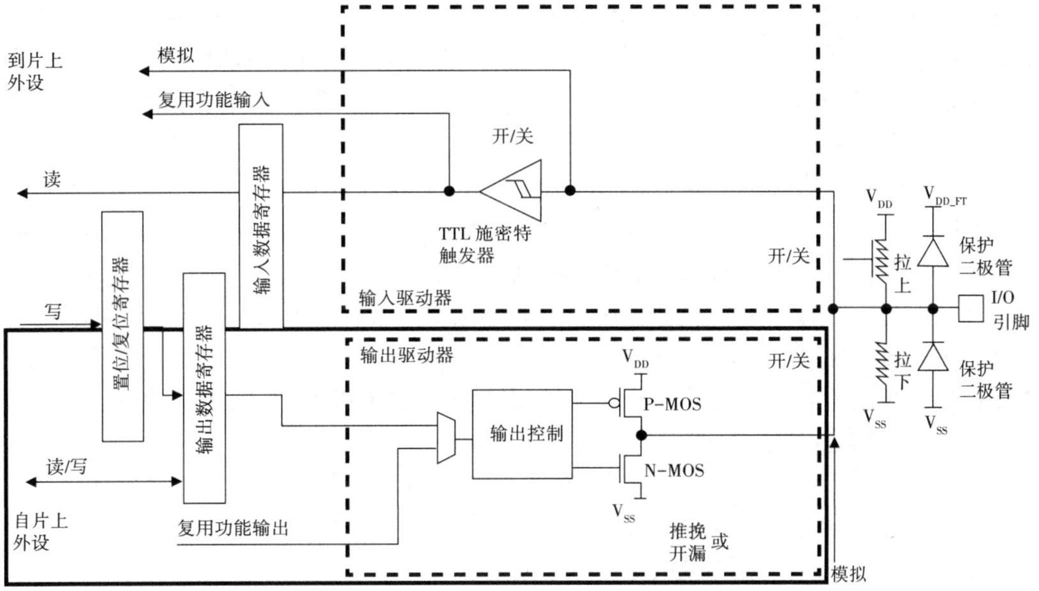

图2-1　GPIO基本输出的内部结构

●推挽输出模式

工作在推挽输出模式时，上方P-MOS漏极d与下方N-MOS的漏极d相连。当该结构中输入高电平时，P-MOS栅极接收输入高电平信号，P-MOS源极s接电源V_{DD}，则|Vgs|接近于0，因此，P-MOS关闭；N-MOS栅极g接收输入高电平信号，N-MOS的源极s接地V_{SS}，则|Vgs|>VT，因此，N-MOS导通，从漏极d输出低电平。同理，当该结构输入低电平时，P-MOS栅极接收输入低电平信号，P-MOS源极s接电源V_{DD}，则|Vgs|>VT，因此，P-MOS导通，从漏极d输出高电平；N-MOS栅极g接收输入低电平信号，N-MOS的源极s接地V_{SS}，则|Vgs|接近于0，因此，N-MOS关闭。将上述内容归纳，由嵌入式微控制器内部GPIO电路原理分析而得，当程序对输出数据位置1时，实际引脚将输出低电平；对输出数据位清0时，实际引脚将输出高电平。但实际中，无论是Cortex-M系列嵌入式微控制器参考手册，还是程序代码、固件库函数，最终得到的结果都是：当程序对输出数据位置1

时，实际引脚将输出高电平；对输出数据位清0时，实际引脚将输出低电平。可理解为厂家并没有在原理图中的“输出控制”部分，把信号反相的过程表示出来。推挽输出模式一般应用在输出电平为低电平 V_{SS}（通常为0伏）和高电平 V_{DD}（与嵌入式微控制器芯片供电电压相当，通常为3.3伏），并且在需要高速切换开关状态的场合，除了必须用开漏模式的场合，都习惯使用推挽模式输出。

●开漏输出模式

工作在开漏输出模式时，上方P-MOS管完全不工作。如果该结构输入高电平，则N-MOS导通，从漏极 d 输出低电平，属于正常使用；若该结构中输入低电平，则P-MOS管和N-MOS管都处于关闭状态，所以，漏极 d 输出的电平既不是高电平，也不是低电平，而是高阻态，要想输出引脚得到高电平状态，就需要接上拉电阻。基于同样的原因，实际中，无论是Cortex-M系列嵌入式微控制器参考手册，还是程序代码、固件库函数，最终得到的结果都是：当程序对输出数据位置1时，实际引脚输出信号为高电平；对输出数据位清0时，实际引脚将输出低电平。同样可理解为厂家并没有在原理图中的“输出控制”部分，把信号反相的过程表示出来。开漏模式具“线与”特性，也就是说，当有很多个开漏模式引脚连接到一起时，只有当所有引脚都输出高阻态，才由上拉电阻提供高电平，此高电平电压是外部上拉电阻所接的电源电压。若其中一个引脚为低电平，就相当于线路存在接地回路，使得整条线路都为低电平，0伏。开漏输出一般应用在I2C、SMBUS通信等需要“线与”功能的总线电路中，除此之外，还用在电平不匹配的场合，如需要输出5伏高电平，就可以在外部接一个上拉电阻，上拉电源为5伏，并且把GPIO设置为开漏模式，当输出高阻态时，由上拉电阻和电源向外输出5伏电平。

③经双MOS管结构电路驱动输出的信号，会传递到片内上拉/下拉电路及输出引脚。该片内上拉/下拉电路是弱上拉，虽然很方便开漏电路的使用，但实际为了能更好地适应电压等级的匹配，还是采用外部上拉/下拉电路。

由上述流程可知，使用GPIO基本输出功能时，需要在应用程序中配置该GPIO引脚是基本输入还是基本输出、配置“推挽模式”或“开漏模式”、配置“上拉模式”或“下拉模式”，输出引脚电平状态需由应用程序通过“输出数据寄存器GPIOx_ODR”或通过“置位/复位寄存器GPIOx_BSRR”修改输出数据寄存器的值而得。

2.3.2 GPIO基本输出功能控制LED灯的电路原理

GPIO引脚上连接LED灯的原理常见有两种方式，分别如图2-2、图2-3所示，两种方式中后者更常用。前者是由引脚向外部供电，与外部的地形成回路，驱动LED灯点亮或熄灭；后者是由外部供电，引脚端控制与地的连接，在外部供电端和引脚端之间形成回路，驱动LED灯点亮或熄灭。

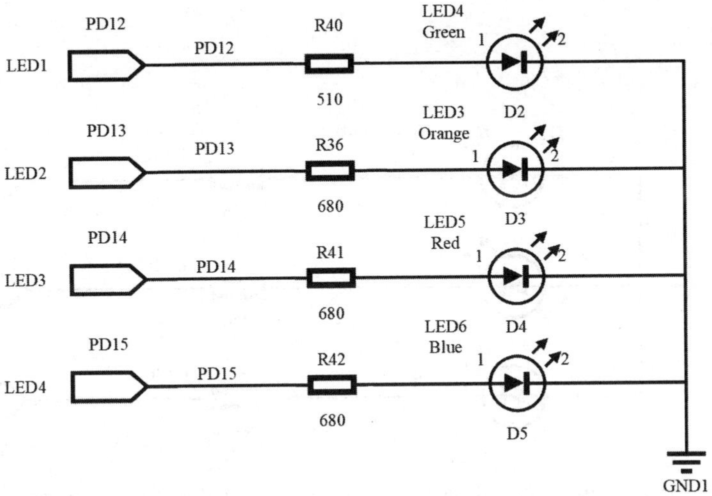

图2-2　GPIO基本输出功能控制LED灯的原理图(引脚高电平点灯)

(1)输出引脚的输出电流驱动电路

输出引脚的输出电流驱动电路,是指引脚被设置为输出工作模式,通过外围驱动电路,电流的流向是从输出引脚流向外部的地,形成驱动LED灯点亮的电流。在图2-2中(实际中使用较少),当应用程序选择输出数据寄存器置状态为“1”时,经GPIO内部电路转换,在GPIO引脚上输出高电平,则对应外部LED电路有电流流过,点亮对应LED灯;如果输出数据寄存器置状态为“0”,经GPIO内部电路转换,在GPIO引脚上输出低电平,则对应外部LED电路无电流流过,熄灭对应LED灯。在开发程序时,不仅要注意数字“1”到底是点灯还是灭灯,还要注意具体使用了哪些引脚,需要对它们进行必要的配置。

(2)输出引脚的输入电流驱动电路

输出引脚的输入电流驱动电路,是指引脚被设置为输出工作模式,通过外围驱动电路,电流的流向是从外部电源正端流向引脚,经嵌入式微控制器片内电路接至地,形成驱动LED灯点亮的电流。如图2-3,当应用程序把输出数据寄存器置状态设为“1”时,经GPIO内部电路转换,在GPIO引脚上输出高电平,则对应外部LED电路无电流流过,熄灭对应LED灯;如果输出数据寄存器置状态为“0”,经GPIO内部电路转换,在GPIO引脚上输出低电平,则对应外部LED电路有电流流过,点亮对应LED灯;如果是由R、G、B三种基色LED的组合,就形成彩色LED灯。同理,在开发程序时,不仅要注意数字“1”是点灯还是灭灯,还要注意具体使用了哪些引脚,需要对它们进行必要的配置,另外,还可以考虑采用调整PWM输出占空比方式,调整彩色LED灯颜色。

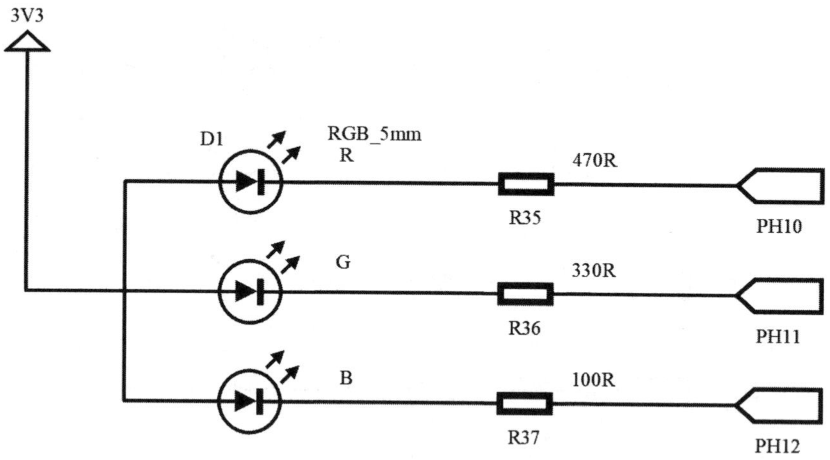

图2-3 GPIO基本输出功能控制LED灯的原理图(引脚低电平点灯)

2.3.3 需要新增用到的固件库函数

程序采用固件库函数方式编程,必然会涉及以下固件库函数:

(1)void RCC_AHB1PeriphClockCmd (uint32_t RCC_AHB1Periph, FunctionalState NewState)

调用固件库函数,开启或关闭GPIO所在AHB总线的时钟。

例如:RCC_AHB1PeriphClockCmd (RCC_AHB1Periph_GPIOH, ENABLE)

(2)void GPIO_Init(GPIO TypeDef* GPIOx, GPIO InitTypeDef* GPIO_InitStruct)

调用固件库函数,对指定GPIOx外设,按GPIO_InitStruct指定的参数,进行初始化。

例如:GPIO_Init(GPIOH, &GPIO_InitStructure)

(3)void GPIO_SetBits (GPIO TypeDef* GPIOx, uint16_t GPIO_Pin)

调用固件库函数,对指定GPIOx外设的GPIO_Pin引脚置位。

例如:GPIO_SetBits(GPIOH, GPIO_Pin_10)

(4)void GPIO_ResetBits (GPIO TypeDef* GPIOx, uint16_t GPIO_Pin)

调用固件库函数,对指定GPIOx外设的GPIO_Pin引脚清零。

例如:GPIO_ResetBits (GPIOH, GPIO_Pin_10)

2.4 实验内容

了解GPIO的基本概念与工作原理。了解GPIO基本输出功能控制LED灯的硬件电路。基于固件库函数,设计开发GPIO基本输出功能控制LED灯的应用程序,调试通过并下载到开发板中,实现LED流水灯功能。

2.5 实验步骤

2.5.1 实验前准备

(1)检查Keil 5是否正确安装,已建工程是否可用;

(2)检查仿真器是否可用;

(3)检查开发板是否可用;

(4)检查各实验设备是否与程序相对应;

(5)检查是否已经理解实验原理。

2.5.2 实验步骤

2.5.2.1 项目工程

采用实验1的方法建立本实验基础工程,后续侧重于本实验的应用程序开发。

2.5.2.2 功能分析

GPIO引脚连接LED灯并点亮的工作原理图分别如图2-2、图2-3所示,前者由引脚向外部供电,与外部地端形成回路,驱动LED灯点亮或熄灭,即输出引脚的输出电流驱动;后者是由外部供电,引脚内部受控完成与地端之间的连接,在外部供电端和引脚所连地端之间形成回路,驱动LED灯点亮或熄灭,即输出引脚的输入电流驱动。因此,功能分析也针对这两种类型展开,以适应不同硬件电路的应用需要。

(1)输出引脚的输出电流驱动

如果实验对象采用图2-2所示的电路,则通过控制GPIO引脚的高低电平,控制四个LED灯的亮灭,并且通过不同的组合,使LED灯以流水灯的方式显示,循环显示的顺序为:绿灯亮(单独操作对应引脚)——〉橙灯亮(单独操作对应引脚)——〉红灯亮(单独操作对应引脚)——〉蓝灯亮(单独操作对应引脚)——〉全部熄灭——〉……,实现颜色变换(流水灯)的效果。在单独操作某一引脚,使灯显示为对应颜色时,就是调用固件库函数GPIO_ SetBits (GPIOH, GPIO_Pin_x),使x引脚输出高电平,从而点亮对应的灯;使灯显示为熄灭时,实际就是调用固件库函数GPIO_ResetBits (GPIOH, GPIO_Pin_x),使x引脚输出低电平,从而,把对应的灯熄灭。

(2)输出引脚的输入电流驱动

如果实验对象采用图2-3所示的电路,则通过控制GPIO引脚的高低电平,控制三个LED灯(红、绿、蓝)的亮灭,并且通过不同的组合,使LED三色灯显示不同的颜色,循环显示的顺序为:红灯亮(单独操作对应引脚)——〉灭——〉绿灯亮(单独操作对应引脚)——〉灭——〉蓝灯亮(单独操作对应引脚)——〉灭——〉红灯亮(同时操作三个引脚)——〉绿灯亮(同时操作三个引脚)——〉蓝灯亮(同时操作三个引脚)——〉黄灯亮(同时操作三个引脚)——〉紫灯亮(同时操作三个引脚)——〉青灯亮(同时操作三个引脚)——〉白灯亮(同时操作三个引脚)——〉全灭,实现颜色变换(流水灯)的效果。在单独操作某一引脚,使灯显示为对应颜色时，就是调用固件库函数 GPIO_ResetBits (GPIOH, GPIO_Pin_x)，使 x 引脚输出低电平，从而，把对应的灯点亮；使灯显示为熄灭时，实际就是调用固件库函数 GPIO_SetBits (GPIOH, GPIO_Pin_x)，使 x 引脚输出高电平，从而，把对应的灯熄灭。同时操作三个引脚，使灯显示为对应颜色时，就是调用固件库函数 GPIO_ResetBits (GPIOH, GPIO_Pin_x)，使 x 引脚输出低电平，把对应的灯点亮，同时，调用固件库函数 GPIO_ SetBits (GPIOH, GPIO_Pin_y)，使 y 引脚输出高电平，把对应的灯熄灭，形成三色灯的组合，变换出三基色之外的其他颜色。

2.5.2.3 程序框架设计

整个程序将由"延时函数"、"GPIO 配置函数"、"主程序"三个部分组成。其中，"主程序"又包含"初始化"、"无限循环实现功能"两个部分。

2.5.2.4 子函数设计开发

（1）延迟函数 Delay（通用子函数）

a.该函数的主要功能就是一段时间内不做任何操作。

b.该函数实体为一个 for 循环，循环次数为该函数的输入参数，设置该参数的大小可直接决定延迟的时间。

c.输入参数之前加上__IO 修饰符，即 volatile 的宏定义，表示"易变"，指示编译器不要因优化而省略指令，必须每次都直接读写其值。

```
// 延时函数
void Delay(__IO uint32_t nCount)
{
    for(; nCount != 0; nCount--);
}
```

（2）GPIO 配置函数（需根据不同硬件调整电路）

a.该函数的主要功能是对需要操作的 GPIO 进行初始化配置。

b.首先，使用 GPIO_InitTypeDef 定义 GPIO 初始结构体变量 GPIO_InitStructure，便于后续对该结构体中的元素赋值，用于存储 GPIO 的配置。

c.然后，调用库函数 RCC_AHB1PeriphClockCmd 来使能 LED 灯的 GPIO 端口时钟。该函数有两个输入参数，第一个参数用于指示要配置时钟的外设，第二个参数用于设置状态，可输入"Disable"关闭或"Enable"使能时钟。

d.给 GPIO 初始化结构体赋值，把各引脚初始化为推挽输出模式、内部上拉、引脚翻转速率为 50MHz。

e.使用以上初始化结构体的配置，调用 GPIO_Init 函数，完成对 GPIO 的初始化。

f.调用库函数 GPIO_SetBits，初始化 LED 灯则全部熄灭。

(3)如果实验硬件支持图2-2所示电路,则GPIO配置函数为

```
//* 接LED灯的GPIO-PD12到PD15引脚配置函数 *//
void GPIO_PD12_15_Config(void)
{
// 创建一个结构体变量,名称为GPIO_PD12_15_ InitStructure, //
GPIO_InitTypeDef  GPIO_PD12_15_InitStructure;
// 开启D端口时钟 //
RCC_AHB1PeriphClockCmd(RCC_AHB1Periph_GPIOD,ENABLE);
// 设置结构体内各元素的值,4个引脚为输出、推挽、100MHz翻转速度、无上拉下拉 //
GPIO_PD12_15_InitStructure.GPIO_Pin = GPIO_Pin_12 | GPIO_Pin_13| GPIO_Pin_14|
GPIO_Pin_15;
GPIO_PD12_15_InitStructure.GPIO_Mode = GPIO_Mode_OUT;
GPIO_PD12_15_InitStructure.GPIO_OType = GPIO_OType_PP;
GPIO_PD12_15_InitStructure.GPIO_Speed = GPIO_Speed_100MHz;
GPIO_PD12_15_InitStructure.GPIO_PuPd = GPIO_PuPd_NOPULL;
// 调用固件库函数,按所设置参数,初始化引脚12、13、14、15 //
GPIO_Init(GPIOD , &GPIO_PD12_15_InitStructure);
}
```

(4)如果实验硬件支持图2-3所示电路,则GPIO配置函数为

```
void LED_GPIO_Config(void)
{
/* 创建一个GPIO_InitTypeDef类型的结构体变量 */
GPIO_InitTypeDef GPIO_InitStructure;
/*开启LED相关的GPIO外设时钟*/
RCC_AHB1PeriphClockCmd ( RCC_AHB1Periph_GPIOH, ENABLE);
/*选择要控制的GPIO引脚*/

GPIO_InitStructure.GPIO_Pin = GPIO_Pin_10 | GPIO_Pin_11 | GPIO_Pin_12;
/*设置引脚模式为输出模式*/
GPIO_InitStructure.GPIO_Mode = GPIO_Mode_OUT;
/*设置引脚翻转速率为50MHz */
GPIO_InitStructure.GPIO_Speed = GPIO_Speed_50MHz;
/*设置引脚的输出类型为推挽输出*/
GPIO_InitStructure.GPIO_OType = GPIO_OType_PP;
/*设置引脚为上拉模式*/
```

```
GPIO_InitStructure.GPIO_PuPd = GPIO_PuPd_UP;
/*调用库函数,使用上面配置的GPIO_InitStructure初始化GPIO*/
GPIO_Init(GPIOH, &GPIO_InitStructure);
/*关闭RGB灯*/
GPIO_SetBits(GPIOH, GPIO_Pin_10 | GPIO_Pin_11 | GPIO_Pin_12);
}
```

2.5.2.5　主程序设计开发

在main程序中,首先对LED所用的GPIO引脚进行初始化,然后为了实现颜色变换(流水灯效果),在无限循环中编程驱动LED灯显示切换。由于程序执行得很快,为了能够观察实验效果,每次LED灯切换均需要调用延迟函数,实现LED灯亮灭的持续显示。

程序如下:

绿灯亮(单独操作对应引脚)——〉橙灯亮(单独操作对应引脚)——〉红灯亮(单独操作对应引脚)——〉蓝灯亮(单独操作对应引脚)——〉全部熄灭——〉……,实现颜色变换

(1)如果实验硬件支持图2-2所示电路,则调用函数GPIO_PD12_15_Config,初始化LED占用的GPIOD引脚;如果实验硬件支持图2-3所示电路,则调用函数LED_GPIO_Config,初始化LED占用的GPIOH引脚。

(2)在while无限循环中,编写控制LED灯显示代码。

a.如果实验硬件支持图2-2所示电路,则PD12对应绿灯,PD13对应橙灯,PD14对应红灯,PD15对应蓝灯。如要将某个LED点亮,只需设置对应引脚为高电平,对应库函数为GPIO_SetBits,两个输入参数分别为外设编号和引脚号,如GPIO_SetBits(GPIOD,GPIO_Pin_12),则绿灯亮。如果实验硬件支持图2-3所示电路,则PH10对应红灯,PH11对应绿灯,PH12对应蓝灯。如要将某个LED点亮,只需设置对应引脚为低电平,对应库函数为GPIO_ResetBits,两个输入参数分别为外设编号和引脚号,如GPIO_ResetBits(GPIOH,GPIO_Pin_10),则红灯亮。

b.如果实验硬件支持图2-2所示电路,则如果想要显示除了绿橙红蓝四种颜色之外的颜色,又缺乏硬件条件支持,但允许同时点亮多个独立LED灯。如果实验硬件支持图2-3所示电路,则如果想要显示除了红绿蓝三种颜色之外的颜色,可以同时设置多个引脚为0,比如红绿(10,11)——〉黄,红蓝(10,12)——〉紫,绿蓝(11,12)——〉青,红绿蓝(10,11,12)——〉白。

c.如果实验硬件支持图2-2所示电路,则当不显示哪个颜色时,要将对应引脚置为低电平,GPIO_ResetBits(GPIOD , GPIO_Pin_12 | GPIO_Pin_13 | GPIO_Pin_14) GPIO_SetBits(GPIOD , GPIO_Pin_15)为显示蓝色。如果实验硬件支持图2-3所示电路,则当不显示哪个颜色时,要将对应引脚置为高电平,GPIO_ResetBits(GPIOH , GPIO_Pin_10 | GPIO_Pin_11),GPIO_SetBits(GPIOH , GPIO_Pin_12)为显示黄色。

d.每个颜色变换间隙需要调用delay函数,否则嵌入式微控制器执行指令过快,难以观察LED灯颜色变化。

(3)如果实验硬件支持图2-2所示电路,则主程序为

```
int main(void)
{
  /* GPIO初始化 */
  GPIO_PD12_15_Config();

  /* 无限循环 */
  while (1)
  {
    /* PD12 点灯*/
    GPIO_SetBits(GPIOD, GPIO_Pin_12);

    /* 延时 */
    delay_us(0x100000);

    /* PD13 点灯 */
    GPIO_SetBits(GPIOD, GPIO_Pin_13);

    /* 延时 */
    delay_us(0x100000);

    /* PD14 点灯 */
    GPIO_SetBits(GPIOD, GPIO_Pin_14);

    /* 延时 */
    delay_us(0x100000);

    /* PD15 点灯 */
    GPIO_SetBits(GPIOD, GPIO_Pin_15);

    /* 延时 */
    delay_us(0x100000);

    /* 灯全灭*/
    GPIO_ResetBits(GPIOD, GPIO_Pin_12|GPIO_Pin_13|GPIO_Pin_14|GPIO_Pin_15);
```

```
    /* 延时 */
    delay_us(0x100000);
  }
}
```

(4)如果实验硬件支持图2-3所示电路,则主程序为

```
int main(void)
{
  /* LED 端口初始化 */
  LED_GPIO_Config();

  while(1)
  {
    /* 三色灯的红灯:亮、灭 */
    GPIO_ResetBits(GPIOH,GPIO_Pin_10);
    Delay(0xFFFFFF);
    GPIO_SetBits(GPIOH,GPIO_Pin_10);
    Delay(0xFFFFFF);

    /* 三色灯的绿灯:亮、灭*/
    GPIO_ResetBits(GPIOH,GPIO_Pin_11);
    Delay(0xFFFFFF);
    GPIO_SetBits(GPIOH,GPIO_Pin_11);
    Delay(0xFFFFFF);

    /* 三色灯的蓝灯:亮、灭*/
    GPIO_ResetBits(GPIOH,GPIO_Pin_12);
    Delay(0xFFFFFF);
    GPIO_SetBits(GPIOH,GPIO_Pin_12);
    Delay(0xFFFFFF);

    /* 轮流显示 红绿蓝黄紫青白 颜色 */
    //LED_RED
    GPIO_ResetBits(GPIOH,GPIO_Pin_10);
    GPIO_SetBits(GPIOH,GPIO_Pin_11 | GPIO_Pin_12);
    Delay(0xFFFFFF);
```

```
    //LED_GREEN
    GPIO_SetBits(GPIOH,GPIO_Pin_10 | GPIO_Pin_12);
    GPIO_ResetBits(GPIOH,GPIO_Pin_11);
    Delay(0xFFFFFF);

    //LED_BLUE
    GPIO_SetBits(GPIOH,GPIO_Pin_10 | GPIO_Pin_11);
    GPIO_ResetBits(GPIOH,GPIO_Pin_12);
    Delay(0xFFFFFF);

    //LED_YELLOW
    GPIO_ResetBits(GPIOH,GPIO_Pin_10 | GPIO_Pin_11);
    GPIO_SetBits(GPIOH,GPIO_Pin_12);
    Delay(0xFFFFFF);

    //LED_PURPLE
    GPIO_ResetBits(GPIOH,GPIO_Pin_10 | GPIO_Pin_12);
    GPIO_SetBits(GPIOH,GPIO_Pin_11);
    Delay(0xFFFFFF);

    //LED_CYAN
    GPIO_ResetBits(GPIOH,GPIO_Pin_11 | GPIO_Pin_12);
    GPIO_SetBits(GPIOH,GPIO_Pin_10);
    Delay(0xFFFFFF);

    //LED_WHITE
    GPIO_ResetBits(GPIOH,GPIO_Pin_10 | GPIO_Pin_11 | GPIO_Pin_12);
    Delay(0xFFFFFF);

    //LED_RGBOFF
    GPIO_SetBits(GPIOH,GPIO_Pin_10 | GPIO_Pin_11 | GPIO_Pin_12);

    Delay(0xFFFFFF);
  }
}
```

2.6 实验要求

(1)能够深入掌握GPIO基本概念与原理;
(2)能够理解GPIO基本输出功能控制LED灯显示的原理;
(3)能够根据功能要求,开发应用程序;
(4)能够编译下载程序至目标机并正确运行;
(5)填写实验报告。
a.按照实验报告的要求统一格式,填写实验报告;
b.简述实际所用GPIO的基本概念与原理;
c.简述实际所用GPIO基本输出功能控制LED灯的硬件电路;
d.简述所开发应用程序的结构及功能;
e.尽可能充分体现出设计和开发技巧;
f.在实验总结栏中给出实验结果、分析以及得到的结论。

2.7 思考题

(1)固件库函数开发的优势是什么?
(2)如何根据流水灯表现要求的不同,设计修改应用程序,控制LED灯显示?
(3)如果不采用延迟函数来控制LED灯亮灭时间,还可以采用什么方式替代?
(4)如何确定引脚输出为高电平点灯,还是输出为低电平点灯?
(5)如何完成国产嵌入式微控制器的相关工作?

实验3　按键输入的外部中断控制

3.1　实验目的

(1)理解NVIC(嵌套向量中断控制器)的概念与原理。
(2)理解外部中断的概念及原理。
(3)理解GPIO基本输入的工作原理。
(4)理解按键中断方式实现应用功能切换(如LED流水灯显示方式切换)的工作原理。
(5)掌握按键中断固件库编程控制应用功能切换要用的固件库函数。
(6)掌握应用开发前应进行功能需求分析的基本方法。
(7)掌握应用开发中的子函数设计方法。
(8)掌握应用开发中的主程序设计方法。
(9)鼓励和引导使用国产嵌入式微控制器芯片进行应用开发。

3.2　实验设备

- PC计算机
- Cortex-M系列嵌入式微控制器为核心的开发板
- 仿真器
- MDK 5 (Keil 5)集成调试环境软件

3.3　实验原理

中断,是嵌入式微控制器能够高效、实时地处理各种时间要求苛刻应用的基础。一旦使用了中断,则必然会涉及某个具体中断功能和统一的NVIC管理两个方面。嵌入式微控制器内部的中断有多种类型,本实验着重让大家学习和实践外部中断,具体落实在如何实现对按键输入的及时响应上,通过外部中断方式,实时获取按键输入动作,实现对按键输入的"一触键"响应,避免用查询方式获取按键输入动作而出现的无效查询或难以及时响应等问题,使嵌入式微控制器的程序处理能力得以提升,计算资源得以更好发挥。

3.3.1 NVIC的概念及工作原理

NVIC控制着Cortex-M4系列芯片内部与中断相关的功能,与内核紧密耦合,是内核里面的一个外设。但各个芯片厂商在设计芯片时,会对Cortex-M4内核里面的NVIC进行裁剪,把不需要部分去掉,所以STM32的NVIC只是标准Cortex-M4的NVIC的一个子集。

STM32-F4xx约有92~101个中断,根据芯片的不同,数量略有增减。其中,内核中断10个,剩余为外设中断,还有16级可编程的中断优先级。常用中断是指这些可屏蔽的外设中断。在MDK内,给NVIC相关的寄存器定义了如下结构体:

```
typedef struct {
__IO uint32_t ISER[8]; // 中断使能寄存器
uint32_t RESERVED0[24];
__IO uint32_t ICER[8]; // 中断清除寄存器
uint32_t RSERVED1[24];
__IO uint32_t ISPR[8]; // 中断使能悬起寄存器
uint32_t RESERVED2[24];
__IO uint32_t ICPR[8]; // 中断清除悬起寄存器
uint32_t RESERVED3[24];
__IO uint32_t IABR[8]; // 中断有效位寄存器
uint32_t RESERVED4[56];
__IO uint8_t IP[240]; // 中断优先级寄存器(8Bit wide)
uint32_t RESERVED5[644];
__O uint32_t STIR; // 软件触发中断寄存器
} NVIC_Type;
```

ISER[8]:ISER全称是Interrupt Set-Enable Registers,即中断使能寄存器组。可用的就三个(ISER[0~2]),可以表示96个中断。要使能某个中断,必须设置相应ISER位为1,使该中断被使能(这里仅指使能,还要配合中断分组、屏蔽、IO口映射等设置才算完整的中断设置)。

ICER[8]:全称是Interrupt Clear-Enable Registers,即中断清除寄存器组。该寄存器组与ISER的作用恰好相反,是用来清除某个中断使能。其对应位的功能,也和ISER一样,要专门设置一个ICER来清除中断位,而不是向ISER写0来清除,因为NVIC寄存器都是写1有效,写0无效。

ISPR[8]:全称是Interrupt Set-Pending Registers,即中断使能悬起寄存器组。每个位对应的中断和ISER是一样的。通过写1,可以将正在进行的中断挂起,而执行同级或更高级别的中断。写0无效。

ICPR[8]:全称是Interrupt Clear-Pending Registers,即中断清除悬起寄存器组。其作用与ISPR相反,对应位也和ISER一样。通过写1,可以将挂起的中断接挂。写0无效。

IABR[8]:全称是Interrupt Active Bit Registers,即中断有效位寄存器组。对应位所代表的中断和ISER一样,如果为1,则表示该位所对应的中断正在被执行。这是一个只读寄存器,通过它可以知道当前在执行的中断是哪一个。在中断执行完了由硬件自动清零。

IP[240]:全称是Interrupt Priority Registers,即中断优先级寄存器组。此IP寄存器组由240个8bit寄存器组成,可表示240个可屏蔽中断。STM32-F4xx的IP[xx]—IP[0]分别对应中断xx—0。每个可屏蔽中断占用的8bit并没有全部使用,只用了高4位。如图3-1所示,这4位,又分为抢占优先级和子优先级,抢占优先级在前,子优先级在后。

bit7	bit6	bit5	bit4	bit3	bit2	bit1	bit0
用于表达优先级				未使用，读回为0			

图3-1　STM32-F4xx的中断优先级寄存器

抢占优先级和子优先级各占几个位,要根据SCB->AIRCR中PRIGROUP[10:8]位来决定中断优先级分组设置。在一个嵌入式应用程序中,所有中断都必须使用相同的中断优先级分组设置,不允许各个中断之间出现优先级分组不同的情况。如表3-1中所示,当选择优先级分组为NVIC_PriorityGroup_2时,相当于设定了4个主优先级(也称为抢占式优先级)、4个子优先级(也称为响应式优先级)。

表3-1　AIRCR中断优先级分组设置

优先级分组	PRIGROUP [10:8]	中断优先级值PRI_N[7:4]			级数	
		二进制点	主优先级位	子优先级位	主优先级	子优先级
NVIC_PriorityGroup_4	0b 011	0b xxxx	[7:4]	None	16	None
NVIC_PriorityGroup_3	0b 100	0b xxx.y	[7:5]	[4]	8	2
NVIC_PriorityGroup_2	0b 101	0b xx.yy	[7:6]	[5:4]	4	4
NVIC_PriorityGroup_1	0b 110	0b x.yyy	[7]	[6:4]	2	8
NVIC_PriorityGroup_0	0b 111	0b .yyyy	None	[7:4]	Neon	16

因此,在配置NVIC时,一般会用到ISER、ICER和IP这三个寄存器,ISER用来使能中断,ICER用来失能中断,IP用来设置中断优先级。优先级分组也是必须要进行设置,可根据具体应用对不同中断的响应要求,选择设定一个合适的NVIC_PriorityGroup_x分组值,选定后,整个应用程序都必须使用同一个NVIC_PriorityGroup_x分组值。

3.3.2　外部中断的概念与工作原理

外部中断/事件控制器(EXTI)管理了23个中断/事件线,每个中断/事件线都有一个边沿检测器,可对输入信号进行上升沿检测或下降沿检测。EXTI可对每个中断/事件线单独配置,具有独立的触发、屏蔽以及专用状态位,可配置中断或者事件,以及触发事件的属性。

EXTI可分为两大部分功能，一个是产生中断，另一个是产生事件。要产生中断，必须先配置且能使能的中断线。根据需要的边沿检测设置2个触发寄存器，同时，在中断屏蔽寄存器的相应位写“1”使能中断请求。当外部中断线上出现选定信号沿时，便会产生中断请求，对应的挂起位也会置1。在挂起寄存器的对应位写“1”，将清除该中断请求。要产生事件，必须先配置且能使能的事件线。根据需要的边沿检测设置2个触发寄存器，同时，在事件屏蔽寄存器的相应位写“1”允许事件请求。当事件线上出现选定信号沿时，便会产生事件脉冲，对应的挂起位不会置1。通过在软件中对软件中断/事件寄存器写“1”，也可以产生中断/事件请求。

外部中断EXTI的内部结构示意图如图3-2所示，其中，在信号线上打一个斜杠并标注“23”字样，表示在控制器内部类似的信号线路有23个，这与EXTI总共有23个中断/事件线对应。从图3-2的右边开始分析：

（1）输入线

EXTI控制器有23个中断/事件输入线，这些输入线可以通过寄存器设置，配置到某一个GPIO。比如，外部中断0可以配置到PA0等各端口0号引脚；也可配置一些外设事件，输入线一般会出现电平信号变化，当某个引脚发生外部事件，则会触发另外一个引脚上相应功能。

（2）边沿检测电路

它会根据上升沿触发选择寄存器（EXTI_RTSR）和下降沿触发选择寄存器（EXTI_FTSR）对应位的设置，来控制信号触发方式。边沿检测电路以输入线作为信号输入端，如果检测到边沿跳变就输出有效信号1给其左边的或门电路，否则输出无效信号0。

（3）或门

一个输入来自沿检测电路，另一个输入来自软件中断事件寄存器（EXTI_SWIER）。EXTI_SWIER允许用户通过程序控制，启动中断/事件线。两个输入中任意一个存在有效信号1，就可以输出1给左边两个与门电路，上面一个为中断通路与门，下面一个为事件通路与门。

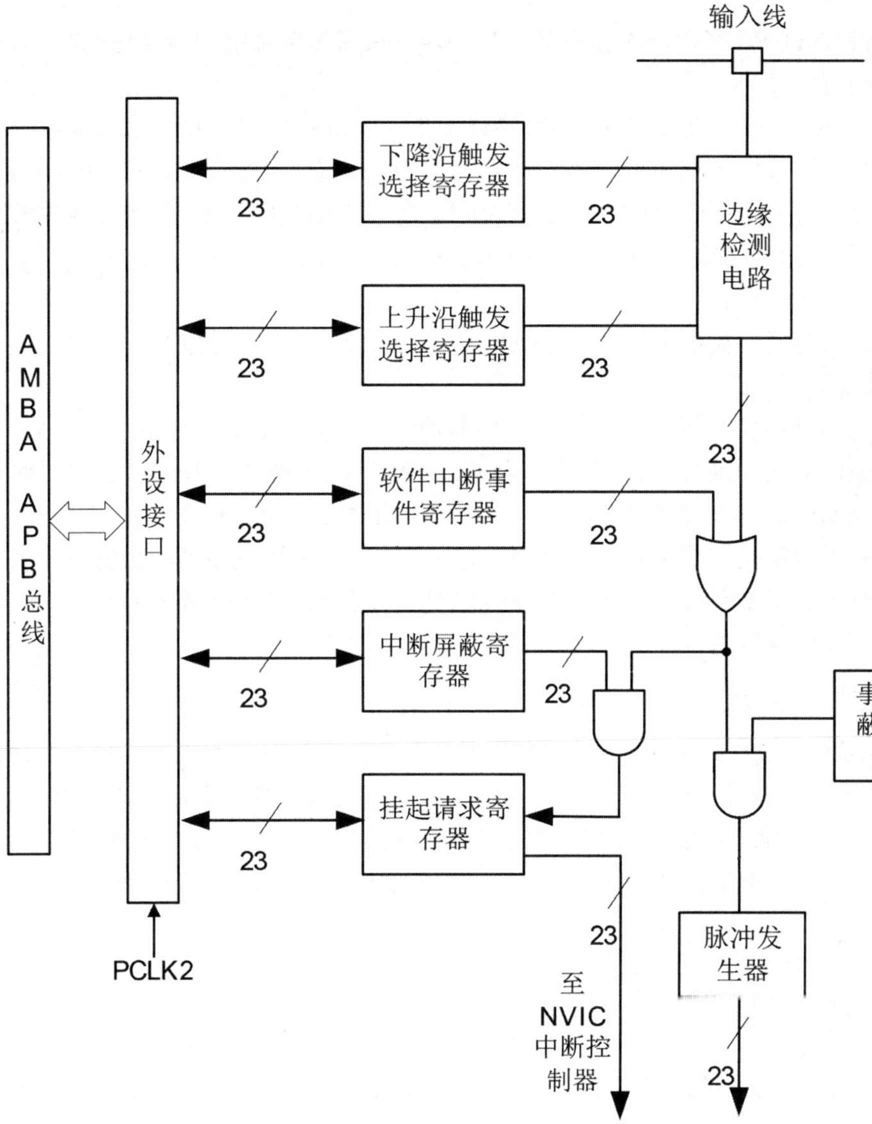

图3-2　外部中断内部结构示意图

(4)中断通路与门

一个输入来自其右边的“或门”,另一个输入来自中断屏蔽寄存器(EXTI_IMR)。只有当EXTI_IMR设置为1,中断没有被屏蔽,编号4的输出信号才由前面的或门的输出信号所决定,中断通路与门的输出信号会被保存在挂起寄存器(EXTI_PR)内,如果中断通路“与门”输出为1就会把EXTI_PR对应位置1。

(5)NVIC

中断是将EXTI_PR寄存器内容输出到NVIC内,从而实现系统中断事件控制。

(6)事件通路与门

本分支线路是一个产生事件的线路,最终输出一个脉冲信号。产生事件线路在前一个或门之后与中断线路有所不同。事件通路与门的一个输入右边的前一个或门电路,另外一个输入来自事件屏蔽寄存器(EXTI_EMR)。如果EXTI_EMR设置为1,事件没有被屏蔽,事件通路与门的输出信号才由前一个或门电路的输出信号决定。

(7)脉冲发生器电路

当事件通路与门的输出端是一个有效信号1时,就会产生一个脉冲。

(8)到其他外部中断

本事件输出脉冲信号可以给其他外部中断使用,如另外22个外部中断中的某一个;也可以给其他的外设中断使用,比如定时器TIM、模拟数字转换器ADC等,它需要配置时连接到其他外部中断的"软件中断/事件寄存器",才能触发其他中断或事件。

产生中断的目的是把信号输入到NVIC,进一步运行中断服务函数,实现中断服务功能。产生事件的目的是传输一个脉冲信号给其他外设使用。EXTI是在APB2总线上的,在编程时候需要注意到这点。

3.3.3 GPIO基本输入的工作原理

GPIO内部结构参见图3-3,GPIO基本输入功能本质就是由嵌入式微控制器控制其引脚,采集外部输入的高、低电平信号。如果把GPIO引脚与外部中断关联起来,就可以采用按键中断方式,控制各种应用功能的切换。从GPIO基本输入功能的工作原理来分析,图3-3实线方框中,外部电平信号通过嵌入式微控制器引脚,被采集为0/1数字的流程如下:

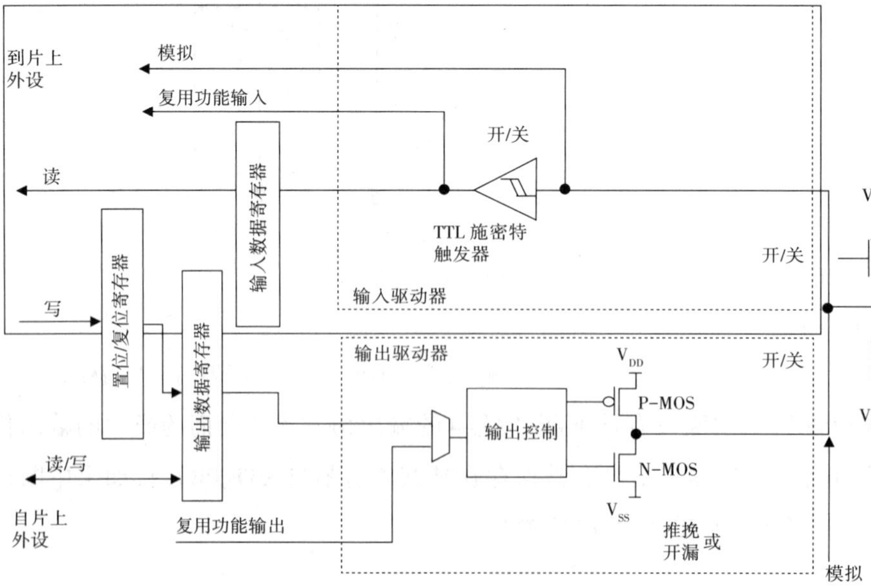

图3-3 GPIO基本输入的内部结构

首先，外部电平信号通过最右边的I/O引脚输入，嵌入式微控制器芯片内集成有保护二极管。当输入信号超过芯片的电源电压时，上行的保护二极管接通；当输入信号低于芯片的地电位时，下行的保护二极管接通。避免单个引脚输入信号的异常导致嵌入式微控制器整个的损坏。

其次，输入信号经TTL施密特触发器，快速对输入数据寄存器中的对应位进行置位或清零。如果该引脚配置有外部中断，则将触发中断，告知嵌入式微控制器来读取该输入数据；如果没有配置外部中断，则需要由应用程序成周期地去读取该输入数据。

由上述流程可知，使用GPIO基本输入功能时，需要在应用程序中配置该GPIO引脚基本输入（关闭基本输出功能）。外部输入引脚的电平状态可由应用程序通过"输入数据寄存器"读取而得，读取输入数据寄存器中数据的方式可以采用查询或中断方式。查询方式需要应用程序周期性地读取输入数据寄存器中数据，不仅效率低，且多数情况下，并没有发生输入数据变化，读取过程属于无效工作浪费系统宝贵的资源。而且，受应用程序自身大小的影响，容易导致重要信号采集不及时或丢失，难以实现"一触键"响应等实时性功能。因此，优先建议采用外部中断方式。

3.3.4 按键中断控制LED灯显示的工作原理

（1）按键中断输入

一种按键输入原理图如图3-4所示。当按键按下时，引脚接通高电平，将产生上升沿；当按键松开时，引脚接通低电平，将产生下降沿。其中，电容C30看似能起到给硬件"消抖动"的作用，$\tau=R\times C=22(\text{ms})$，达到"消抖动"的延迟要求。在设计以按键中断输入方式控制LED灯显示时，可以选择上升沿触发的中断方式，对按键输入进行检测。

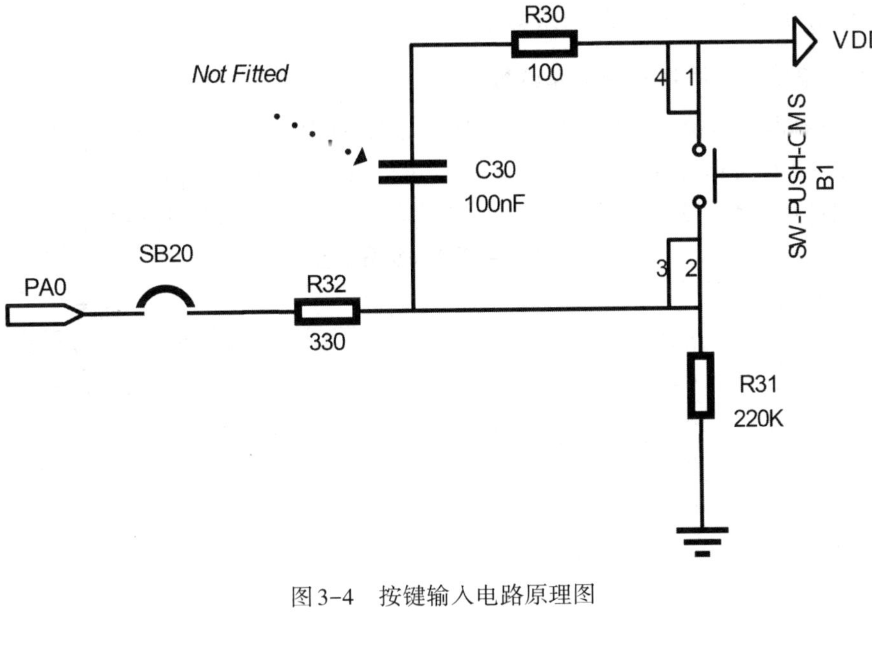

图3-4　按键输入电路原理图

另一种按键输入电路原理如图3-5所示，其原理完全相同，只是电容、电阻的取值不一样。按键“消抖动”的延迟时间有较大差异，其$\tau=R\times C=(4.7\times10^{3})\times(0.1\times10^{-6})=4.7(\text{ms})$，基本达到“消抖动”的延迟要求。在设计以按键中断输入方式控制LED灯显示时，可以选择上升沿触发的中断方式，对按键输入进行检测。

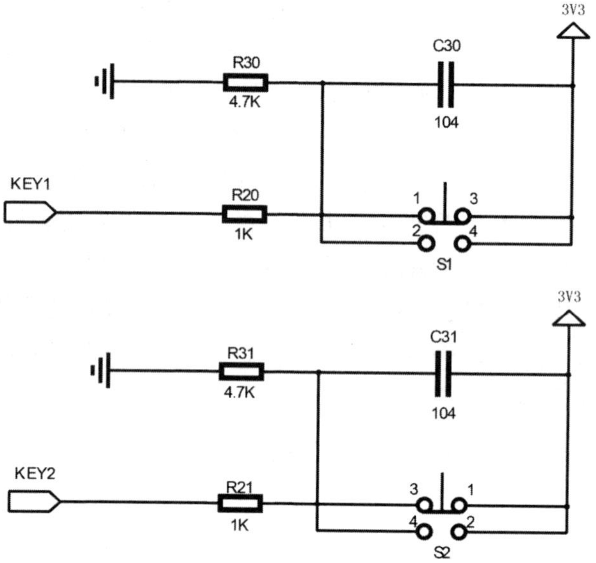

图3-5　按键输入电路原理图

（2）LED灯显示

LED灯显示的相关电路原理图和工作过程，请参阅实验2中第2.3.2节“GPIO基本输出功能控制LED灯的电路原理”的内容。

3.3.5　需要新增用到的固件库函数

程序采用固件库函数方式编程，必然会涉及以下固件库函数。

（1）void NVIC_PriorityGroupConfig (uint32_t NVIC_PriorityGroup)

调用固件库函数，设置优先级分组，调用时需要输入的参数见表3-2。

表3-2　中断优先级分组参数

优先级分组	主优先级	子优先级	描述
NVIC_PriorityGroup_0	0	0-15	0位抢占优先级，4位子优先级
NVIC_PriorityGroup_1	0-1	0-7	1位抢占优先级，3位子优先级
NVIC_PriorityGroup_2	0-3	0-3	2位抢占优先级，2位子优先级
NVIC_PriorityGroup_3	0-7	0-1	3位抢占优先级，1位子优先级
NVIC_PriorityGroup_4	0-15	0	4位抢占优先级，0位子优先级

例如：NVIC_PriorityGroupConfig(NVIC_PriorityGroup_2)

(2)void NVIC_Init (NVIC InitTypeDef * NVIC_InitStruct)

调用固件库函数,按NVIC_InitStruct指定的参数,对NVIC进行初始化。

例如:NVIC_Init(&KEY_EXTI_BVICInitStruct)

(3) void SYSCFG_EXTILineConfig (uint8_t EXTI_PortSourceGPIOx, uint8_t EXTI_PinSourcex)

调用固件库函数,将GPIOx端口的对应引脚与外部中断线x绑定。

例如:SYSCFG_EXTILineConfig(EXTI_PortSourceGPIOA, EXTI_PinSource0)

(4)void EXTI_Init (EXTI InitTypeDef * EXTI_InitStruct)

调用固件库函数,按EXTI_InitStruct指定的参数,对EXTI进行初始化。

例如:EXTI_Init(&KEY_EXTI_InitStruct)

(5)ITStatus EXTI_GetITStatus (unit32_t EXTI_Line)

调用固件库函数,在中断服务程序开始处,按EXTI_ Line指定中断线,检查确认是否存在中断。

例如:EXTI_GetITStatus(EXTI_Line0)

(6)void ClearITPendingBit (unit32_t EXTI_Line)

调用固件库函数,在中断服务程序结束前,按EXTI_ Line指定中短线,清除中断挂起标志位,防止中断服务处理完毕后,退出中断服务程序,又反复地进入该中断。

例如:EXTI_ClearITPendingBit(EXTI_Line0)

3.4 实验内容

掌握NVIC的概念及原理。理解外部中断/事件的概念及原理。理解GPIO基本输入功能与外部中断结合的按键中断输入电路原理。基于固件库函数,设计开发GPIO中断方式检测按键输入的应用程序,调试通过并下载到开发板中,实现按键中断输入控制LED灯的点亮或熄灭显示功能。

3.5 实验步骤

3.5.1 实验前准备

(1)检查Keil 5是否正确安装,已建工程是否可用;

(2)检查仿真器是否可用;

(3)检查开发板是否可用;

(4)检查各实验设备是否与程序相对应;

(5)检查是否已经理解实验原理。

3.5.2 实验步骤

3.5.2.1 项目工程

采用实验1的方法建立本实验基础工程，在运用实验2对LED流水灯显示控制的基础上，借鉴参考GPIO输出功能初始化配置函数及点灯灭灯应用程序，在本实验中，设计开发符合领按键中断输入来切换显示功能的应用程序。

3.5.2.2 功能分析

对于实验硬件支持图2-2所示电路与图3-3所示电路所构成的组合电路时，将连接在GPIO引脚PA0上的按键作为输入按键，采用上升沿触发的中断方式，对按键输入进行检测。采用中断服务程序方式，编程实现按键检测及应用切换，通过PA0引脚连接的按键，控制GPIO引脚PD12—PD15的LED灯按某种流水灯方式显示。该按键每按一次，则对应LED流水灯的显示方式就变化一次，完成不少于两种的流水灯显示方式切换控制。

对于实验硬件支持图2-3所示电路与图3-4所示电路所构成的组合电路时，将连接在GPIO引脚PA0和PC13上的两个按键作为输入按键，采用上升沿触发的中断方式，对按键输入进行检测。采用中断服务程序方式，编程实现按键检测及应用切换，通过PA0引脚连接的按键输入，控制GPIO引脚PH10的LED1灯翻转(对应于三色灯中红色部分)，该按键每按一次，则对应三色灯就会在基础蓝色灯LED3点亮的基础上，LED1红色加入或不加入；采用外部中断服务程序的方式，编程实现按键检测及应用切换，通过PC13引脚连接的按键，控制GPIO引脚PH11的LED2灯翻转(三色灯中的绿色部分)，该按键每按一次，则对应三色灯就会在基础蓝色灯LED3点亮的基础上，加入或不加入LED2绿色。

3.5.2.3 程序框架设计

对于实验硬件支持图2-2所示电路与图3-3所示电路所构成的组合电路时，整个程序将由“延时函数”、“LED灯GPIO配置函数”、“按键GPIO及外部中断配置函数”、“按键中断服务程序”、“主程序”等部分组成。其中，“主程序”又包含“初始化”、“无限循环实现功能”两个部分。

对于实验硬件支持图2-3所示电路与图3-4所示电路所构成的组合电路时，整个程序将由“LED灯GPIO配置函数”、“按键GPIO及EXTI配置函数”、“按键NVIC配置函数”、“按键1外部中断服务程序”、“按键2外部中断服务程序”、“LED灯操作宏定义”、“主程序”等部分组成。程序共由六个文件组成，分别为main.c、bsp_led.c、bsp_led.h、bsp_key.c、bsp_key.h、stm32f4xx_it.c。其中，“LED灯GPIO配置函数”放在板级驱动文件bsp_led.c中；“LED灯操作宏定义”放在bsp_led.h头文件中；“按键GPIO及EXTI配置函数”和“按键NVIC配置函数”放在板级驱动文件bsp_key.c中；bsp_key.h头文件中声明了板级驱动文件bsp_key.c中存放的函数；“按键1外部中断服务程序”和“按键2外部中断服务程序”放在中断服务程序stm32f4xx_it.c文件中；“主程序”放在main.c文件中。

3.5.2.4　子函数设计开发

（1）延迟函数Delay（通用子函数）

延迟函数在本实验中用于图3-3所示电路的流水灯控制，它与实验2中延迟函数一样，请参阅实验2中第2.5.2.4子节“子函数设计开发”内容。

（2）LED灯GPIO配置函数（需根据不同硬件电路进行调整）

①实验硬件支持图2-2所示电路

LED灯GPIO配置函数与实验2中的内容一致，请参阅实验2中第2.5.2.4子节“子函数设计开发”的内容。

②实验硬件支持图2-3所示电路

LED灯GPIO配置函数由“LED灯GPIO配置函数”和“LED灯操作宏定义”两部分组成，具体方法如下。

LED灯板级驱动文件bsp_led.c

文件中有一个LED灯GPIO配置函数void LED_GPIO_Config(void)，此函数与实验2的LED_GPIO_Config方法一致，仅仅是稍微修改了编程方式，形成了一个独立文件。

```
#include "bsp_led.h"
#include "stm32f4xx.h"
//* 连接三色灯的GPIO引脚H10、H11、H12配置函数 *//
void LED_GPIO_Config(void)
{
  // 定义结构体变量，在本函数中可用
  GPIO_InitTypeDef GOIO_InitStruct;

  // 开启GPIO H端口的时钟
  RCC_AHB1PeriphClockCmd(RCC_AHB1Periph_GPIOH, ENABLE);

  // 设置GPIO-PH10为输出的配置参数
  GOIO_InitStruct.GPIO_Mode = GPIO_Mode_OUT;
  GOIO_InitStruct.GPIO_OType = GPIO_OType_PP;
  GOIO_InitStruct.GPIO_Pin = GPIO_Pin_10;
  GOIO_InitStruct.GPIO_PuPd = GPIO_PuPd_NOPULL;
  GOIO_InitStruct.GPIO_Speed = GPIO_Speed_50MHz;

  // 按配置参数，初始化GPIO-PH10
  GPIO_Init(GPIOH, &GOIO_InitStruct);
```

```
    // 按配置参数,初始化GPIO-PH11
    GOIO_InitStruct.GPIO_Pin = GPIO_Pin_11;
    GPIO_Init(GPIOH, &GOIO_InitStruct);

    // 按配置参数,初始化GPIO-PH12
    GOIO_InitStruct.GPIO_Pin = GPIO_Pin_12;
    GPIO_Init(GPIOH, &GOIO_InitStruct);

    LED_RGBOFF
}
```

LED灯的头文件bsp_led.h

文件中包含了LED灯操作的宏定义以及LED_GPIO_Config(void)的声明。

```
#ifndef _BSP_LED_H
#define _BSP_LED_H
#define digitalH(p,i)          p->BSRRL = i;} //输出高电平,相当于GPIO_SetBits
#define digitalL(p,i)          {p->BSRRH = i;} //输出低电平
#define digitalToggle(p,i)     {p->ODR ^= i;}  //翻转,与上次值相反
#define LED1_ON                digitalL(GPIOH,GPIO_Pin_10)
#define LED1_OFF               digitalH(GPIOH,GPIO_Pin_10)
#define LED1_TOGGLE            digitalToggle(GPIOH,GPIO_Pin_10)
#define LED2_ON                digitalL(GPIOH,GPIO_Pin_11)
#define LED2_OFF               digitalH(GPIOH,GPIO_Pin_11)
#define LED2_TOGGLE            digitalToggle(GPIOH,GPIO_Pin_11)
#define LED3_ON                digitalL(GPIOH,GPIO_Pin_12)
#define LED3_OFF               digitalH(GPIOH,GPIO_Pin_12)
#define LED3_TOGGLE            digitalToggle(GPIOH,GPIO_Pin_12)
// 混色,全彩灯
#define LED_RED                LED1_ON;\
                               LED2_OFF;\
                               LED3_OFF
#define LED_GREEN              LED1_OFF;\
                               LED2_ON;\
                               LED3_OFF
#define LED_BLUE               LED1_OFF;\
                               LED2_OFF;\
```

```
                                        LED3_ON
#define LED_YELLOW                      LED1_ON;\
                                        LED2_ON;\
                                        LED3_OFF
#define LED_RGBOFF                      LED1_OFF;\
                                        LED2_OFF;\
                                        LED3_OFF
void LED_GPIO_Config(void);

#endif /*_BSP_LED_H*/
```

③按键输入GPIO及外部中断配置函数(需根据不同硬件电路进行调整)

若实验硬件支持图3-3所示电路,则NVIC配置、外部中断配置、按键输入GPIO配置都在一个函数中处理,主要包括:

a.首先,分别使用GPIO_InitTypeDef 、EXTI_InitTypeDef 、NVIC_InitTypeDef定义GPIO结构体变量GPIO_PA0_InitStructure、EXTI结构体变量EXTI_PA0_InitStructure、NVIC结构体变量NVIC_PA0_InitStructure,便于后续对该结构体中的元素赋值,用于存储对GPIO、EXTI、NVIC的配置。

b.其次,调用库函数NVIC_PriorityGroupConfig(NVIC_PriorityGroup_2)来对NVIC进行了优先级分组,2位抢占式优先级,2位子优先级。

c.进而,向NVIC初始化结构体赋值,外部中断0、开中断、抢占式优先级为3、子优先级为3。

d.接着使用以上初始化结构体的配置,调用NVIC_Init(&NVIC_PA0_InitStructure)函数,完成外部中断0的NVIC初始化。

e.对GPIO基本输出功能进行配置,与之前实验涉及的内容相同。

f. 使用SYSCFG_EXTILineConfig(EXTI_PortSourceGPIOA, EXTI_PinSource0),把外部中断0与对应引脚PA0绑定。

g.然后,向EXTI_PA0_InitStructure结构体变量赋值,外部中断0、开中断、中断工作方式、上升沿触发。

h.最后使用以上初始化结构体的配置,调用EXTI_Init(&EXTI_PA0_InitStructure)函数,完成外部中断0初始化。

```
//* 按键输入的GPIO-PA0引脚及外部中断配置 *//
void EXTILine0_Config(void)
{
  // 定义结构体变量,在本函数中可用
  GPIO_InitTypeDef   GPIO_PA0_InitStructure;
```

```
EXTI_InitTypeDef  EXTI_PA0_InitStructure;
NVIC_InitTypeDef  NVIC_PA0_InitStructure;

// 设置优先级分组2,4个抢占式优先级和4个子优先级,各由2位决定
NVIC_PriorityGroupConfig(NVIC_PriorityGroup_2);

// 配置NVIC,使能并设置EXTI_Line0中断,设置中断优先级为最低优先级
NVIC_PA0_InitStructure.NVIC_IRQChannel = EXTI0_IRQn;
NVIC_PA0_InitStructure.NVIC_IRQChannelPreemptionPriority = 0x03;
NVIC_PA0_InitStructure.NVIC_IRQChannelSubPriority = 0x03;
NVIC_PA0_InitStructure.NVIC_IRQChannelCmd = ENABLE;

// 按配置参数,初始化NVIC对外部中断0的管理
NVIC_Init(&NVIC_PA0_InitStructure);

// 开启GPIO A端口的时钟
RCC_AHB1PeriphClockCmd(RCC_AHB1Periph_GPIOA, ENABLE);

// 开启外部中断外设的时钟
RCC_APB2PeriphClockCmd(RCC_APB2Periph_SYSCFG, ENABLE);

// 设置GPIO-PA0为输入的配置参数
GPIO_PA0_InitStructure.GPIO_Pin = GPIO_Pin_0;
GPIO_PA0_InitStructure.GPIO_Mode = GPIO_Mode_IN;
GPIO_PA0_InitStructure.GPIO_PuPd = GPIO_PuPd_NOPULL;

// 按配置参数,初始化GPIO-PA0
GPIO_Init(GPIOA, &GPIO_PA0_InitStructure);
// 连接外部中断线EXTI-Line0到PA0引脚
SYSCFG_EXTILineConfig(EXTI_PortSourceGPIOA, EXTI_PinSource0);

// 配置外部中断EXTI_Line0,设置中断触发方式为上升沿触发
EXTI_PA0_InitStructure.EXTI_Line = EXTI_Line0;
EXTI_PA0_InitStructure.EXTI_Mode = EXTI_Mode_Interrupt;
EXTI_PA0_InitStructure.EXTI_Trigger = EXTI_Trigger_Rising;
```

```
  EXTI_PA0_InitStructure.EXTI_LineCmd = ENABLE;

  // 按配置参数，初始化外部中断0
  EXTI_Init(&EXTI_PA0_InitStructure);
}
```

若实验硬件支持图3-4所示电路，包括NVIC配置函数void KEY_NVIC_Config(void)，中断方式检测按键的GPIO配置函数void KEY_GPIO_Config(void)，以及按键相关的头文件bsp_key.h。

NVIC配置函数主要如下：

a. 首先，使用NVIC_InitTypeDef定义NVIC初始结构体变量KEY_EXTI_NVICInitStruct，便于后续对该结构体中的元素赋值，用于存储对NVIC的配置。

b. 然后，调用库函数NVIC_PriorityGroupConfig(NVIC_PriorityGroup_2)来对NVIC进行了优先级分组，2位抢占式优先级，2位子优先级。

c. 进而，向NVIC初始化结构体赋值，外部中断0、开中断、抢占式优先级为2、子优先级为2。

d. 接着使用以上初始化结构体的配置，调用NVIC_Init(&KEY_EXTI_NVICInitStruct)函数，完成外部中断0的NVIC初始化。

e. 重复第c步，向NVIC初始化结构体赋值，外部中断15_10(实际用到外部中断13)、开中断、抢占式优先级为2、子优先级为1。

f. 重复第d步，使用以上结构体的配置，调用NVIC_Init(&KEY_EXTI_NVICInitStruct)函数，完成外部中断13的NVIC初始化。

```
//* NVIC配置 *//
void KEY_NVIC_Config(void)
{
  // 定义结构体变量，在本函数中可用
  NVIC_InitTypeDef KEY_EXTI_NVICInitStruct;

  // 设置优先级分组2，4个抢占式优先级和4个子优先级，各由2位决定
  NVIC_PriorityGroupConfig(NVIC_PriorityGroup_2);

  // 配置NVIC，使能并设置EXTI_Line0中断，设置中断优先级为低优先级
  KEY_EXTI_NVICInitStruct.NVIC_IRQChannel = EXTI0_IRQn;
  KEY_EXTI_NVICInitStruct.NVIC_IRQChannelCmd = ENABLE;
  KEY_EXTI_NVICInitStruct.NVIC_IRQChannelPreemptionPriority = 2;
  KEY_EXTI_NVICInitStruct.NVIC_IRQChannelSubPriority = 2;
```

```
    // 按配置参数,初始化NVIC对外部中断0的管理
    NVIC_Init(&KEY_EXTI_NVICInitStruct);

    // 配置NVIC,使能并设置EXTI_Line15_10中断,设置中断优先级为低优先级
    KEY_EXTI_NVICInitStruct.NVIC_IRQChannel = EXTI15_10_IRQn;
    KEY_EXTI_NVICInitStruct.NVIC_IRQChannelPreemptionPriority = 2;
    KEY_EXTI_NVICInitStruct.NVIC_IRQChannelSubPriority = 1;

    // 按配置参数,初始化NVIC对外部中断15_10的管理(实际是外部中断13)
    NVIC_Init(&KEY_EXTI_NVICInitStruct);
}
```

若中断方式检测按键的GPIO配置函数void KEY_GPIO_Config(void)主要如下：

a. 首先，由于使用了GPIO，所以其中有一部分程序是GPIO配置代码，与之前实验涉及的内容相同。

b. 其次，使用SYSCFG_EXTILineConfig(EXTI_PortSourceGPIOA, EXTI_PinSource0)和SYSCFG_EXTILineConfig(EXTI_PortSourceGPIOC, EXTI_PinSource13)，把外部中断0与对应引脚绑定、外部中断13与对应引脚绑定。

c. 然后，向KEY_EXTI_InitStruct初始化结构体赋值，外部中断0、开中断、中断工作方式、上升沿触发。

d. 接着使用以上初始化结构体的配置，调用EXTI_Init(&KEY_EXTI_InitStruct)函数，完成外部中断0初始化。

e. 进而，向NVIC初始化结构体赋值，外部中断13、开中断、开中断、中断工作方式、升沿触发。

f. 最后使用以上初始化结构体的配置，调用EXTI_Init(&KEY_EXTI_InitStruct)函数，完成外部中断13初始化。

```
//* 按键中断输入的GPIO和EXTI配置 *//
void KEY_GPIO_Config(void)
{
    // 定义结构体变量,在本函数中可用
    GPIO_InitTypeDef  KEY_GPIO_InitStruct;
    EXTI_InitTypeDef  KEY_EXTI_InitStruct;

    // 开启GPIO A端口和C端口的时钟
    // 开启外部中断外设的时钟
    RCC_AHB1PeriphClockCmd(RCC_AHB1Periph_GPIOA | RCC_AHB1Periph_GPIOC,
```

```
ENABLE);
        RCC_APB2PeriphClockCmd(RCC_APB2Periph_SYSCFG, ENABLE);

        // 设置GPIO-PA0为输入的配置参数
        KEY_GPIO_InitStruct.GPIO_Mode = GPIO_Mode_IN;
        KEY_GPIO_InitStruct.GPIO_Pin  = GPIO_Pin_0;
        KEY_GPIO_InitStruct.GPIO_PuPd = GPIO_PuPd_NOPULL;
        KEY_GPIO_InitStruct.GPIO_Speed = GPIO_Speed_25MHz;

        // 按配置参数,初始化GPIO-PA0
        GPIO_Init(GPIOA, &KEY_GPIO_InitStruct);

        // 设置GPIO-PC13为输入,并按配置参数初始化GPIO-PC13
        KEY_GPIO_InitStruct.GPIO_Pin  = GPIO_Pin_13;
        GPIO_Init(GPIOC, &KEY_GPIO_InitStruct);

        // 连接外部中断线EXTI-Line0到PA0引脚、EXTI-Line13到PC13引脚
        SYSCFG_EXTILineConfig(EXTI_PortSourceGPIOA, EXTI_PinSource0);
        SYSCFG_EXTILineConfig(EXTI_PortSourceGPIOC, EXTI_PinSource13);

        // 配置外部中断EXTI_Line0,设置中断触发方式为上升沿触发
        KEY_EXTI_InitStruct.EXTI_Line = EXTI_Line0;
        KEY_EXTI_InitStruct.EXTI_LineCmd = ENABLE;
        KEY_EXTI_InitStruct.EXTI_Mode = EXTI_Mode_Interrupt;
        KEY_EXTI_InitStruct.EXTI_Trigger = EXTI_Trigger_Rising;

        // 按配置参数,初始化外部中断0
        EXTI_Init(&KEY_EXTI_InitStruct);

        // 配置外部中断EXTI_Line13,设置中断触发方式为上升沿触发
        // 按配置参数,初始化外部中断13
        KEY_EXTI_InitStruct.EXTI_Line = EXTI_Line13;
        EXTI_Init(&KEY_EXTI_InitStruct);
    }
```

按键相关的头文件bsp_key.h中主要包含了按键操作的void KEY_GPIO_Config(void)、void KEY_NVIC_Config(void)声明。

```
#ifndef _BSP_KEY_H
#define _BSP_KEY_H
void KEY_GPIO_Config(void);
void KEY_NVIC_Config(void);
#endif /*_BSP_KEY_H*/
```

④按键中断服务程序(需根据不同硬件电路进行调整)

若实验硬件支持图3-3所示电路。

按键中断服务程序实际也就是外部中断0的中断服务程序,它会用到一个在主程序定义的全局变量DISPLAY_MODE,因此,需要在这个文件的最上面声明如下:

```
extern uint8_t DISPLAY_MODE;
```

说明它是一个在其他地方声明的全局变量。接下来,外部中断0的中断服务程序主要包括如下几点。

a. 首先,定义一个局部变量KEY_COUNT,避免直接使用全局变量DISPLAY_MODE易出现的函数可重入性问题。

b. 调用库函数EXTI_GetITStatus(EXTI_Line0),将返回的结果与RESET对比,如果是外部中断0,则继续执行本程序,如果不是外部中断0,则退出中断服务程序。

c. 根据按键次数,在没有超过4次时,对局部变量KEY_COUNT加1,如果超过4次,则对局部变量KEY_COUNT重新赋值为1。因此,当四种显示功能在顺序切换完毕后,可以重新再次循环切换控制。

d. 使用EXTI->IMR &= 0x7FFFFE,关外部中断0,用于消抖动。

e. 清除外部中断0挂起位。

f. 将局部变量KEY_COUNT的计数结果,赋值给全局变量DISPLAY_MODE,避免函数可重入性问题,实现中断服务程序与主程序之间传参数,退出中断服务程序。

```
/**
  * @brief 外部中断0的中断服务程序
  * @param  None
  * @retval None
  */
void EXTI0_IRQHandler(void)
{
    uint8_t KEY_COUNT = DISPLAY_MODE;

    if(EXTI_GetITStatus(EXTI_Line0) != RESET)
```

```
{
/* 根据按键中断次数,确定点哪种流水灯 */
if(KEY_COUNT < 4)
{
  KEY_COUNT ++;
}
else
{
  KEY_COUNT = 1;
}
/* 关外部中断 */
  EXTI->IMR &= 0x7FFFFE;
  /* 清除外部中断0挂起位 */
  EXTI_ClearITPendingBit(EXTI_Line0);
  DISPLAY_MODE = KEY_COUNT;
 }
}
```

若实验硬件支持图3-4所示电路。

按键1中断服务程序实际也就是外部中断0的中断服务程序,按键2中断服务程序实际也就是外部中断3的中断服务程序,这两个中断服务程序主要包括:

a.首先,调用库函数EXTI_GetITStatus(EXTI_LineX),将返回的结果与RESET对比,如果是外部中断X,则继续执行本程序,如果不是外部中断X,则退出中断服务程序。

b.如果是按键中断,则将对应的LED灯状态翻转。

c.清除外部中断0挂起位,退出中断服务程序。

```
void EXTI0_IRQHandler(void)
{
  if( EXTI_GetITStatus(EXTI_Line0) != RESET)
  {
    LED1_TOGGLE;
  }
  EXTI_ClearITPendingBit(EXTI_Line0);
}

void EXTI15_10_IRQHandler(void)
{
```

```
    if( EXTI_GetITStatus(EXTI_Line13) != RESET)
    {
      LED2_TOGGLE;
    }
    EXTI_ClearITPendingBit(EXTI_Line13);
}
```

3.5.2.5 主程序设计开发

1.实验硬件支持图2-2所示电路与图3-3所示电路所构成组合电路的主程序

首先,需要在最头部,定义一个全局变量uint8_t DISPLAY_MODE=0,以便按键中断服务程序与主程序之间传递参数;其次,要对LED连接的GPIO引脚进行初始化,要对按键连接的GPIO引脚、NVIC、EXTI进行初始化,并且将LED灯全部熄灭;然后,为了根据按键中断输入的计数次数,实现不同的流水灯显示,需要在无限循环中根据按键输入,切换不同的LED流水灯显示。因此,主程序包含如下部分:

(1)调用函数GPIO_PD12_15_Config,初始化LED连接的GPIO引脚;

(2)调用函数EXTILine0_Config,初始化按键连接的GPIO引脚、NVIC、EXTI;

(3)调用函数GPIO_ResetBits,将LED灯全部熄灭;

(4)在while无限循环中,编写控制LED灯的代码。

a.首先,定义局部变量Current_DISPLAY_MODE,用于表示当前选择的显示方式,避免直接使用全局变量DISPLAY_MODE出现的函数可重入性问题;定义局部变量Current_LED,用于表示当前要点亮的LED灯。

b.构建一个切换函数,根据Current_DISPLAY_MODE的值,切换选择使用某种流水灯显示方式。

c.在某种流水灯显示方式下,再构建一个切换函数,根据Current_LED的值,切换选择点亮某个LED灯,调用延迟函数后开外部中断。将Current_LED的计数值加1,以便下一次循环时,可以点亮下一个LED灯。

采用两个切换函数编程时,可以用LED灯显示的延迟函数,同时也起到按键中断输入消抖动作用,还能够保证按键中断输入能够得到及时和正确的响应。

```
int main(void)
{
  GPIO_PD12_15_Config();
  EXTILine0_Config();

  /* 初始化灯全灭 */
  GPIO_ResetBits(GPIOD, GPIO_Pin_12|GPIO_Pin_13|GPIO_Pin_14|GPIO_Pin_15);
```

```
while (1)
{
  uint8_t Current_DISPLAY_MODE = DISPLAY_MODE;
  uint8_t Current_LED;

  /* 根据DISPLAY_MODE的值来切换流水灯模式 */
  switch(Current_DISPLAY_MODE)
  {
    /* 第一种流水灯 */
    case 1:
          switch(Current_LED)
   {
    case 0:
            /* PD12点灯 */
            GPIO_SetBits(GPIOD, GPIO_Pin_12);
            delay_us(0x100000);
            /* 开外部中断0 */
            EXTI->IMR |= 0x01;
            Current_LED ++;
            break;
    case 1:
            /* PD13 点灯 */
            GPIO_SetBits(GPIOD, GPIO_Pin_13);
            delay_us(0x100000);
            /* 开外部中断0 */
            EXTI->IMR |= 0x01;
            Current_LED ++;
            break;
    case 2:
            /* PD14 点灯 */
            GPIO_SetBits(GPIOD, GPIO_Pin_14);
            delay_us(0x100000);
            /* 开外部中断0 */
            EXTI->IMR |= 0x01;
            Current_LED ++;
            break;
```

```
        case 3:
                /* PD15 点灯 */
                GPIO_SetBits(GPIOD, GPIO_Pin_15);
                delay_us(0x100000);
                /* 开外部中断0 */
                EXTI->IMR |= 0x01;
                Current_LED ++;
                break;
        default:
                GPIO_ResetBits(GPIOD,
                GPIO_Pin_12|GPIO_Pin_13|GPIO_Pin_14|GPIO_Pin_15);
                delay_us(0x100000);
                /* 开外部中断0 */
                EXTI->IMR |= 0x01;
                Current_LED ++;
                break;
    }
    break;
/* 第二种流水灯 */
case 2:
        switch(Current_LED)
        {
          case 0:
                  /* PD12 点灯 */
                  GPIO_SetBits(GPIOD, GPIO_Pin_12);
                  GPIO_ResetBits(GPIOD, GPIO_Pin_13|GPIO_Pin_14|GPIO_Pin_15);
                  delay_us(0x100000);
                  /* 开外部中断0 */
                  EXTI->IMR |= 0x01;
                  Current_LED ++;
                  break;
            case 1:
                  /* PD13点灯 */
                  GPIO_SetBits(GPIOD, GPIO_Pin_13);
                  GPIO_ResetBits(GPIOD, GPIO_Pin_12|GPIO_Pin_14|GPIO_Pin_15);
```

```
                delay_us(0x100000);
                /* 开外部中断0 */
                EXTI->IMR |= 0x01;
                Current_LED ++;
                break;
            case 2:
                /* PD14点灯 */
                GPIO_SetBits(GPIOD, GPIO_Pin_14);
                GPIO_ResetBits(GPIOD, GPIO_Pin_12|GPIO_Pin_13|GPIO_Pin_15);
                delay_us(0x100000);
                /* 开外部中断0 */
                EXTI->IMR |= 0x01;
                Current_LED ++;
                break;
            case 3:
                /* PD15点灯 */
                GPIO_SetBits(GPIOD, GPIO_Pin_15);
                GPIO_ResetBits(GPIOD, GPIO_Pin_12|GPIO_Pin_13|GPIO_Pin_14);
                delay_us(0x100000);
                /* 开外部中断0 */
                EXTI->IMR |= 0x01;
                Current_LED ++;
                break;
            default:
                Current_LED = 0;
                break;
        }
        break;
/* 第三种流水灯 */
case 3:
    switch(Current_LED)
    {
        case 0:
                /* PD12、PD14点灯 */
                GPIO_SetBits(GPIOD, GPIO_Pin_12|GPIO_Pin_14);
```

```
                GPIO_ResetBits(GPIOD, GPIO_Pin_13|GPIO_Pin_15);
                delay_us(0x100000);
                /* 开外部中断0 */
                EXTI->IMR |= 0x01;
                Current_LED ++;
                break;
            case 1:
                /* PD13、PD15点灯 */
                GPIO_SetBits(GPIOD, GPIO_Pin_13|GPIO_Pin_15);
                GPIO_ResetBits(GPIOD, GPIO_Pin_12|GPIO_Pin_14);
                delay_us(0x100000);
                /* 开外部中断0 */
                EXTI->IMR |= 0x01;
                Current_LED ++;
                break;
            default:
                Current_LED = 0;
                break;
        }
        break;
/* 第四种流水灯 */
case 4:
        switch(Current_LED)
        {
            case 0:
                /* PD12点灯 */
                GPIO_SetBits(GPIOD, GPIO_Pin_12);
                GPIO_ResetBits(GPIOD, GPIO_Pin_13|GPIO_Pin_14|GPIO_Pin_15);
                delay_us(0x50000);
                /* 开外部中断0 */
                EXTI->IMR |= 0x01;
                Current_LED ++;
                break;
            case 1:
                /* PD13点灯 */
```

```
                GPIO_SetBits(GPIOD, GPIO_Pin_13);
                GPIO_ResetBits(GPIOD, GPIO_Pin_12|GPIO_Pin_14|GPIO_Pin_15);
                delay_us(0x50000);
                /* 开外部中断0 */
                EXTI->IMR |= 0x01;
                Current_LED ++;
                break;
            case 2:
                /* PD14点灯 */
                GPIO_SetBits(GPIOD, GPIO_Pin_14);
                GPIO_ResetBits(GPIOD, GPIO_Pin_12|GPIO_Pin_13|GPIO_Pin_15);
                delay_us(0x50000);
                /* 开外部中断0 */
                EXTI->IMR |= 0x01;
                Current_LED ++;
                break;
            case 3:
                /* PD15点灯 */
                GPIO_SetBits(GPIOD, GPIO_Pin_15);
                GPIO_ResetBits(GPIOD, GPIO_Pin_12|GPIO_Pin_13|GPIO_Pin_14);
                delay_us(0x50000);
                /* 开外部中断0 */
                EXTI->IMR |= 0x01;
                Current_LED ++;
                break;
            default:
                Current_LED = 0;
                break;
        }
        break;
    default:
        Current_DISPLAY_MODE = 1;
        break;
    }
  }
}
```

2.实验硬件支持图2-3所示电路与图3-4所示电路所构成组合电路的主程序

在main程序中，首先对LED的GPIO引脚进行初始化，然后要对按键GPIO引脚进行初始化，以及对按键的NVIC、EXTI进行初始化。之后，在无限循环中把三色灯的蓝色灯作为基础色，将其点亮，其余根据按键输入切换对应LED灯状态的工作，则交给了中断服务程序完成。因此，主程序包含如下几个部分：

（1）调用函数LED_GPIO _Config，初始化LED占用的GPIOH引脚。

（2）调用函数KEY_NVIC_Config，初始化按键用到的NVIC、EXTI。

（3）调用函数KEY_GPIO_Config，初始化按键用到的GPIO引脚。

（4）在while无限循环中，LED3_ON，点亮三色灯中的蓝色灯（其中，PH10对应红灯，PH11对应绿灯，PH12对应蓝灯），设置其对应引脚为低电平。

根据按键输入切换对应LED灯状态的功能，由中断服务程序实现。

```
#include "stm32f4xx.h"
#include "bsp_led.h"
#include "bsp_key.h"
int main()
{
    /* 初始化 */
    LED_GPIO_Config();
    KEY_NVIC_Config();
    KEY_GPIO_Config();

    while(1)
    {
        /* 点亮蓝色灯 */
        LED3_ON;
    }
}
```

3.6 实验要求

（1）能够深入掌握NVIC和外部中断的概念与原理；

（2）能够理解按键中断输入控制LED灯的原理；

（3）能够根据功能要求，开发应用程序；

（4）能够编译下载程序至目标机中正确运行；

（5）填写实验报告。

a.按照实验报告的要求统一格式,填写实验报告;

b.简述实际所用的NVIC和外部中断的概念与原理;

c.简述实际所用的按键中断输入控制LED灯的硬件电路;

d.简述开发应用程序的结构及功能;

e.尽可能充分体现出设计和开发技巧;

f.在实验总结栏中给出实验结果、分析以及得到的结论。

3.7 思考题

(1)NVIC优先级分组值在一种中断应用中被设定后,是否允许同程序的其他中断应用将其改成其他值?

(2)外部中断是否可以采用下降沿触发方式采集按键中断输入?

(3)外部中断是否可以采用双沿触发方式采集按键中断输入?

(4)外部中断采用电平触发方式,如何增加外围电路及程序才能保证中断响应正确?

(5)如何完成国产嵌入式微控制器的相关工作?

实验4 定时器中断控制

4.1 实验目的

(1)理解定时器的概念与工作原理。
(2)理解定时器方式控制LED流水灯显示延时的工作原理。
(3)掌握定时器固件库编程控制LED流水灯显示要用的固件库函数。
(4)掌握应用开发前应进行功能需求分析的基本方法。
(5)掌握应用开发中的子函数设计方法。
(6)掌握应用开发中的主程序设计方法。
(7)鼓励和引导使用国产嵌入式微控制器芯片进行应用开发。

4.2 实验设备

- PC计算机
- Cortex-M系列以嵌入式微控制器为核心的开发板
- 仿真器
- MDK 5 (Keil 5)集成调试环境软件

4.3 实验原理

嵌入式微控制器内部的中断有多种类型,上一个实验着重于外部中断,本实验将学习和实践定时器中断。实验由硬件定时器产生延迟计时,替代之前For循环构成的延迟,使嵌入式微控制器的程序处理能力得以提升,更好地发挥计算资源。

4.3.1 定时器的概念与工作原理

定时器(Timer)的基本功能就是定时,如定时发送USART数据、定时采集AD数据等。如果把定时器与GPIO结合,可实现很多的功能;如测量输入信号的脉冲宽度、生成输出波形,尤其是定时器生成PWM,控制电机运行,更是工业控制中常见的应用。Cortex-M系列嵌入式微控制器内部集成有高级控制定时器、通用定时器和基本定时器,通用定时器包含基本定时器的所有功能,而高级控制定时器包含通用定时器所有功能,学习顺序优先从基本定时器着手。

4.3.1.1 基本定时器的定义

基本定时器主要有两个功能:第一就是基本定时功能,生成时基;第二就是专用于驱动数模转换器(DAC)。STM32-F4xx系列都有两个基本定时器TIM6和TIM7，功能完全一样，但所用资源彼此完全独立，可以同时使用，以下用TIMx统称基本定时器。

4.3.1.2 基本定时器的工作原理

基本定时器TIM6和TIM7是一个16位向上递增的定时器，当自动重载寄存器（TIMx_ARR）添加一个计数值后，一旦使能TIMx，计数寄存器（TIMx_CNT）就会从0开始递增。当TIMx_CNT的数值与TIMx_ARR值相同时，就会生成事件并把TIMx_CNT寄存器清零，完成一次循环过程。如果没有停止定时器，就循环执行上述过程。基本定时器的功能框图如图4-1所示。

首先，实线框部分有一个是带有阴影的方框，方框中有一个寄存器名称，如自动重载寄存器（TIMx_ARR）或PSC预分频器（TIMx_PSC），阴影表示这个寄存器还自带有影子寄存器，表明在硬件上实际是有两个寄存器，源寄存器可进行读写操作，而影子寄存器无法操作，由内部硬件使用。影子寄存器是程序运行时真正作用的寄存器，源寄存器只是用于读写，只有在特定时候(特定事件发生时)，才把源寄存器的值拷贝给它的影子寄存器。多个影子寄存器一起使用，可到达同步更新多个寄存器内容的目的。指向右下角的图标表示一个事件，而指向右上角的图标表示中断和DMA输出。

其次，根据前述虚线框中的约定，则图4-1中的自动重载寄存器有影子寄存器，它左边有一个带有字母“U”的事件图标，表示在更新事件生成时，就把自动重载寄存器内容拷贝到影子寄存器内。寄存器右边的事件图标、中断和DMA输出图标表示在自动重载寄存器值与计数器寄存器值相等时生成事件、中断和DMA输出。

端口是推挽模式还是开漏模式。

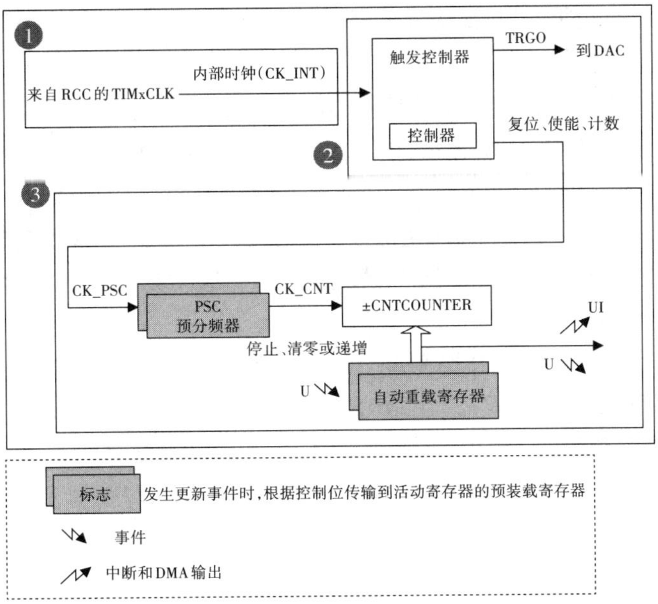

图4-1 基本定时器功能框图

(1)时钟源

定时器要实现计数必须有时钟源,基本定时器时钟源只能来自内部时钟。可以通过RCC专用时钟配置寄存器(RCC_DCKCFGR)的TIMPRE位,设置所有定时器的时钟频率,一般设置该位为默认值0。如果是STM32-F407,则可选的最大定时器时钟为84MHz,即基本定时器的内部时钟(CK_INT)频率为84MHz;如果是STM32-F429,则可选的最大定时器时钟为90MHz,即基本定时器的内部时钟(CK_INT)频率为90MHz。当TIM6和TIM7控制寄存器1(TIMx_CR1)的CEN位置1时,启动基本定时器,并且预分频器的时钟源就是CK_INT。

(2)控制器

定时器内部控制器负责控制定时器功能的实现,控制该定时器的复位、使能、计数是其基础功能,基本定时器还可专用于DAC转换触发。

(3)计数器

基本定时器计数过程主要涉及三个寄存器,分别是计数器寄存器(TIMx_CNT)、预分频器寄存器(TIMx_PSC)、自动重载寄存器(TIMx_ARR),这三个寄存器都是16位有效数字,即可设置值为0至65535。

预分频器PSC有一个输入时钟CK_PSC和一个输出时钟CK_CNT。基本定时器只有内部时钟源,所以CK_PSC等于CK_INT,即90MHz。通过设置预分频器PSC的值,可得到不同的CK_CNT,实际计算为:fCK_CNT等于fCK_PSC/(PSC[15:0]+1)。如果预分频器PSC的值是1,CK_PSC和CK_CNT频率相同。如果向TIMx_PSC寄存器写入新数值时,不会马上改变CK_CNT的输出频率,而是等到更新事件发生时,TIMx_PSC寄存器值更新到影子寄存器,才真正产生效果。更新为4分频后,也就是在CK_PSC连续出现4个脉冲后,CK_CNT才产生一个脉冲。

在定时器使能(CEN置1)时,计数器COUNTER根据CK_CNT频率向上计数,即每出现一个CK_CNT脉冲,TIMx_CNT值就加1。当TIMx_CNT值与TIMx_ARR的设定值相等时,就自动生成事件且TIMx_CNT自动清零,然后自动重新开始计数,如此重复以上过程。因此,只要设置CK_PSC和TIMx_ARR这两个寄存器的值,就可以控制事件生成的时间,一般的应用程序是在事件生成的回调函数中运行。当TIMx_CNT值递增至与TIMx_ARR值相等时,此时定时器上溢。

自动重载寄存器TIMx_ARR用来存储计数器值比较的数值,如果两个数值相等,就生成事件,将相关事件标志位置位,生成DMA和中断输出。TIMx_ARR有影子寄存器,可以通过TIMx_CR1寄存器的ARPE位,控制影子寄存器功能有效性。如ARPE位置1,影子寄存器有效,只有事件更新时,才把TIMx_ARR值赋给影子寄存器;如ARPE位为0,修改TIMx_ARR值后马上有效。

(4)定时器周期计算

定时事件的生成时间主要由TIMx_PSC和TIMx_ARR两个寄存器值决定,也就是定时器周期。如果需要一个1s周期的定时器，假设先设置TIMx_ARR寄存器值为9999，即当TIMx_CNT从0开始计算，等于9999时生成事件，总共计数10000次，那么如果这种时钟源周期为100us，即可得到刚好1s的定时周期。接下来设置TIMx_PSC寄存器值，使得CK_CNT输出为100us周期(10000Hz)的时钟。如果是STM32-F407，预分频器的输入时钟CK_PSC为84MHz，所以设置预分频器值为(8400-1)即可满足；如果是STM32-F429，预分频器的输入时钟CK_PSC为90MHz，所以设置预分频器值为(9000-1)即可满足。

因此，使用基本定时器功能，需要在应用程序中配置该定时器中断(定时器周期、预分频器参数、定时器初始化、清除中断标志、开启定时器中断)，接下来，还需要对嵌套向量中断控制器(NVIC)进行配置。

4.3.2 定时器方式控制LED流水灯显示延时的原理

在实验2的基础上，将For循环构成的延时程序，替换为由定时器中断方式控制的延时。因为使用了中断方式，所以还需要参考借鉴实验3中的NVIC配置、中断服务程序以及流水灯显示控制等方法。

4.3.3 需要新增用到的固件库函数

程序采用固件库函数方式编程，必然会涉及以下固件库函数。

(1) void TIM_TimeBaseInit (TIM TypeDef * TIMx, TIM TimeBaseInit TypeDef * TIM_TimeBaseInitStruct)

调用固件库函数，按TIM_Initstructure指定的参数，对TIMx进行初始化。

例如：TIM_TimeBaseInit(TIM6, &TIM_Initstructure)

(2)void TIM_ClearFlag (TIM TypeDef * TIMx, uint16_t TIM_FLAG)

调用固件库函数，清除TIMx的挂起标志位。

例如：TIM_ClearFlag(TIM6, TIM_FLAG_Update)

(3)void TIM_ITConfig (TIM TypeDef * TIMx, uint16_t TIM_IT, FunctionalState NewState)

调用固件库函数，使能或失效指定的中断。

例如：TIM_ITConfig(TIM6,TIM_IT_Update,ENABLE)

(4)void TIM_Cmd (TIM TypeDef * TIMx, FunctionalState NewState)

调用固件库函数，使能或失效指定的定时器外设。

例如：TIM_Cmd(TIM6, ENABLE)

(5)ITStatus TIM_GetITStatus (TIM TypeDef * TIMx, unit16_t TIM_IT)

调用固件库函数，检查是否有定时器TIMx中断发生。

例如：TIM_GetITStatus(TIM6, TIM_IT_Update)

(6)void TIM_ClearITPendingBit (TIM TypeDef * TIMx, unit16_t TIM_IT)

调用固件库函数，清除定时器TIMx中断挂起标志位。

例如：TIM_ClearITPendingBit(TIM6, TIM_IT_Update)

4.4 实验内容

理解定时器中断的概念与工作原理。理解定时器方式控制LED流水灯显示的工作原理。基于固件库函数，设计开发定时器延时方式控制LED流水灯的应用程序，调试通过并下载到开发板中，实现定时器方式控制LED流水灯显示功能。

4.5 实验步骤

4.5.1 实验前准备

(1)检查Keil 5是否正确安装，已建工程是否可用；

(2)检查仿真器是否可用；

(3)检查开发板是否可用；

(4)检查各实验设备是否与程序相对应；

(5)检查是否已经理解实验原理。

4.5.2 实验步骤

4.5.2.1 项目工程

采用实验1的方法建立本实验基础工程。以实验2对LED流水灯显示控制为基础，借鉴参考其GPIO输出功能初始化配置函数及点灯灭灯应用程序。在实验3按键中断输入控制显示功能切换的基础上，借鉴参考其NVIC配置、中断服务程序以及流水灯控制应用程序的编程方法。在本实验中，设计开发符合定时器方式控制LED流水灯显示应用程序。

4.5.2.2 功能分析

(1)输出引脚的输出电流驱动LED灯

用定时器中断方式来控制LED流水灯显示的延迟及切换，具体显示功能则仍然与实验2保持一致。如果实验对象是采用图2-2所示的电路，则通过控制GPIO引脚的高、低电平，来控制四个LED灯的亮灭。且通过不同的组合，使LED灯以流水灯的方式显示，循环显示的顺序为：绿灯亮(单独操作对应引脚)——〉橙灯亮(单独操作对应引脚)——〉红灯亮(单独操作对应引脚)——〉蓝灯亮(单独操作对应引脚)——〉全部熄灭——〉……，实现颜色变换(流水灯)的效果。

(2)输出引脚的输入电流驱动LED灯

用定时器中断方式来控制LED流水灯显示的延迟及切换，具体显示功能则仍然与实验2保持一致。如果实验对象是采用图2-3所示的电路，则通过控制GPIO引脚的高、低电平，来控制三个LED灯(红、绿、蓝)的亮灭，并且通过不同的组合，使LED三色灯显示不同的颜色，循环显示的顺序为：红灯亮(单独操作对应引脚)——〉灭——〉绿灯亮(单独操作对应引脚)——〉灭——〉蓝灯亮(单独操作对应引脚)——〉灭——〉白灯亮(同时操作三个引脚)——〉灭,实现颜色变换(流水灯)的效果。

4.5.2.3 程序框架设计

整个程序将由“LED灯GPIO配置函数”、“定时器配置函数”、“定时器中断服务程序”、“主程序”四个部分组成。其中,“主程序”又包含“初始化”、“无限循环实现功能”两个部分。

定时器的定时是否准确,与系统时钟本身的准确性有非常紧密的关系。如果实验硬件平台中采用地外部主晶振与固件库函数相关程序文件里默认频率不一致,需要修改程序文件里的参数。例如,STM32F407Discovery开发板的主晶振是8MHz,而固件库函数相关头文件stm32f4xx.h里的参数是25MHz,则需要进行修改,将HSE的值由25000000改为8000000,同时,还需要将system_stm32f4xx.c中的PLL-M参数由25改为8。这两个程序文件都是只读文件,需要先将文件属性的只读勾选去掉,才能进行有效修改。

4.5.2.4 子函数设计开发

1.LED灯GPIO配置函数(两种MCU都通用)

(1)如果实验硬件支持图2-2所示电路,则GPIO配置函数如下:

LED灯GPIO配置函数与实验2中的内容一致,请参阅实验2中第2.5.2.4子节“子函数设计开发”的内容。

(2)如果实验硬件支持图2-3所示电路,则GPIO配置函数如下:

LED灯GPIO配置函数与实验2中的内容一致,请参阅实验2中第2.5.2.4子节“子函数设计开发”的内容。

2.定时器配置函数(需根据不同硬件电路进行调整)

(1)MCU为STM32F407系列

将定时器中断NVIC配置和定时器定时周期配置都在一个函数中处理,主要包括如下内容。

a.首先,定义两个结构体变量,分别为定时器结构体变量TIM6_TimeBaseStructure和NVIC结构体变量NVIC_TIM6_InitStructure,便于后续对该结构体中的元素赋值,用于存储对定时周期、NVIC的配置。

b.其次,调用库函数NVIC_PriorityGroupConfig(NVIC_PriorityGroup_2)来对NVIC进行优先级分组,2位抢占式优先级,2位子优先级。

c.进而,向NVIC初始化结构体赋值,外部中断0、开中断与抢占式优先级为3、子优先级为3。

d.接着使用以上定义的结构体参数,调用NVIC_Init(&NVIC_PA0_InitStructure)函数,完成外部中断0的NVIC初始化。

e.然后,调用库函数RCC_AHB1PeriphClockCmd使能定时器外设时钟,该函数有两个输入参数,第一个参数用于指示要配置时钟的外设,如“RCC_APB1Periph_TIM6”,第二个参数用于设置状态，可输入“Disable”关闭或“Enable”使能时钟。

f. 向 TIM6_TimeBaseStructure 结构体变量赋值，设定时器的定时周期数为 10000-1 个计时基准，设定时器的用于控制计时基准的参数为 8400-1（使计时基准为 100 us）。

g. 使用新定义的结构体参数，调用 TIM_TimeBaseInit (TIM6, &TIM6_TimeBaseStructure)函数，完成定时器 6 配置。

h. 调用 TIM_ClearFlag(TIM6, TIM_FLAG_Update)函数，清除更新标志。

i. 调用 TIM_ITConfig(TIM6, TIM_IT_Update, ENABLE)函数，开启中断标志更新功能。

j. 调用 TIM_Cmd(TIM6, ENABLE)，开启定时器 6 工作。

```
//* 定时 1S 中断的定时器（基本定时器）配置函数 *//
void TIMER6_Config(void)
{
  // 定义两个结构体变量，分别为TIM6_TimeBaseStructure 和 NVIC_TIM6_InitStructure
  TIM_TimeBaseInitTypeDef  TIM6_TimeBaseStructure;
  NVIC_InitTypeDef   NVIC_TIM6_InitStructure;

  // 设置优先级分组 2，4 个抢占式优先级和 4 个子优先级，各由 2 位决定
  NVIC_PriorityGroupConfig(NVIC_PriorityGroup_2);

  // 配置 NVIC，使能并设置 TIM6_DAC_IRQn 中断，设置中断优先级为最低优先级
  NVIC_TIM6_InitStructure.NVIC_IRQChannel = TIM6_DAC_IRQn;
  NVIC_TIM6_InitStructure.NVIC_IRQChannelPreemptionPriority = 0x03;
  NVIC_TIM6_InitStructure.NVIC_IRQChannelSubPriority = 0x03;
  NVIC_TIM6_InitStructure.NVIC_IRQChannelCmd = ENABLE;
  // 调用固件库函数，按配置参数，初始化 NVIC 对定时器 6 中断的管理
  NVIC_Init(&NVIC_TIM6_InitStructure);

  // 开启定时器中断所需的 APB1 SYSCFG 时钟
  RCC_APB1PeriphClockCmd(RCC_APB1Periph_TIM6, ENABLE);

  // 定时周期即计数 TIM_Period 个 100us 后，产生一个中断或更新
  // 当定时器向上计数从 0 到 9999 时，即 10000 个 100us，则定时周期为 1s
  TIM6_TimeBaseStructure.TIM_Period = 10000-1;

  // STM32F407 基本定时器内部时钟 CK_INT=CK_PSC=84MHz
  // 设定定时器时钟频率为 TIM6CLK/(TIM_Prescaler+1)=10000Hz，即 100us
```

```
    TIM6_TimeBaseStructure.TIM_Prescaler = 8400-1;

    // 调用固件库函数,按配置参数,初始化定时器TIM6
    TIM_TimeBaseInit(TIM6, &TIM6_TimeBaseStructure);

    // 清除中断更新标志
    TIM_ClearFlag(TIM6, TIM_FLAG_Update);

    // 开启定时器更新中断
    TIM_ITConfig(TIM6, TIM_IT_Update, ENABLE);

    // 开启定时器
    TIM_Cmd(TIM6, ENABLE);
}
```

(2)MCU为STM32F429系列时

定时器中断NVIC配置和定时器定时周期配置与前述STM32F407的大多数保持一致，只有在设置预分频值处稍有不同。STM32F429基本定时器内部时钟CK_INT=CK_PSC=90 MHz，因此，要想把定时器时钟频率设为TIM6CLK/(TIM_Prescaler+1)=10 000 Hz，即100 us，则需要将结构体中的定时器预分频值设为：TIM6_TimeBaseStructure.TIM_Prescaler = 9000-1;

```
//* 定时1S中断的定时器(基本定时器)配置函数 *//
void TIMER6_Config(void)
{
    // 定义两个结构体变量,分别为TIM6_TimeBaseStructure和NVIC_TIM6_InitStructure
    TIM_TimeBaseInitTypeDef  TIM6_TimeBaseStructure;
    NVIC_InitTypeDef   NVIC_TIM6_InitStructure;

    // 设置优先级分组2,4个抢占式优先级和4个子优先级,各由2位决定
    NVIC_PriorityGroupConfig(NVIC_PriorityGroup_2);

    // 配置NVIC,使能并设置TIM6_DAC_IRQn中断,设置中断优先级为最低优先级
    NVIC_TIM6_InitStructure.NVIC_IRQChannel = TIM6_DAC_IRQn;
    NVIC_TIM6_InitStructure.NVIC_IRQChannelPreemptionPriority = 0x03;
    NVIC_TIM6_InitStructure.NVIC_IRQChannelSubPriority = 0x03;
    NVIC_TIM6_InitStructure.NVIC_IRQChannelCmd = ENABLE;
```

```
    // 调用固件库函数,按配置参数,初始化NVIC对定时器6中断的管理
    NVIC_Init(&NVIC_TIM6_InitStructure);

    // 开启定时器中断所需的APB1 SYSCFG时钟
    RCC_APB1PeriphClockCmd(RCC_APB1Periph_TIM6, ENABLE);

    // 定时周期即计数TIM_Period个100us后,产生一个中断或更新
    // 当定时器向上计数从0到9999时,即 10000个100us,则定时周期为1s
    TIM6_TimeBaseStructure.TIM_Period = 10000-1;

    // STM32F429基本定时器内部时钟CK_INT=CK_PSC=90MHz
    // 设定定时器时钟频率为TIM6CLK/(TIM_Prescaler+1)=10000Hz,即100us
    TIM6_TimeBaseStructure.TIM_Prescaler = 9000-1;

    // 调用固件库函数,按配置参数,初始化定时器TIM6
    TIM_TimeBaseInit(TIM6, &TIM6_TimeBaseStructure);

    // 清除中断更新标志
    TIM_ClearFlag(TIM6, TIM_FLAG_Update);

    // 开启定时器更新中断
    TIM_ITConfig(TIM6, TIM_IT_Update, ENABLE);

    // 开启定时器
    TIM_Cmd(TIM6, ENABLE);
}
```

3.定时器中断服务程序(两种MCU都通用)

定时器中断服务程序会用一个在主程序定义的全局变量WHICH_LED,因此,需要在这个文件的最上面声明如下:

```
extern uint8_t WHICH_LED;
```

说明它是一个在其他地方声明的全局变量。接下来,定时器中断服务程序主要包括如下内容。

a. 调用库函数 TIM_GetITStatus(TIM6, TIM_IT_Update),将返回的结果与RESET对比。如果是定时器6中断,则继续执行本程序;如果不是定时器6中断,则退出中断服务程序。

b.对全部变量WHICH_LED加1,用于主程序的LED显示延时及切换。

c.清除定时器中断挂起位,退出中断服务程序。

```
/**
  * @brief  定时器6的终端服务程序
  * @param  None
  * @retval None
  */
void TIM6_DAC_IRQHandler(void)
{
  if(TIM_GetITStatus(TIM6, TIM_IT_Update) != RESET)
  {
    /* 定时器1S中断切换点灯 */
    WHICH_LED ++;

    /* 清除定时中断挂起位 */
    TIM_ClearITPendingBit(TIM6,TIM_IT_Update);
  }
}
```

4.硬件外部主晶振为8MHz时需要修改的代码(仅适用于特定硬件设计)

在STM32F4xx.h和system_stm32f4xx.c中,STM32F407主控芯片。默认的外部晶振是25MHz,但实际硬件设计中,外部主晶振可能并不一定就是默认值。比如,STM32F407Discovery开发板的主晶振是8 MHz,秉火STM32F429开发板的主晶振就是25MHz。所以,需要根据实际情况,修改STM32F4xx.h和system_stm32f4xx.c中的参数值。STM32F407Discovery开发板(主晶振是8 MHz),把stm32f4xx.h里的HSE值由25000000改为8000000,如图4-2所示;同时把system_stm32f4xx.c中的PLL-M参数由25改为8,如图4-3所示。这两个程序文件都是“只读”文件,需要先将文件属性的“只读”勾选去掉,才能进行有效地修改。定时器定时是否准确,最常见的问题就在此项,需要特别注意。

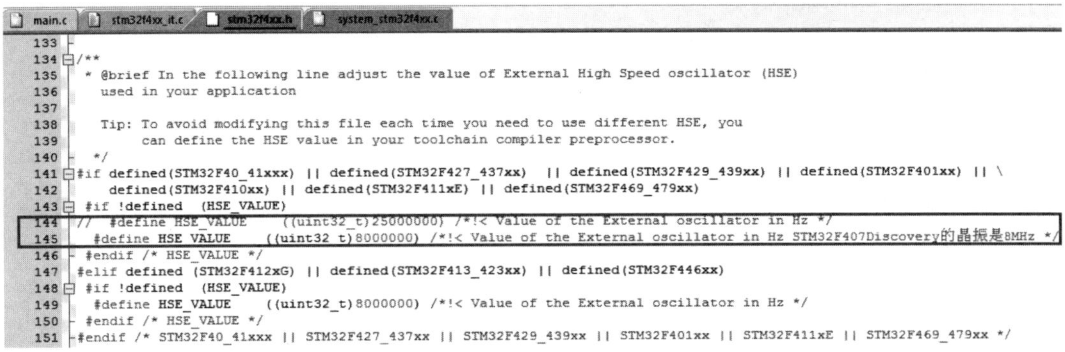

图4-2 stm32f4xx.h中的参数修改

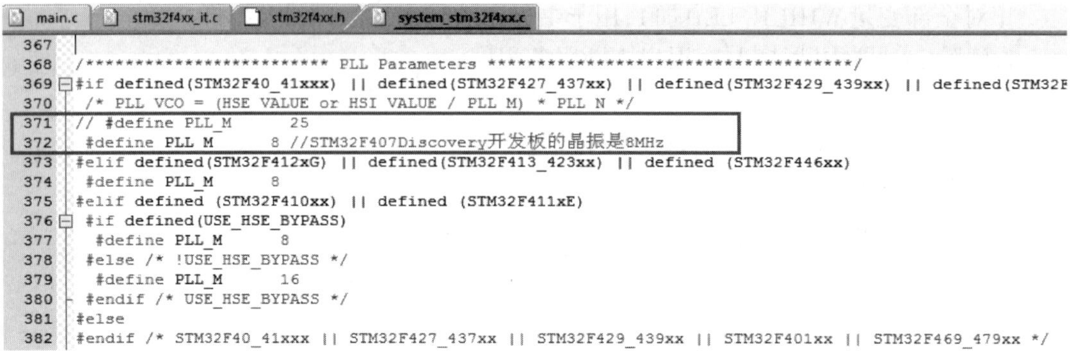

图4-3 system_stm32f4xx.c中的参数修改

4.5.2.5 主程序设计开发

1.适用于图2-2所示电路的主程序

在main程序中：首先，需要在最头部定义一个全局变量uint8_t WHICH_LED=0，以便定时器中断服务程序与主程序间传递参数；其次，对LED连接的GPIO引脚初始化，定时器的NVIC、定时器6进行初始化，并且，将LED灯全部熄灭；然后，为了根据定时器中断服务程序中对1S的计数次数，达到实现不同显示方式的流水灯效果，需要在一个无限循环中编写代码，根据按键输入，切换不同的LED流水灯显示。因此，主程序包含如下几部分：

(1)调用函数GPIO_PD12_15_Config，初始化LED连接的GPIO引脚；

(2)调用函数TIMER6_Config，初始化定时器6配置并启用；

(3)调用函数GPIO_ResetBits，将LED灯全部熄灭；

(4)在while无限循环中，构建一个切换函数，根据WHICH_LED的值，切换选择使用某种流水灯显示方式。

```
int main(void)
{
  GPIO_PD12_15_Config();
  TIMER6_Config();

  /* 初始化灯全灭 */
  GPIO_ResetBits(GPIOD, GPIO_Pin_12|GPIO_Pin_13|GPIO_Pin_14|GPIO_Pin_15);

  /* 无限循环 */
  while (1)
  {
  /* 根据定时器中断服务程序中确定的WHICH_LED来切换流水灯 */
  switch(WHICH_LED)
```

```
{
  /* PD12点灯 */
  case 1: GPIO_SetBits(GPIOD, GPIO_Pin_12);
          GPIO_ResetBits(GPIOD, GPIO_Pin_13|GPIO_Pin_14|GPIO_Pin_15);
          break;

  /* PD13点灯 */
  case 2: GPIO_SetBits(GPIOD, GPIO_Pin_13);
          GPIO_ResetBits(GPIOD, GPIO_Pin_12|GPIO_Pin_14|GPIO_Pin_15);
          break;

  /* PD14点灯 */
  case 3: GPIO_SetBits(GPIOD, GPIO_Pin_14);
          GPIO_ResetBits(GPIOD, GPIO_Pin_12|GPIO_Pin_13|GPIO_Pin_15);
          break;

  /* PD15点灯 */
  case 4: GPIO_SetBits(GPIOD, GPIO_Pin_15);
          GPIO_ResetBits(GPIOD, GPIO_Pin_12|GPIO_Pin_13|GPIO_Pin_14);
          break;

  /* 缺省PD12点灯 */
  default:WHICH_LED=1;
          break;
  }
 }
}
```

2.适用于图2-3所示电路的主程序

在main程序中，首先要对LED的GPIO引脚进行初始化，然后要对定时器6进行初始化，然后，点亮一个无限循环的三色灯，并按定时器中断1s的时间间隔，切换对应LED灯状态的工作。主程序包含如下几个部分：

(1)调用函数LED_GPIO _Config，初始化LED占用的GPIOH引脚；

(2)调用函数TIMER6_Config，初始化定时器6配置并启用；

(3)调用函数GPIO_SetBits，将LED灯全部熄灭；

(4)在while无限循环中，构建一个切换函数，根据WHICH_LED的值，切换选择使用某种流水灯显示方式。

```
#include "stm32f4xx.h"

uint8_t WHICH_LED=0;

int main()
{
  /* 初始化 */
  LED_GPIO_Config();
  TIMER6_Config();

  /* 初始化灯全灭 */
  GPIO_SetBits(GPIOH, GPIO_Pin_10|GPIO_Pin_11|GPIO_Pin_12);

  /* 无限循环 */
  while(1)
  {
    /* 根据定时器中断服务程序中确定的WHICH_LED值来点流水灯 */
    switch(WHICH_LED)
    {
      /* PH10 点红色灯*/
      case 1:GPIO_ResetBits(GPIOH, GPIO_Pin_10);
             GPIO_SetBits(GPIOH, GPIO_Pin_11|GPIO_Pin_12);
             break;

      /* PH11 点绿色灯 */
      case 2: GPIO_ResetBits(GPIOH, GPIO_Pin_11);
             GPIO_SetBits(GPIOH, GPIO_Pin_10|GPIO_Pin_11);
             break;

      /* PH12 点蓝色灯 */
      case 3: GPIO_ResetBits(GPIOH, GPIO_Pin_12);
             GPIO_SetBits(GPIOH, GPIO_Pin_10|GPIO_Pin_11);
             break;
      /* PH10-12 点白色灯 */
      case 4: GPIO_ResetBits(GPIOH, GPIO_Pin_10|GPIO_Pin_11|GPIO_Pin_12);
```

```
                break;

            /* 缺省时,恢复为PH10点灯 */
            default:WHICH_LED=1;
                break;
        }
    }
}
```

4.6 实验要求

(1)能够深入掌握基本定时器基本概念与原理;
(2)能够理解定时器方式控制LED流水灯显示延时及切换的设计思想;
(3)能够根据功能要求,开发应用程序;
(4)能够编译下载程序至目标机中正确运行;
(5)填写实验报告。
a.按照实验报告的要求统一格式,填写实验报告;
b.简述实际用到的基本定时器的基本概念与原理;
c.简述实际用到的定时器方式控制LED流水灯显示延时的方法;
d.简述开发应用程序的结构及功能;
e.尽可能充分体现出设计和开发技巧;
f.在实验总结栏中给出实验结果、分析以及得到的结论;

4.7 思考题

(1)定时器如何确定其预分频器参数值?
(2)定时器如何确定其定时时间?
(3)根据实际MCU及主晶振设计,需检查修改哪两个文件中的参数,才能保证定时准确?
(4)主程序与中断服务程序之间如何传数据?
(5)如何完成国产嵌入式微控制器的相关工作?

提高篇实验

实验5 SPI通信

5.1 实验目的

(1)理解SPI的概念、协议及工作原理。
(2)理解片内SPI的构成及通信收发流程。
(3)理解片内SPI与被读写器件之间的外围硬件电路连接。
(4)掌握SPI同步串行通信程序开发方法。
(5)掌握SPI固件库编程完成同步串行通信所用的固件库函数。
(6)掌握如何编程实现片内SPI同步串行通信访问外部器件的功能。
(7)鼓励和引导使用国产嵌入式微控制器芯片进行应用开发。

5.2 实验设备

- PC计算机
- Cortex-M系列嵌入式微控制器为核心的开发板
- 仿真器
- MDK 5 (Keil 5)集成调试环境软件
- 串口调试助手软件
- USB转串口CH340线缆及驱动

5.3 实验原理

5.3.1 SPI通信原理

SPI是串行外围设备接口(Serial Peripheral Interface)的英文单词首字母缩写,它是一种高速全双工的通信总线,SPI通信协议广泛用于ADC、LCD等设备与MCU之间的片间通信。

1.SPI通信连接

SPI通信设备之间的常用连接方式见图5-1。

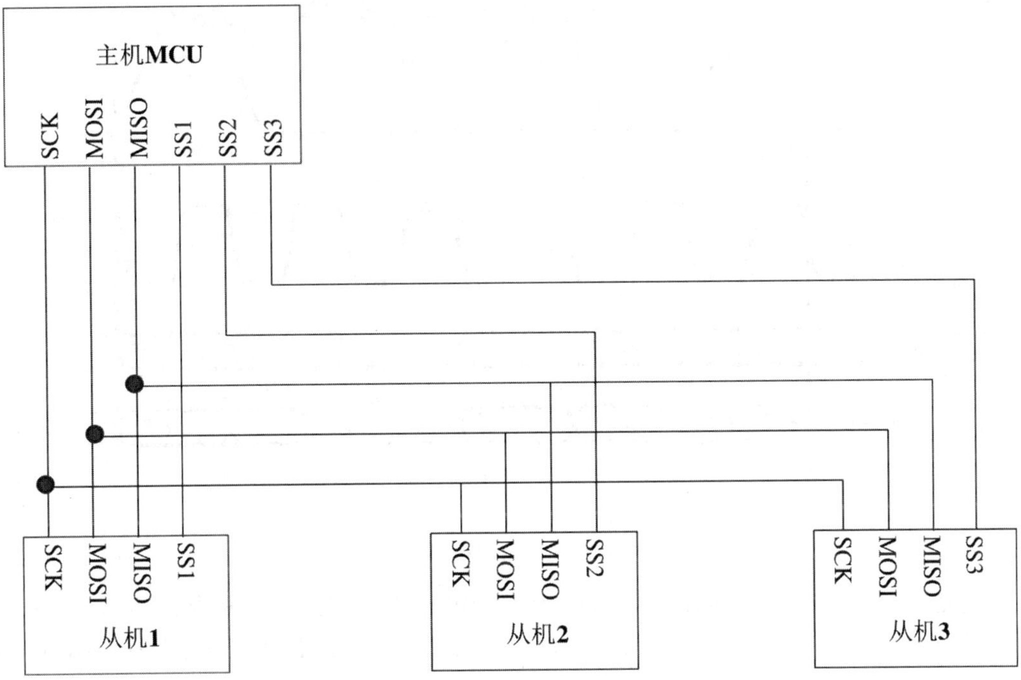

图5-1　SPI通信连接方式

SPI通信使用3条总线及1条片选线，3条总线分别为SCK、MOSI、MISO，1条片选线为$\overline{SS}$，如图5-1所示，它们的作用如下。

a.SCK (Serial Clock)：串行时钟信号线，用于主机与从机之间通信传输的同步时钟信号。由主机产生输出，从机接收；它决定通信速率，设备相互通信时受限于低速设备。

b.MOSI (Master Output，Slave Input)：主机输出/从机输入。主机数据从这条信号线输出，从机由这条信号线读入主机发送的数据，即主机由该信号线向从机单向传输数据。

c.MISO(Master Input，Slave Output)：主机输入/从机输出。主机从这条信号线读入数据，从机由这条信号线输出数据到主机，即从机由该信号线向主机单向传输数据。

d.Slave Select：从设备选择信号线，常称为片选信号线，也称为NSS或CS，以下用NSS表示。当有多个从设备与主机相连时，各设备的信号线SCK、MOSI及MISO同时并联到对应总线上；每个从设备都有独立的NSS信号线，该信号线独占主机一个引脚，有多少个从设备，就有多少条片选信号线。SPI通信协议中没有设备地址，它使用NSS信号线来寻址，当主机要选择从设备时，把该从设备的NSS信号线设置为低电平，该从设备即被选中，片选有效，主机就开始与被选中从设备进行SPI通信。所以SPI通信可以NSS线置低电平为开始信号，以NSS线被拉高，作为结束信号。

2.SPI通信基础协议

SPI协议定义了通信起始和停止信号、数据有效性、时钟同步等环节，时序如图5-2所示。

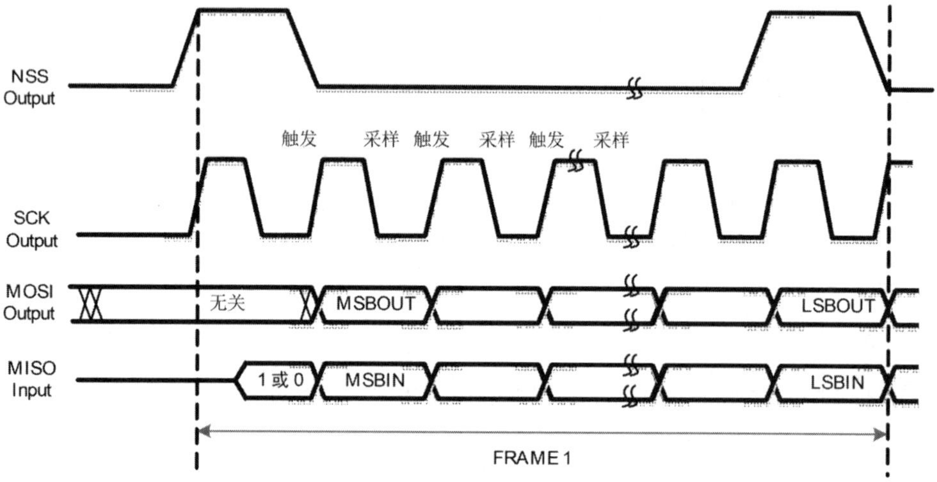

图5-2　SPI通信时序

这是一个SPI主机的通信时序，NSS、SCK、MOSI信号都由主机控制产生，而MISO信号由从机产生。MOSI与MISO的信号只在NSS为低电平的时候才有效，在SCK的每个时钟周期MOSI和MISO传输一位数据。

以上通信流程中的各个信号分解如下：

a.通信的起始和停止信号

图5-2中，NSS信号线由高变低，是SPI通信的起始信号。NSS是每个从机独占的信号线，当从机在自己的NSS线检测到起始信号后，就知道自己被主机选中了，开始准备与主机通信。NSS信号由低变高，是SPI通信的停止信号，表示本次通信结束，从机的选中状态被取消。

b.数据有效性

SPI使用MOSI及MISO信号线来传输数据，使用SCK信号线进行时钟同步。MOSI及MISO数据线在SCK的每个时钟周期传输一位数据，且数据的输入输出同时进行。数据传输时，MSB先行或LSB先行并没有硬性规定，但要保证两个SPI通信设备之间使用同样的协定，一般都会采用图5-2中的MSB先行模式。SPI每次数据传输可以8位或16位为单位，每次传输的单位数不受限制。

MOSI及MISO的数据在SCK某种边沿期间变化输出，在SCK另一种边沿期间数据被采样，具体由CPOL/CPHA的参数设置而定。在SCK采样时刻，读取或采样得到的MOSI及MISO数据有效，高电平时表示数据“1”，低电平时表示数据“0”，相当于通信接收。在SCK触发时刻，写入或输出到MOSI及MISO的数据有效，相当于通信发送。

c.CPOL/CPHA及通信模式

图5-2中的时序只是SPI中的一种通信模式，SPI一共有四种通信模式。主要区别是总线空闲时SCK的时钟状态以及数据采样时刻，这四种通信模式由“时钟极性CPOL”和“时钟相位CPHA”的组合而定，如图5-3所示。

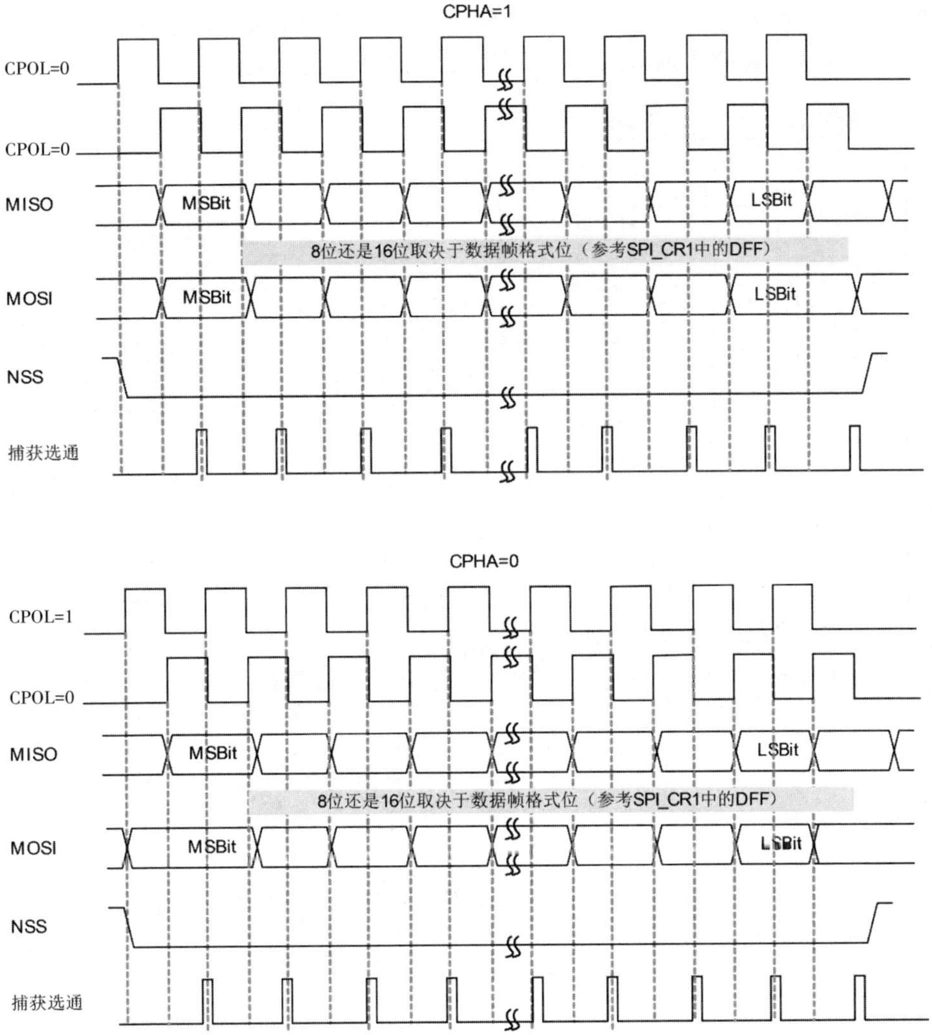

图5-3 SPI通信模式选择

时钟极性CPOL是指SPI通信设备处于空闲状态时，SCK的电平状态(即SPI通信开始前、NSS线为高电平时SCK的状态)。当CPOL=0时，SCK空闲状态时为低电平，CPOL=1时，则相反。

时钟相位CPHA是指数据采样的时刻，当CPHA=0时，MOSI或MISO数据线上的信号将会在SCK时钟线的“奇数边沿”被采样；当CPHA=1，数据线在SCK的“偶数边沿”采样。

5.3.2 片内SPI通信外设

Cortex-M系列嵌入式微控制器片内集成有SPI通信外设，其结构如图5-4所示，既可作主机，也可作从机，最高SCK时钟频率为fpclk/2，支持SPI的4种模式，数据帧长度可设置为8位或16位，可设置MSB先行或LSB先行。该设备支持双线全双工、双线单向以及单线模式，双线全双工最常用；双线单向模式可同时使用MOSI及MISO向一个方向传输数据，提速一倍；单线模式则可以减少硬件接线，但速率会受到影响。

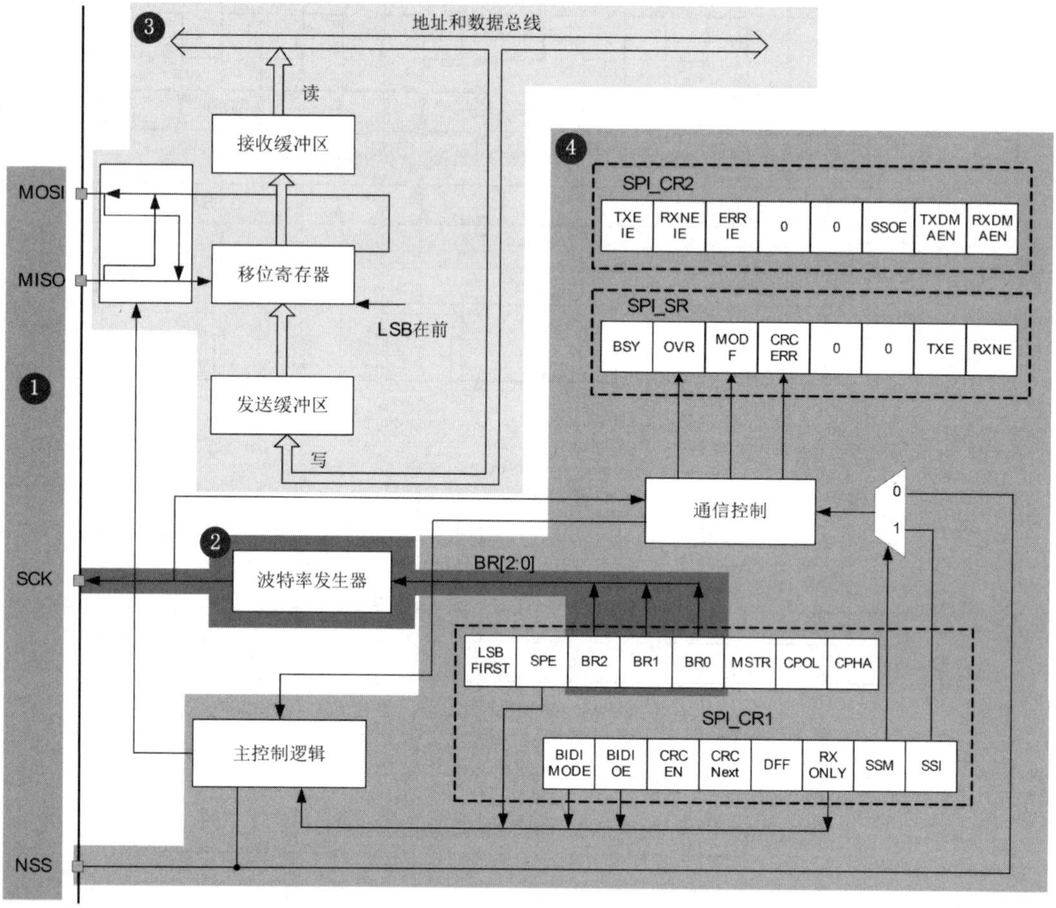

图5-4 片内SPI结构

1.通信引脚

Cortex-M4系列嵌入式微控制器片内集成有多个SPI外设，使用时必须配置SPI通信信号到指定的GPIO引脚，见表5-1。

表5-1 SPIx对应的GPIO引脚

引脚	SPI1	SPI2	SPI3	SPI4	SPI5	SPI6
MOSI	PA7/PB5	PB15/PC3/PI3	PB5/PC12/PD6	PE6/PE14	PF9/PF11	PG14
MISO	PA6/PB4	PB14/PC2/PI2	PB4/PC11	PE5/PE13	PF8/PH7	PG12
SCK	PA5/PB3	PB10/PB13/PD3	PB3/PC10	PE2/PE12	PF7/PH6	PG13
NSS	PA4/PA15	PB9/PB12/PI0	PA4/PA15	PE4/PE11	PF6/PH5	PG8

其中SPI1、SPI4、SPI5、SPI6是APB2上的设备，最高通信速率达45 Mbit/s，SPI2、SPI3是APB1上的设备，最高通信速率为22.5 Mbit/s。其他功能上没有差异。

2.时钟控制逻辑

SCK线的时钟信号由波特率发生器根据“控制寄存器CR1”中BR[0:2]位控制，该位是对fpclk时钟的分频因子，对fpclk的分频结果就是SCK引脚的输出时钟频率，计算方法见表5-2。

表5-2 BR位对fpclk的分频

BR[0:2]	分频结果（SCK频率）	BR[0:2]	分频结果（SCK频率）
000	$f_{pclk}/2$	100	$f_{pclk}/32$
001	$f_{pclk}/4$	101	$f_{pclk}/64$
010	$f_{pclk}/8$	110	$f_{pclk}/128$
011	$f_{pclk}/16$	111	$f_{pclk}/256$

其中，fpclk频率是指SPI所在APB总线频率。

通过配置“控制寄存器CR1”的“CPOL位”及“CPHA”位，可设置SPI的模式。

3.数据控制逻辑

SPI的MOSI及MISO都连接在数据移位寄存器上，数据移位寄存器的目标是接收、发送缓冲区，数据来源MISO、MOSI线。当向外发送数据时，数据移位寄存器以“发送缓冲区”为数据源，把数据一位一位地通过数据线发送出去；当从外部接收数据时，数据移位寄存器把数据线采样到的数据一位一位地存储到“接收缓冲区”中。通过写SPI的“数据寄存器DR”，把数据填充到发送缓冲区中；通过读“数据寄存器DR”，就可以获取接收缓冲区中的内容。数据帧长度可以通过“控制寄存器CR1”的“DFF位”配置成8位及16位模式；配置“LSBFIRST位”，可选择MSB先行还是LSB先行。

4.整体控制逻辑

整体控制逻辑负责协调整个SPI外设，控制逻辑的工作模式根据配置的“控制寄存器(CR1/CR2)”参数而改变，基本控制参数包括SPI模式、波特率、LSB先行、主从模式、单双向模式，等等。外设工作时，控制逻辑会根据外设的工作状态修改“状态寄存器(SR)”，只要读取状态寄存器相关的寄存器位，就可以了解SPI的工作状态。除此之外，控制逻辑还根据要求，负责控制产生SPI中断信号、DMA请求及控制NSS信号线。

在实际应用中，一般不使用STM32 SPI外设的标准NSS信号线，而是更简单地使用普通的GPIO，由软件控制它的电平输出，从而产生通信起始和停止信号。

5.3.3 片内SPI的发送接收流程

使用片内SPI外设通信时，在不同阶段它会对“状态寄存器SR”的不同数据位写入参数，通过读取这些寄存器标志，就可以了解通信状态。图5-5是“主模式”通信流程，即STM32作为SPI通信主机端时的数据收发过程及事件。

主模式收发流程及事件：

（1）控制NSS信号线，产生起始信号（图中没有画出）；

（2）把要发送的数据写入“数据寄存器DR”，该数据会被存储到发送缓冲区；

（3）通信开始，SCK时钟开始运行。MOSI把发送缓冲区中的数据一位一位地传输出去；MISO则把数据一位一位地存储在接收缓冲区中；

（4）当发送完一帧数据时，“状态寄存器SR”中的“TXE标志位”会被置1，表示传输完一帧，发送缓冲区已空；类似地，当接收完一帧数据时，“RXNE标志位”会被置1，表示传输完一帧，接收缓冲区非空；

（5）等待到“TXE标志位”为1时，若还要继续发送数据，则再次往“数据寄存器DR”写入数据即可；等待到“RXNE标志位”为1时，通过读取“数据寄存器DR”，就可以获取接收缓冲区中的内容。

假如使能了TXE或RXNE中断，TXE或RXNE置1时会产生SPI中断信号，进入同一个中断服务函数，在SPI中断服务程序后，可通过检查寄存器位来了解是哪一个事件，再分别进行处理。也可以使用DMA方式收发“数据寄存器DR”中的数据。

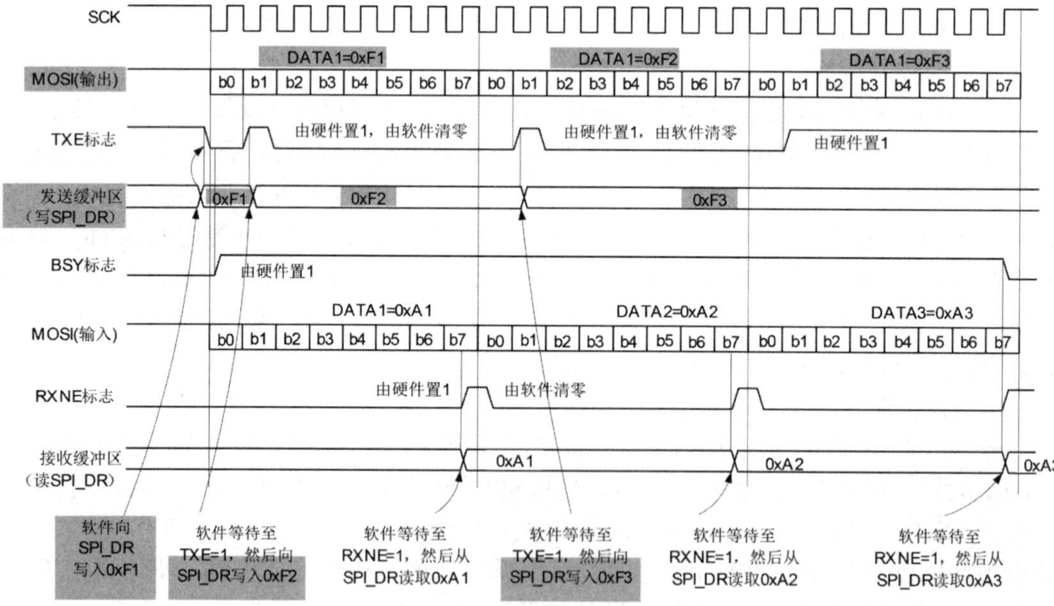

图5-5 片内SPI主模式收发流程及事件

5.3.4 SPI读写FLASH

FLASH存储器又称闪存，掉电后数据不丢失，生活中常用的U盘、SD卡、SSD固态硬盘以及嵌入式微控制器片内程序存储器都是FLASH型存储器。实验中，嵌入式微控制器片内SPI采用主模式，对外部FLASH芯片进行读写操作，并通过查询事件的方式来确保正常通信。用到FLASH芯片（W25Q128）是一种使用SPI通信协议的NOR FLASH存储器，如图5-6所示。

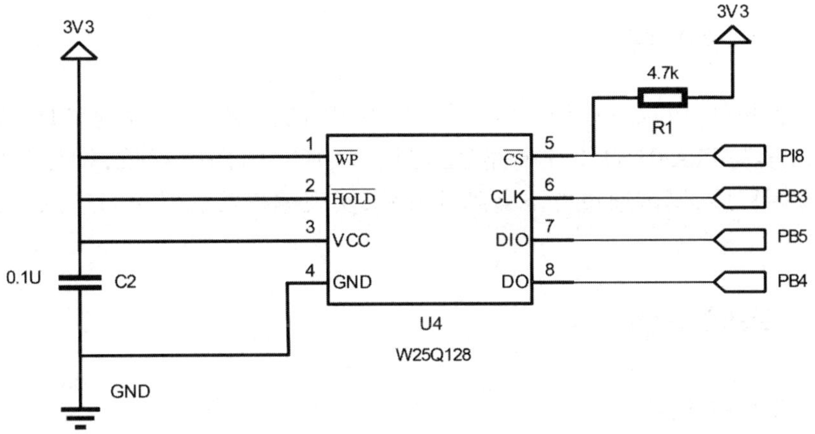

图5-6　SPI串行FLASH硬件电路

SPI串行FLASH的CS/CLK/DIO/DO引脚分别连接到了Cortex-M系列嵌入式微控制器对应的SPI引脚NSS/SCK/MOSI/MISO上，其中Cortex-M系列嵌入式微控制器的NSS引脚是一个普通GPIO，不是SPI的专用NSS引脚，所以程序中要使用软件控制的方式。FLASH芯片的WP引脚可控制写保护功能，当该引脚为低电平时，禁止写入数据。本实验中不使用写保护功能。HOLD引脚可用于暂停通信，当该引脚为低电平时，通信暂停，数据输出引脚输出高阻抗状态，时钟和数据输入引脚无效。本实验不使用通信暂停功能。

5.3.5 需要新增用到的固件库函数

程序采用固件库函数方式编程，必然会涉及以下固件库函数：

（1）void SPI_Init (SPI TypeDef* SPIx, SPI InitTypeDef* SPI_InitStruct)

调用固件库函数，对指定SPI外设，按SPI_InitStruct指定的参数，进行初始化。

例如：SPI_Init(SPI5, &SPI_InitStructure)

（2）void SPI_Cmd (SPI TypeDef* SPIx,, FunctionalState NewState)

调用固件库函数，使能或失能指定的SPIx外设。

例如：SPI_Cmd(SPI5, ENABLE)

（3）void SPI_I2S_SendData (SPI TypeDef* SPI, uint16_t Data)

调用固件库函数，通过SPI外设发送一个数据。

例如：SPI_I2S_SendData(SPI5, byte)

4)FlagStatus SPI_I2S_GetFlagStatus (SPI TypeDef* SPIx, uint16_t SPI_I2S_FLAG)

调用固件库函数,检查所制定的标志是否被置位。

例如:SPI_I2S_GetFlagStatus(SPI5, SPI_I2S_FLAG_TXE)

5)uint16_t SPI_I2S_ReceiveData (SPI TypeDef* SPIx)

调用固件库函数,读指定的SPI接收寄存器并返回读到的值。

例如:SPI_I2S_ReceiveData(SPI5)

5.4 实验内容

理解并掌握SPI协议及通信过程,了解片内SPI的构成,掌握片内SPI的发送接收流程,了解SPI读写FLASH的硬件电路连接过程。基于固件库函数,设计开发SPI读写FLASH的应用程序,调试通过并下载到开发板,实现编程实现以SPI读写FLASH存储器的功能。

5.5 实验步骤

5.5.1 实验前准备

(1)检查Keil 5是否正确安装,已建工程是否可用;

(2)检查仿真器是否可用;

(3)检查开发板是否可用;

(4)检查开发板与计算机之间的串口通信硬件连接是否可用;

(5)检查计算机上串口调试助手是否正确安装,是否正常可用;

(6)检查各实验设备是否与程序相对应;

(7)检查是否已经理解实验原理。

5.5.2 实验步骤

5.5.2.1 项目工程

采用实验1的方法建立本实验基础工程。在实验2的基础上,借鉴参考其GPIO初始化配置及点灯的编程方法。考虑到后续实验7,使用UART查询方式通信的编程方法。在本实验中,设计开发SPI通信应用程序。

5.5.2.2 功能分析

初始化阶段,先点亮蓝色灯,通过串口打印,在串口调试助手上显示实验内容说明;通过SPI总线,读取FLASH的设备ID,再读取FLASH的“Flash ID”,并通过串口打印,在串口调试助手上显示出来。如果是要操作的FLASH,通过串口打印,在串口调试助手上显示检测到该“Flash”;然后,擦除要写入数据的扇区,将已准备好的数据写入FLASH,再将刚写入的数据从FLASH中读出,对比检查两组数据是否一致;如果一致点绿灯,通过串口打印,在串口调试助手上显示测试成功;如果不一致点红灯,通过串口打印,在串口调试助手上显示测试失败;如果没找到要操作的FLASH,点红灯,通过串口打印,在串口调试助手上显示未检测到该"Flash";SPI进入掉电模式。

编程实现时,先按照"硬件SPI通信"的方式,采用STM32片内集成的SPI外设,开发应用程序,实现对FLASH读写操作的功能。

在完成上述"硬件SPI通信"应用开发的基础上,允许同学自行挑战,自主设计开发"软件模拟SPI通信"应用开发。要达到的功能同上,由软件程序来实现SPI通信的时序,完成SPI通信的主站功能,并通过计算机的串口调试助手中显示。功能设计上允许自由发挥,也可以新增其他应用功能,但不作为考核项要求。

5.5.2.3 程序框架设计

程序主要由bsp_led.c、bsp_debug_usart.c、bsp_spi_flash.c、main.c组成。其中,bsp_led.c包含了"LED灯GPIO引脚的配置函数";bsp_debug_usart.c包含了"串口1的GPIO、UART配置函数"、"scan、getchar重定位函数"和"printf重定位函数";bsp_spi_flash.c包含了"SPI的GPIO、SPI配置函数"、"SPI擦除扇区函数"、"SPI擦除FLASH函数"、"SPI按页写入数据的函数"、"SPI擦除扇区写入数据的函数"、"SPI读FLASH数据的函数"、"SPI读FLASH ID的函数"、"SPI读设备ID的函数"、"SPI发送一个字节的函数"、"SPI读取序列的函数"、"SPI读一个字节的函数"、"SPI发送半字的函数"、"SPI等待写完成的函数"、"SPI进入掉电模式的函数"、"SPI唤醒的函数";main.c包含了一个"延时函数"、"两个缓冲区数据对比函数"和"main函数"。"main函数"中包含了"初始化"、"无限循环代码段"两个部分,实际上"初始化"部分完成SPI读写FLASH的实验,"无限循环代码段"中没有任何操作。

此程序框架的设计,着重于体会SPI通信如何在程序的初始化阶段访问FLASH,采用查询方式完成SPI向FLASH的写入和读出数据,实际上这样的"硬件SPI通信"与"软件模拟SPI通信"的相比,并没有产生多大的优势。

"软件模拟SPI通信"作为能力的拓展,其程序设计框架可以自行设计、与老师商议、参照老师的设计架构,不做约束性规定,但不建议过于零碎,也不建议过于整合。鼓励在进一步透彻地理解SPI后,尝试自主完成应用开发。

5.5.2.4 子函数设计开发

(1)串口通信的板级驱动文件bsp_debug_usart.c

```
#include "bsp_usart.h"
/*******************************
 *** USART1初始化***
*******************************/
void USART1_Config(void)
{
  /* 定义两个结构体变量:GPIO_InitStructure和USART_InitStructure */
```

```
GPIO_InitTypeDef GPIO_InitStructure;
USART_InitTypeDef USART_InitStructure;

/* 使能TX和RX引脚的GPIO时钟(A口) */
RCC_AHB1PeriphClockCmd(RCC_AHB1Periph_GPIOA, ENABLE);
/* 使能 UART1 时钟 */
RCC_APB2PeriphClockCmd(RCC_APB2Periph_USART1, ENABLE);

/* 配置USART1_Tx和USART1_Rx引脚为复用功能 */
/*选择要控制的GPIO引脚---USART_TX,GPIO_Pin_9---USART_RX,GPIO_Pin_10*/
GPIO_InitStructure.GPIO_Pin = GPIO_Pin_9 | GPIO_Pin_10;
/* 设置引脚模式为USART1复用功能 */
GPIO_InitStructure.GPIO_Mode = GPIO_Mode_AF;
/* 设置引脚速率为50MHz */
GPIO_InitStructure.GPIO_Speed = GPIO_Speed_50MHz;

/* 设置引脚的输出类型为推挽输出 */
GPIO_InitStructure.GPIO_OType = GPIO_OType_PP;
/* 设置引脚为上拉模式 */
GPIO_InitStructure.GPIO_PuPd = GPIO_PuPd_UP;

/* 调用库函数,使用上面配置的GPIO_InitStructure初始化GPIO*/
GPIO_Init(GPIOA, &GPIO_InitStructure);

/* 连接PD10到USART1_Rx */
GPIO_PinAFConfig(GPIOA,GPIO_PinSource10, GPIO_AF_USART1);

/* 连接PD9到USART1_Tx*/
GPIO_PinAFConfig(GPIOA,GPIO_PinSource9, GPIO_AF_USART1);

/* 配置串口USART1模式 */
/* 先将USART1复位*/
USART_DeInit(USART1);
/* 串口波特率设置 */
USART_InitStructure.USART_BaudRate = 115200;
```

```
    /* 字长(数据+校验位):8 */
    USART_InitStructure.USART_WordLength = USART_WordLength_8b;
    /* 停止位:1 位 */
    USART_InitStructure.USART_StopBits = USART_StopBits_1;
    /* 校验位: 不使用校验 */
    USART_InitStructure.USART_Parity = USART_Parity_No ;
    /* 硬件流控制: 不使用硬件 */
    USART_InitStructure.USART_HardwareFlowControl=USART_HardwareFlowControl_
    None;
    /* USART模式控制: 同时使能接收和发送 */
    USART_InitStructure.USART_Mode = USART_Mode_Rx | USART_Mode_Tx;
    /* 调用库函数,使用上述配置USART_InitStructure初始化USART1*/
    USART_Init(USART1, &USART_InitStructure);
    /* 使能USART1外设 */
    USART_Cmd(USART1, ENABLE);
    /* 请发送成功标志---避免第一个字节发不出去 */
    USART_ClearFlag(USART1, USART_FLAG_TC);
    /* 读一次接收缓冲区,清空接收缓冲区 */
    USART_ReceiveData(USART1);
}
/// 重定向c库函数printf到串口DEBUG_USART,重定向后可使用printf函数
int fputc(int ch, FILE *f)
{
    /* ·发送一个字节数据到串口DEBUG_USART */
    USART_SendData(USART1, (uint8_t) ch);

    /* 等待发送完毕 */
    while (USART_GetFlagStatus(USART1, USART_FLAG_TXE) == RESET)
    {
    }

    return (ch);
}
///重定向c库函数scanf串口DEBUG_USART,重定向后可使用scanf和getchar函数
int fgetc(FILE *f)
```

```
{
  /* 等待串口输入数据 */
  while (USART_GetFlagStatus(USART1, USART_FLAG_RXNE) == RESET)
  {
  }
  return (int)USART_ReceiveData(USART1);
}
/*****************************
  ***字符串发送***
*****************************/
void Usart_SendString( USART_TypeDef * pUSARTx, uint8_t *str)
{
  unsigned int k=0;
  do
  {
     /* 发送一个字节数据到USART1 */
     USART_SendData(USART1, *(str + k));
     /* 等待发送完毕 */
     while (USART_GetFlagStatus(USART1, USART_FLAG_TXE) == RESET)
     {
     }
     k++;
  } while(*(str + k)!='\0');
}
```

(2)LED灯的板级驱动文件bsp_led.c

```
#include "bsp_led.h"

/*****************************
 *** LED-GPIO初始化***
*****************************/
void LED_GPIO_Config(void)
{
  /* 定义结构体变量GPIO_InitStructure */
  GPIO_InitTypeDef GPIO_InitStructure;
```

```
  /* 开启LED相关的GPIO时钟 */
  RCC_AHB1PeriphClockCmd ( RCC_AHB1Periph_GPIOH, ENABLE);

  /* 选择要控制的GPIO引脚 */
  GPIO_InitStructure.GPIO_Pin = GPIO_Pin_10 | GPIO_Pin_11 | GPIO_Pin_12;
  /* 设置引脚模式为输出模式 */
  GPIO_InitStructure.GPIO_Mode = GPIO_Mode_OUT;
  /* 设置引脚速率为50MHz */
  GPIO_InitStructure.GPIO_Speed = GPIO_Speed_50MHz;
  /* 设置引脚的输出类型为推挽输出 */
  GPIO_InitStructure.GPIO_OType = GPIO_OType_PP;
  /* 设置引脚为上拉模式 */
  GPIO_InitStructure.GPIO_PuPd = GPIO_PuPd_UP;

  /* 调用库函数,使用上面配置的GPIO_InitStructure初始化GPIO*/
  GPIO_Init(GPIOH, &GPIO_InitStructure);

  /* 关闭三色灯 */
  GPIO_SetBits(GPIOH, GPIO_Pin_10 | GPIO_Pin_11 | GPIO_Pin_12);
}
```

(3)SPI操作FLASH的板级驱动文件bsp_spi_flash.c

```
#include "bsp_spi_flash.h"
#include "bsp_usart.h"
/* SPI读写时间超时时间:0x1000或 0xA000 */
static __IO uint32_t  SPITimeout = 0xA000;

/******************************
  *** SPI-GPIO初始化***
******************************/
void SPI_FLASH_Init(void)
{
  /* 定义两个结构体变量:SPI_InitStructure和GPIO_InitStructure */
  SPI_InitTypeDef  SPI_InitStructure;
  GPIO_InitTypeDef GPIO_InitStructure;
```

```
/***** 使能SPI及GPIO时钟*****/
/* 使能SPI引脚的GPIO时钟< SPI_CS; SPI_MOSI; SPI_MISO; SPI_SCK >(F口)*/
RCC_AHB1PeriphClockCmd( RCC_AHB1Periph_GPIOF, ENABLE);
/* < SPI > 时钟使能 */
RCC_APB2PeriphClockCmd(RCC_APB2Periph_SPI5, ENABLE);

/* < 配置SPI 引脚: SCK; MISO; MOSI > */
GPIO_InitStructure.GPIO_Pin = GPIO_Pin_7 | GPIO_Pin_8 | GPIO_Pin_9;
/*设置引脚模式为SPI_5复用功能 */
GPIO_InitStructure.GPIO_Mode = GPIO_Mode_AF;
/* 设置引脚速率50MHz */
GPIO_InitStructure.GPIO_Speed = GPIO_Speed_50MHz;
/* 设置引脚的输出类型为推挽输出 */
GPIO_InitStructure.GPIO_OType = GPIO_OType_PP;
/* 设置引脚为无上拉下拉模式 */
GPIO_InitStructure.GPIO_PuPd = GPIO_PuPd_NOPULL;

/* 调用库函数,使用上面配置的GPIO_InitStructure初始化GPIO_F */
GPIO_Init(GPIOF, &GPIO_InitStructure);

/* < 配置SPI 引脚: CS > */
GPIO_InitStructure.GPIO_Pin = GPIO_Pin_6;
GPIO_InitStructure.GPIO_Mode = GPIO_Mode_OUT;

/* 调用库函数,使用上面配置的GPIO_InitStructure初始化GPIO_F */
GPIO_Init(GPIOF, &GPIO_InitStructure);

/***** 设置F口引脚的复用指向*****/
/* 连接 PD7 到SPI_SCK */
GPIO_PinAFConfig(GPIOF,GPIO_PinSource7,GPIO_AF_SPI5);
/* 连接 PD8到SPI_MISO */
GPIO_PinAFConfig(GPIOF,GPIO_PinSource8,GPIO_AF_SPI5);
/* 连接 PD9 到SPI_MOSI */
GPIO_PinAFConfig(GPIOF,GPIO_PinSource9,GPIO_AF_SPI5);
```

```
/* 连接外部FLASH芯片的片选信号<停止FLASH: CS引脚高电平 > */
GPIOF->BSRRL = GPIO_Pin_6;

/***** FLASH_SPI模式设置*****/
// FLASH芯片支持SPI模式0及模式3,据此设置CPOL CPHA
/* 设置SPI工作模式:双向全双工 */
SPI_InitStructure.SPI_Direction = SPI_Direction_2Lines_FullDuplex;
/* 设置SPI主从模式:主机模式 */
SPI_InitStructure.SPI_Mode = SPI_Mode_Master;
/*设置SPI数据帧长度:8 */
SPI_InitStructure.SPI_DataSize = SPI_DataSize_8b;
/* 设置SPI时钟极性:高电平 */
SPI_InitStructure.SPI_CPOL = SPI_CPOL_High;
/* 设置SPI时钟相位: SCK偶数边沿采集 */
SPI_InitStructure.SPI_CPHA = SPI_CPHA_2Edge;
/* 设置SPI使能引脚NSS控制(硬件或软件):软件 */
SPI_InitStructure.SPI_NSS = SPI_NSS_Soft;
/* 设置SPI时钟分频因子 */
SPI_InitStructure.SPI_BaudRatePrescaler = SPI_BaudRatePrescaler_2;
/* 设置SPI< MSB/LSBÏÈÐÐ >:高数据位在前 */
SPI_InitStructure.SPI_FirstBit = SPI_FirstBit_MSB;
/* 设置SPI< CRC校验的表达式>:7 */
SPI_InitStructure.SPI_CRCPolynomial = 7;

/* 调用库函数,使用上面配置的SPI_InitStructure初始化SPI5 */
SPI_Init(SPI5, &SPI_InitStructure);

/* 使能SPI */
SPI_Cmd(SPI5, ENABLE);
}
/************************************
  * @brief  擦除FLASH扇区
  * @param  SectorAddr:要擦除的扇区地址
  * @retval 无
************************************/
```

```
void SPI_FLASH_SectorErase(u32 SectorAddr)
{
  /***** ·发送 FLASH 写使能命令 *****/
  /*通信开始* 选中 FLASH: CS—低 */
  GPIOF->BSRRH = GPIO_Pin_6;  //**CS 低**
  /* 发送写使能命令 */
  SPI_FLASH_SendByte(W25X_WriteEnable);
  /* 通信结束 * 失效 FLASH: CS—高 */
  GPIOF->BSRRL = GPIO_Pin_6;  //**CS 高**

  /*****擦除扇区*****/
  GPIOF->BSRRH = GPIO_Pin_6;   //**CS 低**
  /* 发送扇区擦除指令 */
  SPI_FLASH_SendByte(W25X_SectorErase);

  /* 分三次发送要擦除扇区的 24 位地址·-----------*/
  /* 发送 A23-A16--------- */
  SPI_FLASH_SendByte((SectorAddr & 0xFF0000) >> 16);
  /* 发送 A15-A8--------- */
  SPI_FLASH_SendByte((SectorAddr & 0xFF00) >> 8);
  /* 发送 A7-A0--------- */
  SPI_FLASH_SendByte(SectorAddr & 0xFF);
  /* 停止信号 FLASH: CS 高电平 */
  GPIOF->BSRRL = GPIO_Pin_6;  //**CS 高**
  /*等待到 FLASH 内部数据写入完毕 * 等待擦除完毕 */
  SPI_FLASH_WaitForWriteEnd();
}

/**********************************
  * @brief   擦除 FLASH,整片擦除
  * @param  无
  * @retval  无
**********************************/
void SPI_FLASH_BulkErase(void)
{
  /***** ·发送 FLASH 写使能命令 *****/
```

```
  /*通信开始* 选中FLASH: CS—低 */
  GPIOF->BSRRH = GPIO_Pin_6; //**CS低**
  /* 发送写使能命令 */
  SPI_FLASH_SendByte(W25X_WriteEnable);
  /* 通信结束 * 失效FLASH: CS—高 */
  GPIOF->BSRRL = GPIO_Pin_6; //**CS高**

  /*****擦除整块*****/
  GPIOF->BSRRH = GPIO_Pin_6; //**CSµÍ**
  /* 发送整块擦除指令 */
  SPI_FLASH_SendByte(W25X_ChipErase);
  GPIOF->BSRRL = GPIO_Pin_6; //**CS¸ß**

  /* 等待擦除完毕 */
  SPI_FLASH_WaitForWriteEnd();
}
/**********************************************************************
  * @brief   对FLASH按页写入数据,调用本函数写入数据前需要先擦除扇区
  * @param   pBuffer,要写入数据的指针
  * @param   WriteAddr,写入地址
  * @param   NumByteToWrite,写入数据长度,必须小于等于SPI_FLASH_PerWritePageSize
  * @retval  无
**********************************************************************/
void SPI_FLASH_PageWrite(u8* pBuffer, u32 WriteAddr, u16 NumByteToWrite)
{
   /***** ·发送FLASH写使能命令 *****/
   /*通信开始* 选中FLASH: CS—低 */
   GPIOF->BSRRH = GPIO_Pin_6; //**CS低**
   /* 发送写使能命令 */
   SPI_FLASH_SendByte(W25X_WriteEnable);
   /* 通信结束 * 失效FLASH: CS—高 */
   GPIOF->BSRRL = GPIO_Pin_6; //**CS高**

   GPIOF->BSRRH = GPIO_Pin_6; //**CS低**
   /* 发送页写指令 */
```

```
    SPI_FLASH_SendByte(W25X_PageProgram);
    /* 分三次发送要写页的24位地址·-----------*/
    /* 发送 A23-A16--------- */
    SPI_FLASH_SendByte((WriteAddr & 0xFF0000) >> 16);
    /* 发送 A15-A8--------- */
    SPI_FLASH_SendByte((WriteAddr & 0xFF00) >> 8);
    /* 发送 A7-A0--------- */
    SPI_FLASH_SendByte(WriteAddr & 0xFF);
    if(NumByteToWrite > SPI_FLASH_PerWritePageSize)
    {
      NumByteToWrite = SPI_FLASH_PerWritePageSize;
      Usart_SendString( USART1, (uint8_t *)"SPI_FLASH_PageWrite too large!\r\n" );
    }
   /* 写入数据 */
   while (NumByteToWrite--)
   {
     /*发送当前要写入的字节数据 */
     SPI_FLASH_SendByte(*pBuffer);
     /* 指向下一字节数据 */
     pBuffer++;
   }
   GPIOF->BSRRL = GPIO_Pin_6; //**CS¸ß**
   /* 等待写入完毕 */
   SPI_FLASH_WaitForWriteEnd();
}
/*********************************************************
  * @brief 对FLASH写入数据,调用本函数写入数据前需要先擦除扇区
  * @param    pBuffer,要写入数据的指针
  * @param  WriteAddr,写入地址
  * @param  NumByteToWrite,写入数据的长度
  * @retval 无
*********************************************************/
void SPI_FLASH_BufferWrite(u8* pBuffer, u32 WriteAddr, u16 NumByteToWrite)
{
  u8 NumOfPage = 0, NumOfSingle = 0, Addr = 0, count = 0, temp = 0;
```

```
/*mod运算求余，若writeAddr是SPI_FLASH_PageSize整数倍，则结果Addr值为0*/
Addr = WriteAddr % SPI_FLASH_PageSize;

/* 差count个数据值，刚好对齐到页 (256)地址 */
count = SPI_FLASH_PageSize - Addr;
/* 计算出要写多少整数页(写入数据长度/256)*/
NumOfPage =  NumByteToWrite / SPI_FLASH_PageSize;
/*mod运算求余，计算出剩余不满一页的字节数 */
NumOfSingle = NumByteToWrite % SPI_FLASH_PageSize;
/* Addr=0, 则WriteAddr刚好按页对齐 aligned */
if (Addr == 0)
{
  if (NumOfPage == 0) //***不足一页***(NumByteToWrite < SPI_FLASH_PageSize)
  {
    SPI_FLASH_PageWrite(pBuffer, WriteAddr, NumByteToWrite);
  }
  else              //***大于一页***(NumByteToWrite > SPI_FLASH_PageSize)
  {
    /* 先把整数页都写了 */
    while (NumOfPage--)
    {
      SPI_FLASH_PageWrite(pBuffer, WriteAddr, SPI_FLASH_PageSize);
      WriteAddr +=  SPI_FLASH_PageSize;
      pBuffer += SPI_FLASH_PageSize;
    }
    /* 若有多余的不满一页的数据，把它写完 */
    SPI_FLASH_PageWrite(pBuffer, WriteAddr, NumOfSingle);
  }
}
/*****若地址与SPI_FLASH_PageSize 不对齐 *****/
else
{
  if (NumOfPage == 0)   //***不足一页***(NumByteToWrite < SPI_FLASH_PageSize)
  {
    /* 当前页剩余的count个位置比NumOfSingle小，写不完 */
```

```
        if (NumOfSingle > count)
        {
            temp = NumOfSingle - count;

            /* 先写满当前页 */
            SPI_FLASH_PageWrite(pBuffer, WriteAddr, count);
            WriteAddr +=  count;
            pBuffer += count;

            /* 再写剩余的数据 */
            SPI_FLASH_PageWrite(pBuffer, WriteAddr, temp);
        }
        else /* 当前页剩余的count个位置能写完NumOfSingle个数据 */
        {
            SPI_FLASH_PageWrite(pBuffer, WriteAddr, NumByteToWrite);
        }
    }
    else      //***大于一页***(NumByteToWrite > SPI_FLASH_PageSize)
    {
        /* 地址不对齐多出的count分开处理,不加入这个运算 */
        NumByteToWrite -= count;
        NumOfPage =  NumByteToWrite / SPI_FLASH_PageSize;
        NumOfSingle = NumByteToWrite % SPI_FLASH_PageSize;

        SPI_FLASH_PageWrite(pBuffer, WriteAddr, count);
        WriteAddr +=  count;
        pBuffer += count;

        /* 把整数页都写了 */
        while (NumOfPage--)
        {
        SPI_FLASH_PageWrite(pBuffer, WriteAddr, SPI_FLASH_PageSize);
        WriteAddr +=  SPI_FLASH_PageSize;
        pBuffer += SPI_FLASH_PageSize;
    }
```

```
    /* 若有多余的不满一页的数据,把它写完 */
    if (NumOfSingle != 0)
    {
        SPI_FLASH_PageWrite(pBuffer, WriteAddr, NumOfSingle);
    }
   }
  }
}
/*****************************************
  * @brief   读取FLASH数据
  * @param     pBuffer,存储读取数据的指针
  * @param  ReadAddr,读取地址
  * @param  NumByteToRead,读取数据长度
  * @retval  无
*******************************************/
void SPI_FLASH_BufferRead(u8* pBuffer, u32 ReadAddr, u16 NumByteToRead)
{
  /*通信开始* 选中FLASH: CS—低 */
  GPIOF->BSRRH = GPIO_Pin_6;  //**CS低**
  /* 发送*读使能*命令 */
  SPI_FLASH_SendByte(W25X_ReadData);

  /*分三次发送读的24位地址-----------*/
  /* 发送A23-A16--------- */
  SPI_FLASH_SendByte((ReadAddr & 0xFF0000) >> 16);
  /* 发送A15-A8--------- */
  SPI_FLASH_SendByte((ReadAddr & 0xFF00) >> 8);
  /* 发送A7-A0--------- */
  SPI_FLASH_SendByte(ReadAddr & 0xFF);

  /* 读取数据 */
  while (NumByteToRead--)
  {
  /*读取一个字节 */
  *pBuffer = SPI_FLASH_SendByte(0xFF);
```

```
    /* 指向下一个字节缓冲区 */
    pBuffer++;
   }

  /* 通信结束 * 失效 FLASH: CS—高*/
  GPIOF->BSRRL = GPIO_Pin_6; //**CS 高**
}
/********************************
  * @brief  读取 FLASH ID
  * @param    无
  * @retval FLASH ID
********************************/
u32 SPI_FLASH_ReadID(void)
{
  u32 Temp = 0, Temp0 = 0, Temp1 = 0, Temp2 = 0;

  /*通信开始* 选中 FLASH: CS—低 */
  GPIOF->BSRRH = GPIO_Pin_6; //**CS 低**
  /* 发送 JEDEC 指令,读取 ID */
  SPI_FLASH_SendByte(W25X_JedecDeviceID);
  /* 读取一个字节数据 */
  Temp0 = SPI_FLASH_SendByte(0xFF);
  /* 读取一个字节数据 */
  Temp1 = SPI_FLASH_SendByte(0xFF);
  /* 读取一个字节数据 */
  Temp2 = SPI_FLASH_SendByte(0xFF);
  /* 通信结束 * 失效 FLASH: CS—高*/
  GPIOF->BSRRL = GPIO_Pin_6; //**CS 高**
  /* 把数据组合起来,作为函数的返回值 */
  Temp = (Temp0 << 16) | (Temp1 << 8) | Temp2;
  return Temp;
}

/********************************
  * @brief  读取 FLASH Device ID
```

```
  * @param     无
  * @retval FLASH Device ID
******************************/
u32 SPI_FLASH_ReadDeviceID(void)
{
  u32 Temp = 0;
  /*通信开始* 选中FLASH: CS—低 */
  GPIOF->BSRRH = GPIO_Pin_6;  //**CS低**
  /*发送RDID指令,读取ID */
  SPI_FLASH_SendByte(W25X_DeviceID);
  SPI_FLASH_SendByte(0xFF);
  SPI_FLASH_SendByte(0xFF);
  SPI_FLASH_SendByte(0xFF);
  /*读设备ID,存在第五个字节 */
  Temp = SPI_FLASH_SendByte(0xFF);
  /* 通信结束 * 失效LASH: CS—高 */
  GPIOF->BSRRL = GPIO_Pin_6;  //**CS高**
  return Temp;
}

/************************************
  * @brief  使用SPI发送一个字节的数据
  * @param  byte:要发送的数据
  * @retval  返回接收到的数据
************************************/
u8 SPI_FLASH_SendByte(u8 byte)
{
  SPITimeout = 0x1000;
  /***** 等待发送缓冲区为空,TXE事件 *****/
  while (SPI_I2S_GetFlagStatus(SPI5, SPI_I2S_FLAG_TXE) == RESET)
   {
      if((SPITimeout--) == 0)
      {
       Usart_SendString( USART1, (uint8_t *)"SPI 等待超时!errorCode = 0\r\n" );
       return 0;
```

```
        }
      }
    /* 写入数据寄存器,把要写入的数据写入发送缓冲区 */
    SPI_I2S_SendData(SPI5, byte);
    SPITimeout = 0x1000;
    /***** 等待接收缓冲区非空,RXNE事件*****/
    while (SPI_I2S_GetFlagStatus(SPI5, SPI_I2S_FLAG_RXNE) == RESET)
        {
          if((SPITimeout--) == 0)
          {
            Usart_SendString( USART1, (uint8_t *)"SPI 等待超时!errorCode = 1\r\n" );
            return 0;
          }
        }
    /* 读取数据寄存器,获取接收缓冲区数据 */
    return SPI_I2S_ReceiveData(SPI5);
}
/****************************************************************************
* Function Name  : SPI_FLASH_StartReadSequence
* Description :从Flash读一系列数据字节,拉低/CS口线,选择要读取的设备,在3个
*           字节的地址之后,发出READ指令,在函数退出的时候,仍然保持了/CS
*           口线为低电平,因此,Flash仍然处于被选通状态。采用此技术,可以用
*           一个READ指令就将Flash中的全部内容读取完毕
* Input         : - ReadAddr : 从FLASH读取的内部地址
* Output        : None
* Return        : None
*****************************************************************************/
void SPI_FLASH_StartReadSequence(u32 ReadAddr)
{
  /* 选中FLASH: CS—低 */
  GPIOF->BSRRH = GPIO_Pin_6;  //**CSµÍ**

  /*发送读FLASH指令 */
  SPI_FLASH_SendByte(W25X_ReadData);
```

```
  /* 分三次发送要读取的24位地址·-----------*/
  /* 发送 A23-A16--------- */
  SPI_FLASH_SendByte((ReadAddr & 0xFF0000) >> 16);
  /* 发送 A15-A8--------- */
  SPI_FLASH_SendByte((ReadAddr& 0xFF00) >> 8);
  /* 发送 A7-A0--------- */
  SPI_FLASH_SendByte(ReadAddr & 0xFF);
}

/**********************************************
  * @brief  使用SPI读取一个字节的数据
  * @param 无
  * @retval  返回接收到的数据
  * @Description 读取一个字节还是采用"SPI发送一个字节数据的函数"
  *          只是发送数据为0xFF,返回的数据为读取的数据
**********************************************/
u8 SPI_FLASH_ReadByte(void)
{
  return (SPI_FLASH_SendByte(0xFF));
}

*************************************************************
* Function Name: SPI_FLASH_SendHalfWord
* Description: 通过SPI接口,发送半字,并由SPI总线接收返回的半字
* Input: Half Word : 需要发送的半字
* Output: None
* Return: 收到的半字值
*************************************************************/
u16 SPI_FLASH_SendHalfWord(u16 HalfWord)
{
  SPITimeout = 0x1000;
  /***** 等待发送缓冲区为空,TXE事件*****/
  while (SPI_I2S_GetFlagStatus(SPI5, SPI_I2S_FLAG_TXE) == RESET) //发送缓冲区不空
  {
    if((SPITimeout--) == 0)
```

```
        {
            Usart_SendString( USART1, (uint8_t *)"SPI 等待超时!errorCode = 2\r\n" );
            return 0;
        }
    }

    /*使用SPI发送两个字节的数据 */
    SPI_I2S_SendData(SPI5, HalfWord);

    SPITimeout = 0x1000;
    /***** 等待接收缓冲区非空,RXNE事件*****/
    while (SPI_I2S_GetFlagStatus(SPI5, SPI_I2S_FLAG_RXNE) == RESET)
      {
        if((SPITimeout--) == 0)
        {
          Usart_SendString( USART1, (uint8_t *)"SPI等待超时!errorCode = 3\r\n" );
          return 0;
        }
      }
  /* Return the Half Word read from the SPI bus */
  return SPI_I2S_ReceiveData(SPI5);
}
/**********************************************
  * @brief  等待 WIP(BUSY)标志被置0,即等待到FLASH内部数据写入完毕
  * @param  none
  * @retval  none
**********************************************/
void SPI_FLASH_WaitForWriteEnd(void)
{
  u8 FLASH_Status = 0;
  /*通信开始* 选中FLASH: CS—低 */
  GPIOF->BSRRH = GPIO_Pin_6;  //**CS低**
  /* 发送“读状态寄存器”命令 */
  SPI_FLASH_SendByte(W25X_ReadStatusReg);
  SPITimeout = 0x1000;
```

```
    /* 若FLASH繁忙,则等待 */
    do
    {
        /* 调用*SPI发送一个字节的数据函数*读取FLASH芯片的状态寄存器 */
        FLASH_Status = SPI_FLASH_SendByte(0xFF);
        if((SPITimeout--) == 0)
        {
            Usart_SendString( USART1, (uint8_t *)"SPI等待超时!errorCode = 4\r\n" );
            return;
        }
    }
    while ((FLASH_Status & WIP_Flag) == SET); /* 正在写入标志 */
    /* 通信结束 * 失效FLASH: CS—高*/
    GPIOF->BSRRL = GPIO_Pin_6;  //**CS高**
}

// 进入掉电模式
void SPI_Flash_PowerDown(void)
{
    /*通信开始* 选中FLASH: CS—低 */
    GPIOF->BSRRH = GPIO_Pin_6;  //**CS低**
    /* 发送"掉电"命令 */
    SPI_FLASH_SendByte(W25X_PowerDown);
    /* 通信结束 * 失效FLASH: CS—高 */
    GPIOF->BSRRL = GPIO_Pin_6;  //**CS高**
}

// 唤醒
void SPI_Flash_WAKEUP(void)
{
    /*通信开始* 选中FLASH: CS—低 */
    GPIOF->BSRRH = GPIO_Pin_6;  //**CS低**
    /* 发送"上电"命令 */
    SPI_FLASH_SendByte(W25X_ReleasePowerDown);
    /* 通信结束 * 失效FLASH: CS—高 */
```

```
  GPIOF->BSRRL = GPIO_Pin_6; //**CS高**    //等待TRES1
}
```

5.5.2.5　主程序设计开发

在main.c的头部,是一些头文件的包含和参数定义。

```
#include "stm32f4xx.h"
#include "bsp_led.h"
#include "bsp_usart.h"
#include "bsp_spi_flash.h"
typedef enum { FAILED = 0, PASSED = 1} TestStatus;

/* 发送缓冲区初始化 */
uint8_t Tx_Buffer[] = "好好学习\r\n天天向上";

/* (数组a的字节数/a[0]占的字节数)=数组a的数据个数*/
#define countof(a)      (sizeof(a) / sizeof(*(a)))
#define  BufferSize (countof(Tx_Buffer)-1)

uint8_t Rx_Buffer[BufferSize];

/* 获取缓冲区的长度 */
#define TxBufferSize1   (countof(TxBuffer1) - 1)
#define RxBufferSize1   (countof(TxBuffer1) - 1)

/* FLASH的写入地址决定了读地址和擦除地址 */
#define  FLASH_WriteAddress     0x00000
#define  FLASH_ReadAddress      FLASH_WriteAddress
#define  FLASH_SectorToErase    FLASH_WriteAddress

// 读取的ID存储地址
__IO uint32_t DeviceID = 0;
__IO uint32_t FlashID = 0;
__IO TestStatus TransferStatus1 = FAILED;
```

主程序中包含了一个“延时函数”、“两个缓冲区数据对比函数”和一个“main函数”,

“main函数”中包含了“初始化”、“无限循环代码段”两个部分组成，实际上“初始化”部分完成SPI读写FLASH的实验，“无限循环代码段”中没有任何操作。

（1）延时函数void Delay(__IO uint32_t nCount)

```
void Delay(__IO uint32_t nCount)  //简单的延迟函数
{
    for(; nCount != 0; nCount--);
}
```

（2）两个缓冲区之间的数据对比函数TestStatus Buffercmp(uint8_t* pBuffer1, uint8_t* pBuffer2, uint16_t BufferLength)

```
TestStatus Buffercmp(uint8_t* pBuffer1, uint8_t* pBuffer2, uint16_t BufferLength)
{
    while(BufferLength--)
    {
      if(*pBuffer1 != *pBuffer2)
      {
        return FAILED;
      }

      pBuffer1++;
      pBuffer2++;
    }
    return PASSED;
}
```

（3）“main函数”中包含了“初始化”、“无限循环代码段”两个部分组成。“初始化”部分要对USART1所占用的GPIO引脚及配置、LED所占用的GPIO引脚及配置，再发送字符串到上位机作提示，接着，进行SPI所占用的GPIO引脚及配置，之后，就执行SPI读写FLASH实验，并用灯来指示操作是否成功，然后，在“无限循环代码段”中没有任何操作。

```
int main(void)
{
    LED_GPIO_Config();
    //LED_BLUE
    GPIO_SetBits(GPIOH,GPIO_Pin_10 | GPIO_Pin_11);
    GPIO_ResetBits(GPIOH,GPIO_Pin_12);
    //Delay(0xFFFFFF);
```

```
/* 配置串口1为:115200 8-N-1 */
USART1_Config();
Usart_SendString( USART1, (uint8_t *)"\r\n这是一个16M串行flash(W25Q128)实验\r\n" );

/* 16M串行flash W25Q128初始化 */
SPI_FLASH_Init();

/* 获取Flash Device ID */
DeviceID = SPI_FLASH_ReadDeviceID();

Delay( 200 );

/* 获取SPI Flash ID */
FlashID = SPI_FLASH_ReadID();
printf("\r\nFlashID is 0x%X, Manufacturer Device ID is 0x%X\r\n", FlashID, DeviceID);

/* 检验SPI Flash ID */
if (FlashID == sFLASH_ID)
{
    Usart_SendString( USART1, (uint8_t *)"\r\n检测到SPI FLASH W25Q128 !\r\n");

    /*擦除将要写入的SPI FLASH 扇区,FLASH写入前要先擦除 */
    SPI_FLASH_SectorErase(FLASH_SectorToErase);

    /*将发送缓冲区的数据写到flash中 */
    SPI_FLASH_BufferWrite(Tx_Buffer, FLASH_WriteAddress, BufferSize);
    printf("\r\n写入的数据为:\r\n%s", Tx_Buffer);

    /* 将刚刚写入的数据读取出来放到接收缓冲区 */
    SPI_FLASH_BufferRead(Rx_Buffer, FLASH_ReadAddress, BufferSize);
    printf("\r\n读出的数据为:\r\n%s", Rx_Buffer);

    /* 检查写入的数据与读出的数据是否相等 */
    TransferStatus1 = Buffercmp(Tx_Buffer, Rx_Buffer, BufferSize);
```

```
        if( PASSED == TransferStatus1 )
        {
            //LED_GREEN
            GPIO_SetBits(GPIOH,GPIO_Pin_10 | GPIO_Pin_12);
            GPIO_ResetBits(GPIOH,GPIO_Pin_11);
            Usart_SendString(USART1,(uint8_t*)"\r\n16M串行flash(W25Q128)测试成功!\n\r");
        }
        else
        {
            //LED_RED
            GPIO_ResetBits(GPIOH,GPIO_Pin_10);
            GPIO_SetBits(GPIOH,GPIO_Pin_11 | GPIO_Pin_12);
            Usart_SendString(USART1,(uint8_t*)"\r\n16M串行flash(W25Q128)测试失败!\n\r");
        }
    }// if (FlashID == sFLASH_ID)
    else
    {
    //LED_RED
    GPIO_ResetBits(GPIOH,GPIO_Pin_10);
    GPIO_SetBits(GPIOH,GPIO_Pin_11 | GPIO_Pin_12);
    Usart_SendString( USART1, (uint8_t *)"\r\n获取不到 W25Q128 ID!\n\r");
    }

    SPI_Flash_PowerDown();

    while(1);
}
```

5.6 实验要求

(1)理解并掌握SPI协议及通信过程;
(2)了解片内SPI的构成;
(3)掌握片内SPI的发送接收流程
(4)了解SPIC读写FLASH的硬件电路连接;
(5)编程实现SPI读写FLASH的应用程序;

(6)尝试完全自主设计开发软件模拟SPI读写FLASH的应用程序(属于进阶,可选做);

(7)填写实验报告。

a.按照实验报告的要求统一格式,填写实验报告;

b.简述实际用到的SPI协议;

c.简述实际用到的SPI读写操作Flash的方法;

d.简述开发应用程序的结构及功能;

e.尽可能充分地体现出综合、设计和开发技巧;

f.在实验总结栏中给出实验结果、分析以及得到的结论。

5.7 思考题

(1)从程序执行效率来看,本实验中的硬件SPI与软件模拟SPI是否有差异?

(2)SPI通信本质是否可以看作两个寄存器交换数据的过程?

(3)SPI是否一定需要四根线通信?

(4)如何完成国产嵌入式微控制器的相关工作?

实验6 IIC通信

6.1 实验目的

(1)理解IIC的概念、协议及工作原理。

(2)理解片内IIC的构成及通信收发流程。

(3)理解片内IIC与被读写器件之间的外围硬件电路连接。

(4)掌握IIC同步串行通信程序开发方法。

(5)掌握IIC固件库编程完成同步串行通信用的固件库函数。

(6)编程实现片内IIC同步串行通信访问外部器件的功能。

(7)鼓励和引导使用国产嵌入式微控制器芯片进行应用开发。

6.2 实验设备

- PC计算机
- Cortex-M系列嵌入式微控制器为核心的开发板
- 仿真器
- MDK 5 (Keil 5)集成调试环境软件
- 串口调试助手软件
- USB转串口CH340线缆及驱动

6.3 实验原理

6.3.1 IIC通信原理

IIC (Inter—Integrated Circuit) 通信是一种片间通信协议,也可用I2C表示,由于它占用引脚少,硬件实现简单,可扩展性强,被广泛地使用于系统内多个集成电路(IC)之间的通信。

(1)IIC通信连接

IIC通信设备之间的常用连接方式如图6-1。

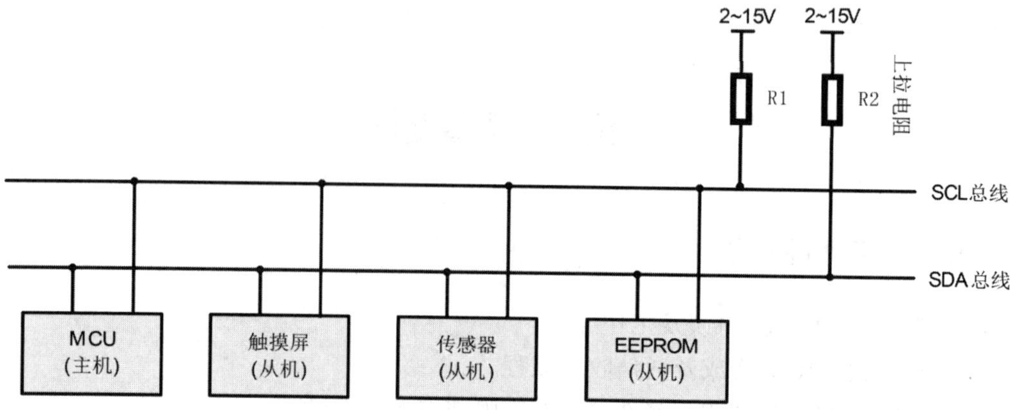

图6-1　IIC通信连接方式

IIC通信使用2条总线，分别为同步时钟总线SCL、可双向传输的数据总线SDA，如图6-1所示，IIC通信的特点如下：

a.I2C总线使用两条总线线路，一条双向串行数据线(SDA)，一条串行时钟线(SCL)。数据线用来双向传输数据，时钟线用于同步收发双方通信时钟(只能由主站发出)。

b.连接到总线上的设备都有独立的地址，主机可利用这个地址对不同设备进行访问。

c.总线通过上拉电阻接通电源。当I2C设备空闲时，会输出高阻态，当所有设备都空闲，都输出高阻态时，由上拉电阻把总线拉成高电平。

d.常用两种传输模式：标准模式传输速率为100kbps，快速模式为400kbps。

e.连接在总线上的IC设备数量受到总线最大电容400pF的限制。

(2)IIC通信基础协议

IIC通信协议定义了通信的起始和停止信号、数据有效性、响应、仲裁、时钟同步和地址广播等环节。

①通信的起始和停止信号

通信的起始(S)和停止(P)信号是两种特殊状态，如图6-2所示。当主站发出的SCL线是高电平时，SDA线从高电平向低电平切换，表示通信的起始；当主站发出的SCL是高电平时，SDA线由低电平向高电平切换，表示通信的停止。起始和停止信号由主机控制产生。

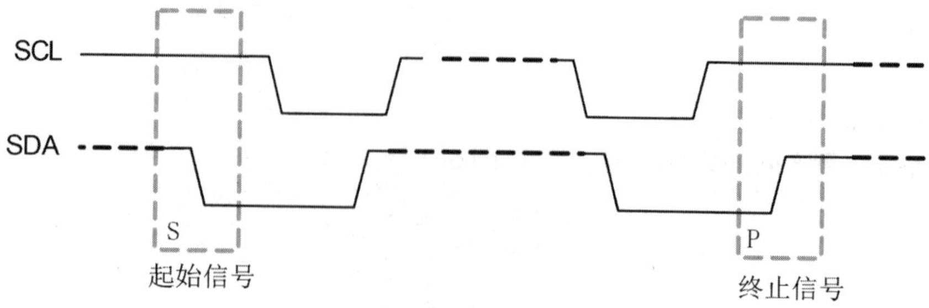

图6-2　IIC通信起始和停止信号

②数据有效性

IIC通信的SDA数据线在SCL的每个时钟周期内只传输一位数据，如图6-3所示，传输过程中，主站发出的SCL为高电平时，SDA数据有效，即SDA为高电平且数据为“1”，为低电平则数据为“0”；当主站发出的SCL为低电平时，SDA数据无效，这个时候SDA可进行电平切换，为下一次表示数据做准备。

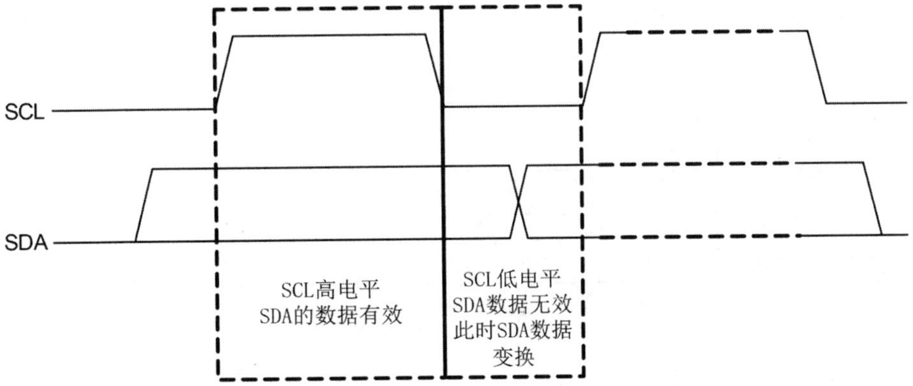

图6-3　IIC通信数据有效性

通俗解释就是：假设当前通信状态是主站发送、从站接收，当主站发出的SCL为低电平时，主站将对SDA线上电平进行操作，发送数据，从站不作任何操作；当主站发出的SCL为高电平时候，从站将采集SDA线上电平，接收数据，主站不作任何操作。同理，如果当前通信状态是从站发送、主站接收，则主站发出的SCL为低电平时，从站将操作SDA线上电平；主站发出的SCL为高电平时，主站将采集SDA线上电平。

归纳起来，当主站发出的SCL为低电平时，通信的发送方可以操作SDA线上电平；当主站发出的SCL为高电平时，通信的接收方可以采集SDA线上电平。每次数据传输都以字节为单位，每次传输的字节数不受限制。

③地址及数据方向

IIC总线上每个设备都有自己的独立地址，主机发起通信时，利用SDA信号线发送设备地址(SLAVE_ADDRESS)查找从机。IIC协议规定设备地址可以是7位或10位，实际运用中7位地址居多。紧跟设备地址的一个数据位是表示数据传输方向，它是数据方向位(R/)，第8位或第11位，地址及数据方向的构成如图6-4所示。数据方向位为“1”时，表示主机由从机读数据；该位为“0”时，表示主机向从机写数据。

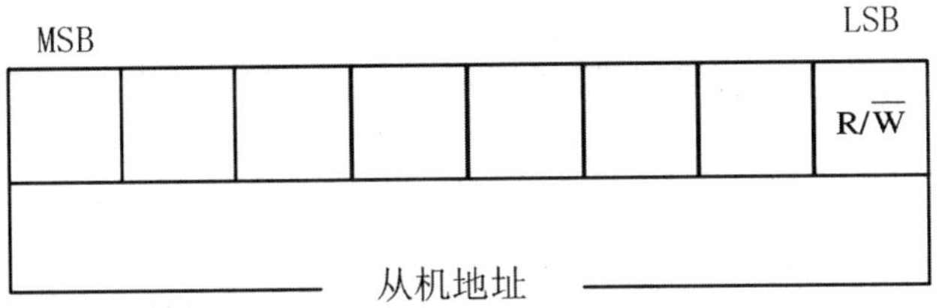

图6-4　IIC通信地址及数据方向

④响应

IIC的数据和地址传输都带响应。响应包括“应答(ACK)”和“非应答(NACK)”两种信号。接收方(无论主机还是从机)接收了IIC传输的一个字节数据或地址后,若希望对方继续发送数据,则需要向对方发送“应答(ACK)”信号,发送方会继续发送下一个数据。若接收方希望结束数据传输,则向对方发送“非应答(NACK)”信号,之后,由主机产生一个停止信号,结束信号传输。如图6-5。

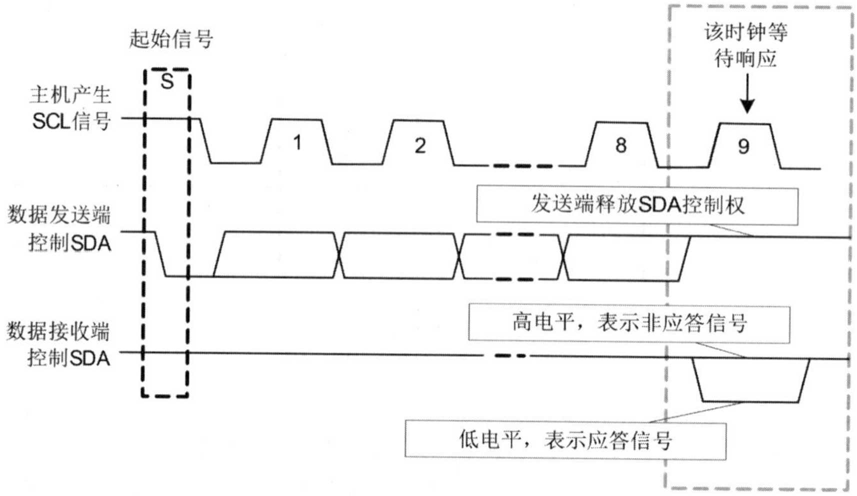

图6-5　IIC通信的响应和非响应信号

传输时主机产生SCL时钟,在第9个时钟时,数据发送方会释放SDA的控制权,由数据接收方控制SDA,若SDA为高电平,表示非应答信号(NACK),低电平表示应答信号(ACK)。在程序开发中,这个第9位处理非常重要,常见错误就是采用while()函数等待“应答(ACK)”信号,结果导致死机。

⑤完整的IIC读写操作时序

如图6-6所示的写操作过程,S表示开始,AD表示从站地址,W表示写操作(为0),ACK是从站应答信号,RA表示从站寄存器地址,DATA表示要写入寄存器的数据,P表示停止信号。写多个数据时,寄存器地址会自动增加,数据能够自动写入到对应寄存器中。

*Single-Byte*写序列

主	S	AD+W		RA		RA		DATA		P
从			ACK		ACK		ACK		ACK	

*Burst*写序列

主	S	AD+W		RA		DATA		DATA		P
从			ACK		ACK		ACK		ACK	

图6-6　IIC通信写操作

如图6-7所示的读操作过程，需要主站先向从站下发写操作的地址、寄存器地址，之后，再对从站地址下发读命令（为1），数据读取完毕后，主站需要向从站应答一个NACK信号，之后才能发出P停止信号。

*Single-Byte*读序列

主	S	AD+W		RA		S	AD+R			NACK	P
从			ACK		ACK			ACK	DATA		

*Burst*读序列

主	S	AD+W		RA		S	AD+R			ACK		NACK	P
从			ACK		ACK			ACK	DATA		DATA		

图6-7　IIC通信读操作

6.3.2　片内IIC通信外设

直接控制Cortex-M系列嵌入式微控制器的两个GPIO引脚，分别用于SCL及SDA，按照上述信号的时序要求，像控制LED灯那样控制引脚的输出（若是接收数据时则读取SDA电平），就可以实现IIC通信，称之为"软件模拟IIC通信"。相对地是"硬件IIC通信"，由Cortex-M系列嵌入式微控制器片内IIC外设负责实现，配置该外设，它会根据协议要求产生通信信号、收发数据并缓存，CPU需要检测该外设的状态和访问数据寄存器，完成数据收发。

（1）主发送器

"主发送器"流程如图6-8，即作为IIC通信主机，向外发送数据的过程。

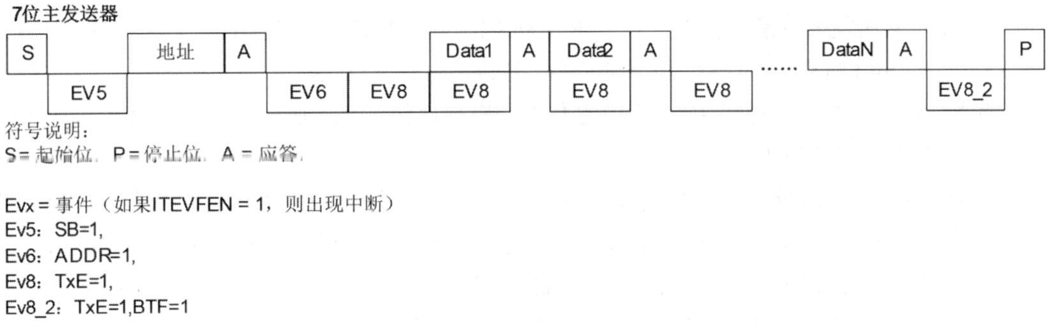

图6-8　主发送器流程

主发送器发送流程及事件：

a.控制产生起始信号（S），当发生起始信号后，它产生事件"EV5"，并对SR1寄存器的"SB"位置1，表示起始信号已经发送；

b.紧接着发送设备地址并等待应答信号，若有从机应答，则产生事件"EV6"及"EV8"，这时SR1寄存器的"ADDR"位及"TXE"位置1，ADDR为1表示地址已经发送，TXE为1表示数据寄存器为空；

c.以上步骤正常执行并对ADDR位清零后，往I2C的“数据寄存器DR”写入要发送的数据，这时TXE位重置0，表示数据寄存器非空，IIC外设通过SDA信号线一位一位把数据发送出去后，又会产生“EV8”事件，即TXE位置1，重复这个过程，就可以发送多个字节数据；

d.当发送数据完成后，控制IIC设备产生一个停止信号(P)，这个时候会产生EV2事件，SR1的TXE位及BTF位都置1，表示通信结束。

假如使能IIC中断，以上所有事件产生时，都会产生IIC中断信号，进入同一个中断服务函数，到IIC中断服务程序后，再通过检查寄存器位了解是哪一个事件。

(2)主接收器

“主接收器”流程如图6-9，即作为IIC通信主机，从外部接收数据的过程。

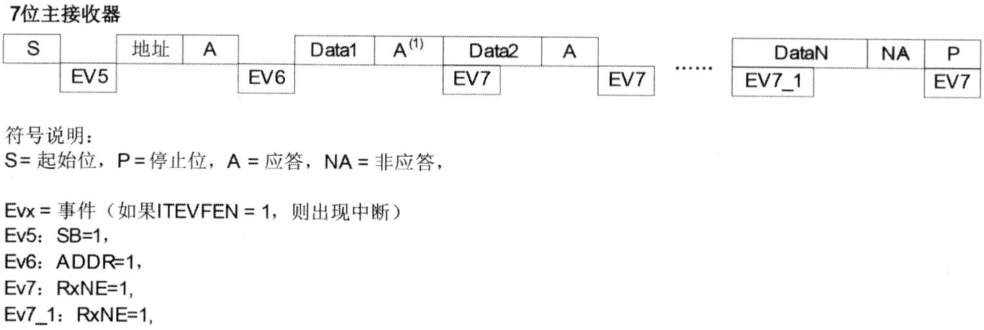

图6-9　主接收器流程

主接收器接收流程及事件：

a.同主发送流程，起始信号(S)是由主机端产生，控制发生起始信号后，它产生事件“EV5”，并对SR1寄存器的“SB”位置1，表示起始信号已经发送；

b.紧接着发送设备地址并等待应答信号，若有从机应答，则产生事件“EV6”这时SR1寄存器的“ADDR”位置1，表示地址已经发送。

c.从机端接收地址后，开始向主机端发送数据。当主机接收到这些数据后，会产生“EV7”事件，SR1寄存器的RXNE置1，表示接收数据寄存器非空，读取该寄存器后，可对数据寄存器清空，以便接收下一次数据。此时可以控制IIC发送应答信号(ACK)或非应答信号(NACK)，若应答，则重复以上步骤接收数据，若非应答，则停止传输。

d.发送非应答信号后，产生停止信号(P)，结束传输。

在发送和接收过程中，有的事件不只是标志了上面提到的状态位，还可能同时标志主机状态之类的状态位，并且读了之后还需要清除标志位，比较复杂。使用标准库函数来直接检测这些事件的复合标志，可降低编程难度。

6.3.3　IIC读写EEPROM

EEPROM是一种掉电后数据不丢失的存储器，常用来存储一些配置信息，以便系统重新上电的时候加载。EEPOM芯片最常用的通信方式就是IIC协议，在IIC读写EEPROM的过程中，嵌入式微控制器的IIC外设采用主模式，分别作为主发送器和主接收器，通过查询事件的方式来确保正常通信。

开发板中的EEPROM芯片（型号：AT24C02）的SCL及SDA引脚连接到嵌入式微控制器对应的IIC引脚中，结合上拉电阻，构成了IIC通信总线，如图6-10所示。

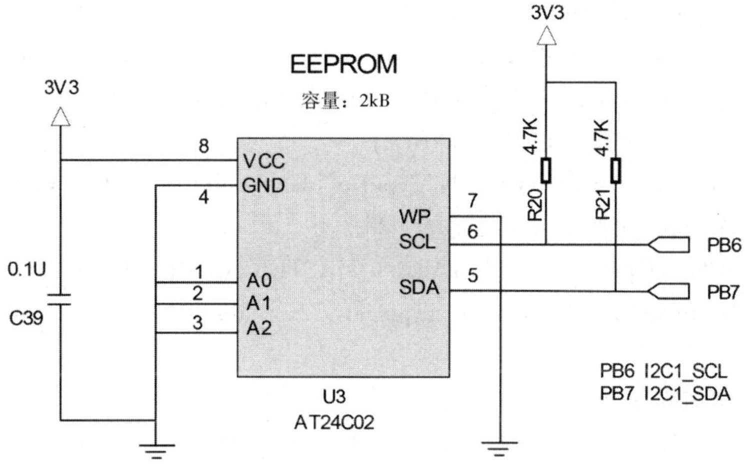

图6-10　IIC连接EEPROM的接口电路

EEPROM芯片的设备地址一共有7位，其中高4位固定为1010 b，低3位由$A_0/A_1/A_2$信号线的电平决定，如图6-11所示。

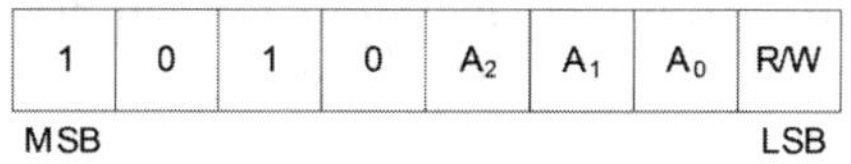

图6-11　EEPROM地址可变的低3位

因此，按照图6-10的电路连接，$A_0/A_1/A_2$均为0，所以EEPROM的7位设备地址是：101 0000b，即0x50，IIC通信地址跟读写方向连在一起构成一个8位数。当R/W位为0时，表示写方向，所以加上7位地址，其值为“$0xA_0$”，常称该值为I2C设备的“写地址”；当R/W位为1时，表示读方向，加上7位地址，其值为“$0xA_1$”，常称该值为“读地址”。

6.3.4　需要新增用到的固件库函数

程序采用固件库函数方式编程，必然会涉及以下固件库函数：

（1）void I2C_Init(I2C TypeDef* I2Cx, I2C InitTypeDef* I2C_InitStruct)

调用固件库函数，对指定IIC外设，按I2C_InitStruct指定的参数，进行初始化。

例如：I2C_Init(I2C1, &I2C_InitStructure)

（2）void I2C_Cmd (I2C TypeDef* I2Cx,FunctionalState NewState)

调用固件库函数，使能或失能指定的IICx外设。

例如：I2C_Cmd(I2C1, ENABLE)

(3)void I2C_AcknowledgeConfig (I2C TypeDef* I2Cx, FunctionalState NewState)

调用固件库函数,使能或失能指定IICx外设的确认功能。

例如:I2C_AcknowledgeConfig(I2C1, ENABLE)

(4)void I2C_GenerateSTART (I2C TypeDef* I2Cx, FunctionalState NewState)

调用固件库函数,使能或失能指定IICx外设的起始信号。

例如:I2C_GenerateSTART(I2C1, ENABLE)

(5)void I2C_ GenerateSTOP (I2C TypeDef* I2Cx, FunctionalState NewState)

调用固件库函数,使能或失能指定IICx外设的停止信号。

例如:I2C_GenerateSTOP(I2C1, ENABLE)

(6)ErrorStatus I2C_CheckEvent (I2C TypeDef* I2Cx,, uint32_t I2C_EVENT)

调用固件库函数,检查是否有指定的事件发生。

例如:I2C_CheckEvent(I2C1, I2C_EVENT_MASTER_MODE_SELECT)

(7)void I2C_Send7bitAddress (I2C TypeDef* I2Cx, uint8_t Address, uint8_t I2C_Direction)

调用固件库函数,向从站发送地址。

例如:I2C_Send7bitAddress(I2C1, EEPROM_ADDRESS, I2C_Direction_Transmitter)

(8)void I2C_SendData (I2C TypeDef* I2Cx, uint8_t Data)

调用固件库函数,通过IIC外设发送一个字节数据。

例如:I2C_SendData(I2C1, WriteAddr)

(9)FlagStatus I2C_GetFlagStatus (I2C TypeDef* I2Cx, uint32_t I2C_FLAG)

调用固件库函数,检查所制定的标志是否被置位。

例如:I2C_GetFlagStatus(I2C1, I2C_FLAG_BUSY)

(10)uint16_t I2C_Send7bitAddress (I2C TypeDef* I2Cx, uint8_t I2C_Register)

调用固件库函数,读指定的IIC寄存器并返回读到的值。

例如:I2C_ReadRegister(I2C1, I2C_Register_SR1)

(11)void I2C_ClearFlag (I2C TypeDef* I2Cx, uint32_t I2C_FLAG)

调用固件库函数,清除指定的IIC挂起标志。

例如:I2C_ClearFlag(I2C1, I2C_FLAG_AF)

6.4 实验内容

理解并掌握IIC协议及通信过程。掌握片内硬件IIC的发送、接收流程。了解IIC硬件电路连接和地址确定。基于固件库函数,设计开发IIC读写EEPROM的应用程序,调试通过并下载到开发板,实现初始化阶段向EEPROM写入数据、读取数据、串口打印的功能。

6.5 实验步骤

6.5.1 实验前准备

(1)检查Keil 5是否正确安装,已建工程是否可用;

(2)检查仿真器是否可用;

(3)检查开发板是否可用;

(4)检查开发板与计算机之间的串口通信硬件连接是否可用;

(5)检查计算机上串口调试助手是否正确安装,是否正常可用;

(6)检查各实验设备是否与程序相对应;

(7)检查是否已经理解实验原理。

6.5.2 实验步骤

6.5.2.1 项目工程

采用实验1的方法建立本实验基础工程。在实验2的基础上,借鉴参考其GPIO初始化配置及点灯的编程方法。在实验5的基础上,借鉴参考其按时序处理SPI同步通信的编程方法。结合实验7,借鉴参考其UART查询方式通信的编程方法。在本实验中,设计开发IIC通信应用程序。

6.5.2.2 功能分析

初始化阶段,首先通过IIC总线,给EEPROM写入数据,再读取数据,并通过串口打印出来。读写操作成功或失败,对应指示灯置相应的颜色也会有相应变化(初始状态为蓝色)。在写数据时,将给EEPROM写入连续的从0-255共256个数字,在电脑端的串口调试助手输出相关信息。其次再将写入的内容从EEPROM读出,然后将读到的数据发送给电脑端的串口调试助手。最后判断写入的数据和读出的数据是否相同。如果相同,则读写测试成功,在电脑端的串口调试助手输出相关信息,指示灯置绿色;如果不相同,则不成功,在电脑端的串口调试助手输出错误信息,指示灯置红色。

在编程实现时,先按照"硬件IIC通信"的方式,采用STM32片内集成的IIC外设,开发应用程序,实现EEPROM读写操作的功能。

在完成上述"硬件IIC通信"应用开发的基础上,允许同学自行挑战,完全自主设计开发"软件模拟IIC通信"应用开发。要实现的功能同上,由软件程序来实现IIC通信的时序,完成IIC通信的主站功能,并通过计算机的串口调试助手显示。功能设计上允许自由发挥,也可以新增其他应用功能,但不作为考核项要求。

6.5.2.3 程序框架设计

程序主要由bsp_led.c、bsp_debug_usart.c、bsp_i2c_ee.c、main.c组成。其中,bsp_led.c与实验2的同名程序一样,包含了"LED灯GPIO引脚的配置函数";bsp_debug_usart.c与实验7的同名程序一样,包含了"串口1的GPIO、UART配置函数"、"scan、getchar重定位函

数”和“printf重定位函数”;bsp_i2c_ee.c包含了“IIC的GPIO、IIC配置函数”、“IIC外设对EEPROM的初始化函数”、“IIC写一个字节到EEPROM函数”、“IIC按页的限制写入多个字节到EEPROM函数”、“IIC将缓冲区中数据全部写入到EEPROM的函数”、“IIC读EEPROM数据的函数”、“等待IIC准备好的函数”;main.c包含了一个“IIC读写测试函数”和“main函数”,“main函数”中包含了“初始化”、“无限循环代码段”两个部分,实际上“初始化”部分完成IIC读写EEPROM的实验,“无限循环代码段”中没有任何操作。

此程序框架的设计,着重在于体会IIC通信如何在程序的初始化阶段访问EEPROM,采用查询方式完成IIC向EEPROM的写入和读出数据,实际上这样的“硬件IIC通信”与“软件模拟IIC通信”的相比,前者并没有多大优势。

“软件模拟IIC通信“作为能力的拓展,其程序设计框架可以自行设计、与老师商议、参照老师的设计架构,不做约束性规定,但不建议过于零碎,也不建议过于整合。鼓励更进一步透彻地理解IIC后,作出自主完成的应用开发进行尝试。

6.5.2.4 子函数设计开发

(1)串口通信的板级驱动文件bsp_debug_usart.c

串口1的GPIO、UART配置函数与实验7中的内容一致,请参阅实验7中第7.2.4子节“子函数设计开发”的内容。

(2)LED灯的板级驱动文件bsp_led.c

LED灯GPIO引脚的配置函数与实验2中的内容一致,请参阅实验2中第2.5.2.4子节“子函数设计开发”的内容。

(3)IIC操作EEPROM的板级驱动文件bsp_i2c_ee.c

bsp_i2c_ee.c文件中包含了“IIC的GPIO、IIC配置函数”、“IIC外设对EEPROM的初始化函数”、“IIC写一个字节到EEPROM函数”、“IIC按页的限制写入多个字节到EEPROM函数”、“IIC将缓冲区中数据全部写入到EEPROM的函数”、“IIC读EEPROM数据的函数”、“等待IIC准备好的函数”。

①I2C的GPIO、UART配置函数

```
/******************************
  *** IIC1 I/O配置 ***
 ******************************/
static void GPIO_I2C_Init(void)
{
  /* 定义两个结构体变量 */
  GPIO_InitTypeDef  GPIO_InitStructure;
  I2C_InitTypeDef  I2C_InitStructure;
```

```
/***** 使能 IIC及GPIO时钟 *****/
/* I2C_1时钟使能< EEPROM_I2C Periph clock enable */
RCC_APB1PeriphClockCmd(RCC_APB1Periph_I2C1, ENABLE);
/* GPIO时钟使能< EEPROM_I2C_SCL_GPIO_CLK and EEPROM_I2C_SDA_GPIO_
CLK> */
RCC_AHB1PeriphClockCmd(RCC_AHB1Periph_GPIOB, ENABLE);
/***** 设置B口引脚复用<I2C>指向 *****/
/* Connect PX6 to I2C_SCL*/
GPIO_PinAFConfig(GPIOB, GPIO_PinSource6, GPIO_AF_I2C1);
/* Connect PX7 to I2C_SDA*/
GPIO_PinAFConfig(GPIOB, GPIO_PinSource7, GPIO_AF_I2C1);

/* < 配置 EEPROM_I2C_1 引脚: I2C_SCL and I2C_SDA > */
GPIO_InitStructure.GPIO_Pin = GPIO_Pin_6 | GPIO_Pin_7;
/* 设置引脚模式为I2C_1复用功能*/
GPIO_InitStructure.GPIO_Mode = GPIO_Mode_AF;
/* 设置引脚速率为50MHz */
GPIO_InitStructure.GPIO_Speed = GPIO_Speed_50MHz;
/* 设置引脚类型为开漏输出*/
GPIO_InitStructure.GPIO_OType = GPIO_OType_OD;
/* 设置引脚为无上拉 下拉模式*/
GPIO_InitStructure.GPIO_PuPd = GPIO_PuPd_NOPULL;

/* 调用库函数,使用上面配置的GPIO_InitStructure初始化GPIO_B*/
GPIO_Init(GPIOB, &GPIO_InitStructure);

/***** I2C_1工作模式设置 *****/
/* 设置I2C_1 工作模式:I2C_Mode_I2C */
I2C_InitStructure.I2C_Mode = I2C_Mode_I2C;
/* 低电平数据稳定 / 高电平数据变化SCL 时钟线的占空比: <2:1>*/
I2C_InitStructure.I2C_DutyCycle = I2C_DutyCycle_2;
/* 设置I2C_1 自身地址:0X0A */
/* 这个地址只要与STM32外挂的I2C器件地址不一样即可*/
I2C_InitStructure.I2C_OwnAddress1 =0X0A;
/* 设置I2C_1应答模式:使能响应信号*/
```

```
    I2C_InitStructure.I2C_Ack = I2C_Ack_Enable ;
    /* 设置I2C_1寻址模式:7位 */
    I2C_InitStructure.I2C_AcknowledgedAddress = I2C_AcknowledgedAddress_7bit;
    /* 通信速率<STM32 I2C 快速模式 >*/
    I2C_InitStructure.I2C_ClockSpeed = 400000;
    /* I2C1 初始化 */
    I2C_Init(I2C1, &I2C_InitStructure);
    /* 使能I2C1 */
    I2C_Cmd(I2C1, ENABLE);
    /* 使能I2C1确认功能*/
    I2C_AcknowledgeConfig(I2C1, ENABLE);
}

/*******************************
   *** IIC1外设初始化 ***
 ******************************/
void I2C_EE_Init(void)
{
    GPIO_I2C_Init();

    /* 根据头文件i2c_ee.h中的定义来选择EEPROM要写入的地址*/
    #ifdef EEPROM_Block0_ADDRESS
    /* 选择EEPROM Block0 来写入 */
    EEPROM_ADDRESS = EEPROM_Block0_ADDRESS;
    #endif

    #ifdef EEPROM_Block1_ADDRESS
    /* 选择EEPROM Block1 来写入 */
    EEPROM_ADDRESS = EEPROM_Block1_ADDRESS;
    #endif

    #ifdef EEPROM_Block2_ADDRESS
    /* 选择EEPROM Block2 来写入 */
    EEPROM_ADDRESS = EEPROM_Block2_ADDRESS;
    #endif
```

```
  #ifdef EEPROM_Block3_ADDRESS
  /* 选择EEPROM Block3 来写入 */
  EEPROM_ADDRESS = EEPROM_Block3_ADDRESS;
  #endif
}
```

②IIC写一个字节数据到EEPROM的函数

```
/**********************************************
  ***   写一个字节到IIC EEPROM中 ***
  ***   pBuffer: 缓冲区指针       ***
  ***   WriteAddr: 写地址         ***
  ***   正常返回1,异常返回0     ***
 **********************************************/
uint32_t I2C_EE_ByteWrite(u8* pBuffer, u8 WriteAddr)
{
  /* 产生I2C_1通信的起始条件 */
  I2C_GenerateSTART(I2C1, ENABLE);
  /* I2C读写时间超时时间:0x1000 */
  I2CTimeout = 0x1000;

  /* 检查EV5事件,并清除该标志*/
  while(!I2C_CheckEvent(I2C1, I2C_EVENT_MASTER_MODE_SELECT))
  {
    if((I2CTimeout--) == 0)
    {
      Usart_SendString( USART1, (uint8_t *)"I2C 等待超时!errorCode = 0\r\n" );
      return 0;
    }
  }
  /* 发送I2C通信的设备地址(EEPROM) */
  I2C_Send7bitAddress(I2C1, EEPROM_ADDRESS, I2C_Direction_Transmitter);

  /* I2C读写时间超时时间:0x1000 */
  I2CTimeout = 0x1000;
```

```
  /* 检查EV6事件,并清除该标志*/
  while(!I2C_CheckEvent(I2C1,
I2C_EVENT_MASTER_TRANSMITTER_MODE_SELECTED))
{
  if((I2CTimeout--) == 0)
  {
    Usart_SendString( USART1, (uint8_t *)"I2C 等待超时!errorCode = 1\r\n" );
    return 0;
  }
}

/* 发送要写入设备的内部地址 (EEPROM的内部地址)*/
I2C_SendData(I2C1, WriteAddr);

/* I2C读写时间超时时间:0x1000 */
I2CTimeout = 0x1000;

/* 检查EV8事件,并清除该标志*/
while(!I2C_CheckEvent(I2C1, I2C_EVENT_MASTER_BYTE_TRANSMITTED))
{
  if((I2CTimeout--) == 0)
  {
    Usart_SendString( USART1, (uint8_t *)"I2C 等待超时!errorCode = 2\r\n" );
    return 0;
  }
}
/* 发送一个字节数据 */
I2C_SendData(I2C1, *pBuffer);

/* I2C读写时间超时时间:0x1000 */
I2CTimeout = 0x1000;

/* 检查EV8事件,并清除该标志*/
while(!I2C_CheckEvent(I2C1, I2C_EVENT_MASTER_BYTE_TRANSMITTED))
{
```

```
    if((I2CTimeout--) == 0)
    {
      Usart_SendString( USART1, (uint8_t *)"I2C 等待超时!errorCode = 3\r\n" );
      return 0;
    }
  }

  /* 产生 I2C_1 通信的结束条件 */
  I2C_GenerateSTOP(I2C1, ENABLE);

  return 1;
}
```

③I2C写一页数据到EEPROM的函数

```
/*****************************************************************
 *** 一页内写多个字节数据,AT24C02一页最多8个字节          ***
 *** pBuffer: 缓冲区指针                                  ***
 *** WriteAddr: 写地址                                    ***
 *** NumByteToWrite: 写的字节数(不能超过EEPROM页的大小) ***
 *** 正常返回1,异常返回0                                 ***
 *****************************************************************/
uint32_t I2C_EE_PageWrite(u8* pBuffer, u8 WriteAddr, u8 NumByteToWrite)
{
  /***** 总线忙时等待 *****/
  /* I2C读写时间超时时间:0x1000 */
  I2CTimeout = 0x10000;
  /*检查I2C1的I2C_FLAG_BUSY标志位是否为1 */
  while(I2C_GetFlagStatus(I2C1, I2C_FLAG_BUSY))
  {
    if((I2CTimeout--) == 0)
    {
      Usart_SendString( USART1, (uint8_t *)"I2C 等待超时!errorCode = 4\r\n" );
       return 0;
    }
  }

  /* 产生 I2C_1 通信的起始条件 */
```

```
I2C_GenerateSTART(I2C1, ENABLE);
/* I2C 读写时间超时时间:0x1000 */
I2CTimeout = 0x1000;

/* 检查EV5事件,并清除该标志*/
while(!I2C_CheckEvent(I2C1, I2C_EVENT_MASTER_MODE_SELECT))
{
  if((I2CTimeout--) == 0)
  {
    Usart_SendString( USART1, (uint8_t *)"I2C 等待超时!errorCode = 5\r\n" );
    return 0;
  }
}

/* 发送I2C通信的设备地址(EEPROM) */
I2C_Send7bitAddress(I2C1, EEPROM_ADDRESS, I2C_Direction_Transmitter);

/* I2C 读写时间超时时间:0x1000 */
I2CTimeout = 0x1000;

/* 检查EV6事件,并清除该标志*/
while(!I2C_CheckEvent(I2C1, I2C_EVENT_MASTER_TRANSMITTER_
MODE_SELECTED))
{
  if((I2CTimeout--) == 0)
  {
    Usart_SendString( USART1, (uint8_t *)"I2C 等待超时!errorCode = 6\r\n" );
    return 0;
  }
}
/* 发送要写入设备的内部地址 (EEPROM的内部地址)*/
I2C_SendData(I2C1, WriteAddr);

/* I2C 读写时间超时时间:0x1000 */
I2CTimeout = 0x1000;
```

```
/* 检查EV8事件,并清除该标志*/
while(! I2C_CheckEvent(I2C1, I2C_EVENT_MASTER_BYTE_TRANSMITTED))
{
  if((I2CTimeout--) == 0)
  {
    Usart_SendString( USART1, (uint8_t *)"I2C 等待超时!errorCode = 7\r\n" );
    return 0;
  }
}
/* While there is data to be written */
while(NumByteToWrite--)
{
  /* 发送一个字节数据 */
  I2C_SendData(I2C1, *pBuffer);
  /* 修改发送数据组的指针,指向发下一个字节数据*/
  pBuffer++;

  /* I2C读写时间超时时间:0x1000  */
  I2CTimeout = 0x1000;

  /* 检查EV8事件,并清除该标志*/
  while (!I2C_CheckEvent(I2C1, I2C_EVENT_MASTER_BYTE_TRANSMITTED))
  {
    if((I2CTimeout--) == 0)
    {
      Usart_SendString( USART1, (uint8_t *)"I2C 等待超时!errorCode = 8\r\n" );
      return 0;
    }
  }
}

/* 产生I2C_1通信的结束条件 */
I2C_GenerateSTOP(I2C1, ENABLE);

return 1;
}
```

④I2C 写缓冲区数据到 EEPROM 的函数

```
/*********************************************
  *** 将缓冲区中的数据写到I2C EEPROM 中 ***
  ***     pBuffer: 缓冲区指针            ***
  ***   WriteAddr: 些地址              ***
  ***   NumByteToWrite: 写的字节数       ***
  ********************************************/
void I2C_EE_BufferWrite(u8* pBuffer, u8 WriteAddr, u16 NumByteToWrite)
{
  u8 NumOfPage = 0, NumOfSingle = 0, Addr = 0, count = 0;

  /*****
  * mod运算求余,若WriteAddr是I2C_PageSize的整数倍,运算结果Addr值为0
  * 写入地址是每页第几个
  *****/
  Addr = WriteAddr % I2C_PageSize;
  /*****
  * 差个数据,正好对齐页地址
  * 在开始的一页要写入的个数
  *****/
  count = I2C_PageSize - Addr;
  /* 计算要写入的页数*/
  NumOfPage =  NumByteToWrite / I2C_PageSize;
  /* mod运算求余,计算出剩余不足一页的字节数*/
  NumOfSingle = NumByteToWrite % I2C_PageSize;

  /* Addr值为0,WriteAddr刚好按页对齐 */
  if(Addr == 0)
  {
    /* 如果写的字节数NumByteToWrite < I2C_PageSize**8 */
    if(NumOfPage == 0)
    {
      I2C_EE_PageWrite(pBuffer, WriteAddr, NumOfSingle);
      I2C_EE_WaitEepromStandbyState();
    }
```

```
 /* 如果写的字节数NumByteToWrite > I2C_PageSize**8 */
 else
 {
   while(NumOfPage--)
   {
     I2C_EE_PageWrite(pBuffer, WriteAddr, I2C_PageSize);
     I2C_EE_WaitEepromStandbyState();
     WriteAddr +=  I2C_PageSize;
     pBuffer += I2C_PageSize;
   }
   if(NumOfSingle!=0)
   {
     I2C_EE_PageWrite(pBuffer, WriteAddr, NumOfSingle);
     I2C_EE_WaitEepromStandbyState();
   }
  }
}
/* If WriteAddr is not I2C_PageSize aligned  */
else
{
  /* If NumByteToWrite < I2C_PageSize */
  if(NumOfPage== 0)
  {
    I2C_EE_PageWrite(pBuffer, WriteAddr, NumOfSingle);
    I2C_EE_WaitEepromStandbyState();
  }
  /* If NumByteToWrite > I2C_PageSize */
  else
  {
    NumByteToWrite -= count;
    NumOfPage =  NumByteToWrite / I2C_PageSize;
    NumOfSingle = NumByteToWrite % I2C_PageSize;

    if(count != 0)
    {
```

```
            I2C_EE_PageWrite(pBuffer, WriteAddr, count);
            I2C_EE_WaitEepromStandbyState();
            WriteAddr += count;
            pBuffer += count;
          }

          while(NumOfPage--)
          {
            I2C_EE_PageWrite(pBuffer, WriteAddr, I2C_PageSize);
            I2C_EE_WaitEepromStandbyState();
            WriteAddr +=  I2C_PageSize;
            pBuffer += I2C_PageSize;
          }
          if(NumOfSingle != 0)
          {
            I2C_EE_PageWrite(pBuffer, WriteAddr, NumOfSingle);
            I2C_EE_WaitEepromStandbyState();
          }
        }
      }
    }
```

⑤IIC 读 EEPROM 数据到缓冲区的函数

```
/*****************************************************
  *** 从 IIC EEPROM 中读取一块数据                  ***
  ***  pBuffer: 存放从 EEPROM 读取的数据的缓冲区指针 ***
  ***  ReadAddr: 读取数据的 EEPROM 地址·            ***
  ***  NumByteToRead: 要从 EEPROM 读取的字节数     ***
  ***  正常返回 1,异常返回 0                     ***
  *****************************************************/
uint32_t I2C_EE_BufferRead(u8* pBuffer, u8 ReadAddr, u16 NumByteToRead)
{
  /***** 总线忙时等待 *****/
  /* I2C 读写时间超时时间:0x1000  */
  I2CTimeout = 0x10000;
  /*检查 I2C1 的 I2C_FLAG_BUSY 标志位是否为 1 */
```

```
while(I2C_GetFlagStatus(I2C1, I2C_FLAG_BUSY))
{
  if((I2CTimeout--) == 0)
  {
    Usart_SendString( USART1, (uint8_t *)"I2C 等待超时!errorCode = 9\r\n" );
    return 0;
  }
}
/*****
  读的第一个通信过程,(写方向)
*****/

/* 产生I2C_1通信的起始条件 */
I2C_GenerateSTART(I2C1, ENABLE);

/* I2C读写时间超时时间:0x1000  */
I2CTimeout = 0x1000;

/* 检查EV5事件,并清除该标志*/
while(!I2C_CheckEvent(I2C1, I2C_EVENT_MASTER_MODE_SELECT))
{
  if((I2CTimeout--) == 0)
  {
    Usart_SendString( USART1, (uint8_t *)"I2C 等待超时!errorCode = 10\r\n" );
    return 0;
  }
}

/* 发送I2C通信的设备地址(EEPROM)*Transmitter*(写方向) */
I2C_Send7bitAddress(I2C1, EEPROM_ADDRESS, I2C_Direction_Transmitter);

/* I2C读写时间超时时间:0x1000  */
I2CTimeout = 0x1000;

/* 检查EV6事件,并清除该标志*/
```

```
while(!I2C_CheckEvent(I2C1, I2C_EVENT_MASTER_TRANSMITTER_
MODE_SELECTED))
{
  if((I2CTimeout--) == 0)
  {
    Usart_SendString( USART1, (uint8_t *)"I2C 等待超时!errorCode = 11\r\n" );
    return 0;
  }
}
/* 通过设置PE位清除EV6事件 */
I2C_Cmd(I2C1, ENABLE);

/* 发送设备的内部地址(要读取的EEPROM内部地址)*/
I2C_SendData(I2C1, ReadAddr);

/* I2C读写时间超时时间:0x1000  */
I2CTimeout = 0x1000;

/* 检查EV8事件,并清除该标志*/
while(!I2C_CheckEvent(I2C1, I2C_EVENT_MASTER_BYTE_TRANSMITTED))
{
  if((I2CTimeout--) == 0)
  {
    Usart_SendString( USART1, (uint8_t *)"I2C 等待超时!errorCode = 12\r\n" );
    return 0;
  }
}

/*****
  读的第二个通信过程, (读方向)
*****/
/* 产生I2C_1通信的开始条件*/
I2C_GenerateSTART(I2C1, ENABLE);

/* I2C读写时间超时时间:0x1000  */
I2CTimeout = 0x1000;
```

```
/* 检查EV5事件,并清除该标志*/
while(!I2C_CheckEvent(I2C1, I2C_EVENT_MASTER_MODE_SELECT))
{
  if((I2CTimeout--) == 0)
  {
    Usart_SendString( USART1, (uint8_t *)"I2C 等待超时!errorCode = 13\r\n" );
    return 0;
  }
}
/* 发送I2C通信的设备地址(EEPROM) *Receiver*(读方向) */
I2C_Send7bitAddress(I2C1, EEPROM_ADDRESS, I2C_Direction_Receiver);

/* I2C读写时间超时时间:0x1000  */
I2CTimeout = 0x1000;

/* 检查EV6事件,并清除该标志*/
while(!I2C_CheckEvent(I2C1, I2C_EVENT_MASTER_RECEIVER_MODE_
SELECTED))
{
  if((I2CTimeout--) == 0)
  {
    Usart_SendString( USART1, (uint8_t *)"I2C 等待超时!errorCode = 14\r\n" );
    return 0;
  }
}
/* While there is data to be read */
while(NumByteToRead)
{
  /* 若NumByteToRead=1,表示接收到最后一个数据,发送不应答信号,结束传输 */
  if(NumByteToRead == 1)
  {
    /* Disable Acknowledgement */
    I2C_AcknowledgeConfig(I2C1, DISABLE);

    /* Send STOP Condition */
```

```
        I2C_GenerateSTOP(I2C1, ENABLE);
      }

      /* I2C读写时间超时时间:0x1000 */
      I2CTimeout = 0x10000;
      while(!I2C_CheckEvent(I2C1, I2C_EVENT_MASTER_BYTE_RECEIVED))
      {
      if((I2CTimeout--) == 0)

      {
        Usart_SendString( USART1, (uint8_t *)"I2C 等待超时!errorCode = 3\r\n" );
        return 0;
      }
    }
    /* 通过I2C通信,从外设备读一个字节的数据 */
    *pBuffer = I2C_ReceiveData(I2C1);

    /* '存储数据的指针指向下一个地址*/
    pBuffer++;

    /* 接收数据自减*/
    NumByteToRead--;
  }
  /* 使能应答,方便下一次I2C传输 */
  I2C_AcknowledgeConfig(I2C1, ENABLE);

  return 1;
  }
```

f)等待EEPROM准备好的函数

```
/****************************
  *** μ等待EPROM准备好 ***
****************************/
uint8_t I2C_EE_WaitEepromStandbyState(void)
{
  __IO uint16_t tmpSR1 = 0;
```

```
__IO uint32_t EETrials = 0;

  /***** 总线忙时等待 *****/
  /* I2C 读写时间超时时间:0x1000  */
I2CTimeout = 0x10000;
  /*检查 I2C1 的 I2C_FLAG_BUSY 标志位是否为 1 */
while(I2C_GetFlagStatus(I2C1, I2C_FLAG_BUSY))
{
  if((I2CTimeout--) == 0)
  {
    Usart_SendString( USART1, (uint8_t *)"I2C 等待超时!errorCode = 20\r\n" );
    return 0;
  }
}
while(1)
{
    /* 产生 I2C_1 通信的起始条件 */
I2C_GenerateSTART(I2C1, ENABLE);

    /* I2C 读写时间超时时间:0x1000  */
  I2CTimeout = 0x1000;

/* 检查 EV5 事件,并清除该标志*/
while(!I2C_CheckEvent(I2C1, I2C_EVENT_MASTER_MODE_SELECT))
{
  if((I2CTimeout--) == 0)
  {
    Usart_SendString( USART1, (uint8_t *)"I2C 等待超时!errorCode = 21\r\n" );
    return 0;
  }
}
/* ·发送 I2C 通信的设备地址(EEPROM)*Transmitter*(写方向) */
I2C_Send7bitAddress(I2C1, EEPROM_ADDRESS, I2C_Direction_Transmitter);

    /* I2C 读写时间超时时间:0x1000  */
```

```
I2CTimeout = 0x10000;
do
  {
    /* Read EEPROM_I2C SR1 register */
    tmpSR1 = I2C_ReadRegister(I2C1, I2C_Register_SR1);
    if((I2CTimeout--) == 0)
      {
        Usart_SendString( USART1, (uint8_t *)"I2C 等待超时!errorCode = 22\r\n" );
        return 0;
      }
  }while((tmpSR1 & (I2C_SR1_ADDR | I2C_SR1_AF))==0);

/* 检查 I2C_SR1_addr 是否为 1 */
if (tmpSR1 & I2C_SR1_ADDR)
  {
    /*通过读取 I2C_SR2 清除 I2C_SR1_addr 位 */
    (void)I2C1->SR2;
    /* 产生 I2C_1 通信的结束条件 */
    I2C_GenerateSTOP(I2C1, ENABLE);
    /* 退出函数,返回 1 */
    return 1;
  }
else
  {
    /* 清除 I2C_af 标志 */
    I2C_ClearFlag(I2C1, I2C_FLAG_AF);
}

if(EETrials++ == 300)
  {
    /* 等待 300 次没准备好,退出等待*/
    Usart_SendString( USART1, (uint8_t *)"I2C 等待超时!errorCode = 23\r\n" );
    return 0;
    }
  }
}
```

6.5.2.5 主程序设计开发

(1)在main.c的头部,是一些头文件的包含和参数定义:

```
#include "stm32f4xx.h"
#include "bsp_usart.h"
#include "bsP_i2c_ee.h"
#include "bsp_led.h"

#define  EEP_Firstpage      0x00
uint8_t I2c_Buf_Write[256];
uint8_t I2c_Buf_Read[256];
uint8_t I2C_Test(void);
```

(2)主程序中包含了一个“IIC(AT24C02)测试函数”和一个“main函数”,“main函数”中包含了“初始化”、“无限循环代码段”两个部分组成,实际上“初始化”部分完成IIC读写EEPROM的实验,“无限循环代码段”中没有任何操作。

①IIC(AT24C02)测试函数uint8_t I2C_Test(void)

```
/*********************************
  *** IIC(AT24C02)读写测试   ***
  *** 正常返回1,异常返回0 ***
*********************************/
uint8_t I2C_Test(void)
{
  u16 i;

  printf("\r\n<<-EEPROM-INFO  >> Ð´ÈëµÄÊý¾Ý\n\r");

  /* 把0~255的数据填入到缓冲区数组中 */
  for ( i=0; i<=255; i++ )
  {
    I2c_Buf_Write[i] = i;
    printf("0x%02X ", I2c_Buf_Write[i]);
    if(i%16 == 15)
    {
      printf("\n\r");
    }
  }
```

```
    /* 将I2c_Buf_Write中顺序递增的数据写入EERPOM中 */
    I2C_EE_BufferWrite( I2c_Buf_Write, EEP_Firstpage, 256);

    printf("\r\n<<-EEPROM-INFO->> 写成功\n\r");

    printf("\r\n<<-EEPROM-INFO->> 读出的数据\n\r");

    /* 将EEPROM读出的数据顺序保存到I2c_Buf_Read中 */
    I2C_EE_BufferRead(I2c_Buf_Read, EEP_Firstpage, 256);

    /* 将I2c_Buf_Read中的数据通过串口打印 */
    for (i=0; i<256; i++)
    {
      /* I2C EEPROM写入与读出的数据不一致 */
      if(I2c_Buf_Read[i] != I2c_Buf_Write[i])
      {
        printf("0x%02X ", I2c_Buf_Read[i]);
        printf("\r\n<<-EEPROM-ERROR->>错误:I2C EEPROM写入与读出的数据
        不一致\n\r");
        return 0;
      }
      /* I2C EEPROM写入u读出的数据一致 */
      printf("0x%02X ", I2c_Buf_Read[i]);
      if(i%16 == 15)
      {
        printf("\n\r");
      }
    }
    printf("\r\n<<-EEPROM-INFO->> I2C(AT24C02)读写测试成功\n");

    return 1;
  }
```

②“main函数”中包含了“初始化”、“无限循环代码段”两个部分组成。“初始化”部分要对USART1所占用的GPIO引脚及配置、LED所占用的GPIO引脚及配置，再发送字符串到上位机作提示，接着，进行IIC所占用的GPIO引脚及配置，之后，就执行IIC读写

EEPROM实验，并用灯来指示操作是否成功，然后，在“无限循环代码段”中没有任何操作。

```
int main(void)
{
  LED_GPIO_Config();
  //LED_BLUE
  GPIO_SetBits(GPIOH,GPIO_Pin_10 | GPIO_Pin_11);
  GPIO_ResetBits(GPIOH,GPIO_Pin_12);

  /* 初始化串口 1 */
  USART1_Config();

  printf("\r\n 这是一个 I2C 外设(AT24C02)读写测试实验。\r\n");

  /* I2C 外设(AT24C02)初始化 */
  I2C_EE_Init();

  if(I2C_Test() ==1)
  {
    //LED_GREEN
    GPIO_SetBits(GPIOH,GPIO_Pin_10 | GPIO_Pin_12);
    GPIO_ResetBits(GPIOH,GPIO_Pin_11);
  }
  else
  {
    //LED_RED
    GPIO_ResetBits(GPIOH,GPIO_Pin_10);
    GPIO_SetBits(GPIOH,GPIO_Pin_11 | GPIO_Pin_12);
  }
  while(1);
}
```

6.6 实验要求

(1)理解并掌握IIC协议及通信过程；

(2)掌握片内硬件IIC的发送接收流程；

(3)了解IIC硬件电路连接和地址确定;

(4)编程实现硬件IIC读写EEPROM的应用程序;

(5)尝试完全自主设计开发软件模拟IIC读写EEPROM的应用程序(属于进阶,可选做);

(6)填写实验报告。

a.(按照实验报告的要求统一格式,填写实验报告;

b.简述实际用到的IIC协议;

c.简述实际用到的IIC读写操作EEPROM的方法;

d.简述所开发应用程序的结构及功能;

e.尽可能充分体现出综合、设计和开发技巧;

f.在实验总结栏中给出实验结果、分析以及得到的结论。

6.7 思考题

(1)从程序执行效率来看,本实验中的硬件IIC与软件模拟IIC是否有差异?

(2)对于ACK容易出错导致死机,可想到的解决办法是什么?

(3)SCL是否可否由从机发出?

(4)如何完成国产嵌入式微控制器的相关工作?

实验7　UART串口通信

7.1　实验目的

(1)理解UART的概念与工作原理。

(2)理解UART查询方式发送数据和中断方式收发数据的工作原理。

(3)掌握UART固件库编程完成串口通信要用的固件库函数。

(4)掌握应用开发前应进行功能需求分析的基本方法。

(5)掌握应用开发中的子函数设计方法。

(6)掌握应用开发中的主程序设计方法。

(7)鼓励和引导使用国产嵌入式微控制器芯片进行应用开发。

7.2　实验设备

- PC计算机
- Cortex-M系列嵌入式微控制器为核心的开发板
- 仿真器
- MDK 5 (Keil 5)集成调试环境软件
- 串口调试助手软件
- USB转串口CH340线缆及驱动

7.3　实验原理

7.3.1　串口通信基本原理

串口通信是设备间点对点通信最常用的方式,所采用的通信协议可以非常粗略地分为物理层和协议层。其中物理层规定通信系统中的机械、电子功能特性,确保原始数据能在物理媒体上传输;协议层主要规定通信逻辑,统一收发双方的数据打包、解包标准。

1.物理层

UART串口的工作原理是将数据一位一位地进行传输,发送和接收各用一条线,因此通过UART接口与外界相连最少需要三条线:TXD(发送)、RXD(接收)和GND(地线)。

两个设备之间通信,如果直接采用UART口的TTL电平传输,会受到通信距离和抗干扰能力等方面约束。因此，可以采用RS-232通信标准，通过RS232收发器，完成TTL电平与RS232通信信号之间的转换，实现两个设备间短距离点对点通信，如图7-1所示。

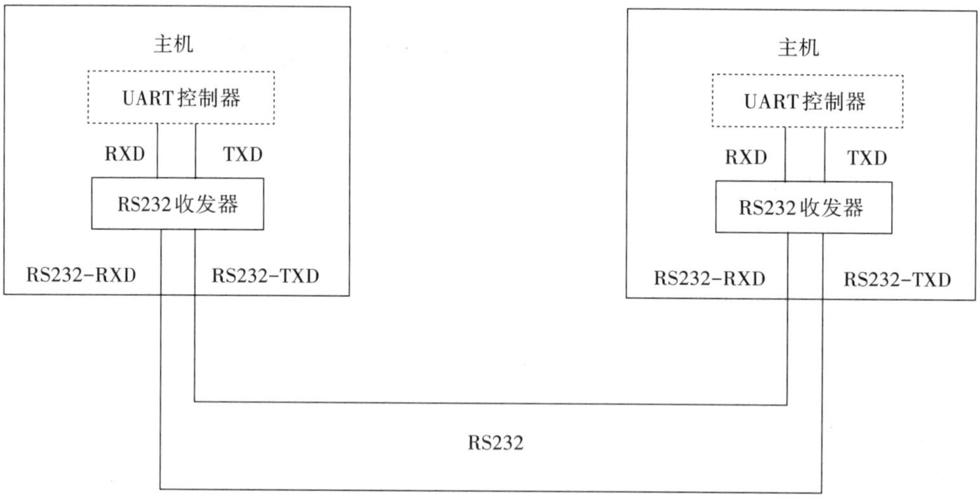

图7-1　RS232串口通信

RS-232标准主要规定了信号用途、通信接口及信号电平。通常采用DB9接口方式，DB9接口公头及母头的各引脚信号线接法如图7-2，一般只使用RXD（接收数据）、TXD（发送数据）以及GND三条信号线，直接传输数据信号，而RTS、CTS、DSR、DTR及DCD可以直接忽略掉。

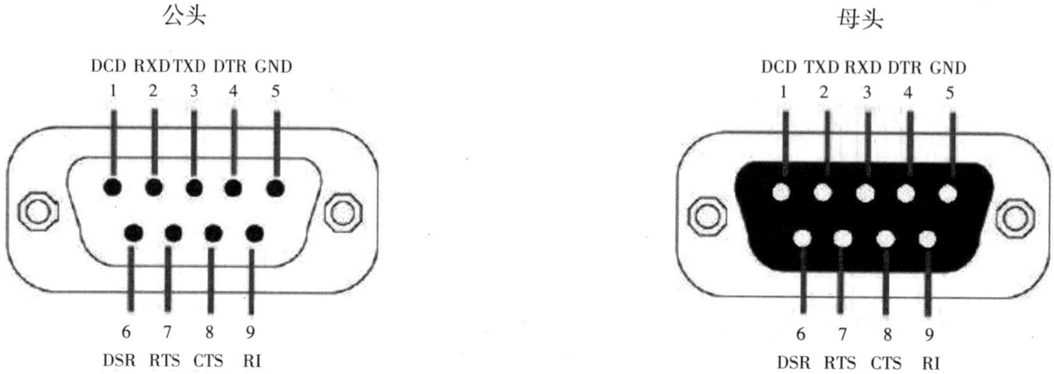

图7-2　DB9接口

两个DB9接口之间的串口信号线上按RS-232传输数据信号，但RS-232电平信号不能直接被片内UART（即控制器A、B）识别，需经过一个“电平转换芯片”（即RS232收发器），转换成UART口能识别的TTL电平信号，才能实现通信，TTL电平与RS232之间的差异见表7-1。

表7-1 TTL电平与RS232

信号类型	信号电平(发送端)
TTL	逻辑1:2.4—5 V 逻辑0:0—0.5 V
RS232	逻辑1:-15—3 V 逻辑0:+3—15 V

常见电子电路中多使用TTL电平标准,2.4 V以上表示二进制逻辑1,0.5 V以下表示逻辑0;为了增加串口通信远距离传输及抗干扰能力,使用-15 V表示逻辑1,+15 V表示逻辑0。所以,需RS232收发器芯片,对TTL电平信号进行转换。

还有一种在开发调试过程中极其常见的串口通信应用,是宿主机(计算机)与一台目标机(开发板)之间临时的短距离点对点通信,多采用USB转串口CH340线缆,完成两个设备之间通信的物理连接。计算机安装相应驱动,即可实现两者之间的串口通信,目标机设备上需要开发的应用程序编程与RS232通信的应用程序编程没有差别,本实验将以此方式完成实验。

2.协议层

串口通信数据包由发送设备TXD引脚传输到接收设备RXD引脚,协议层规定了数据包的内容,它由起始位、主体数据、校验位以及停止位组成,通信双方的数据包格式一致,才能正常收发数据,其组成如图5-3。

(1)波特率

RS232是串口异步通信,异步通信中没有专门的时钟信号线,两个设备间通信需要约定好波特率,即每个码元所占用时间长度,以便对信号进行解码。图7-3中虚线分开的每一格就代表一个码元。常见波特率为4 800 bit/s、9 600 bit/s、115 200 bit/s等。

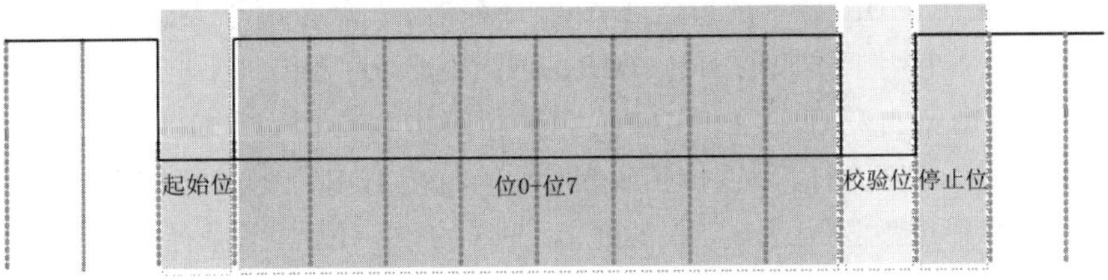

图7-3 串口数据包格式

(2)通信的起始和停止信号

串口通信的一个数据包从起始信号开始,直到停止信号结束。数据包的起始信号由一个逻辑0的数据位表示,而数据包的停止信号可由0.5个、1个、1.5个或2个逻辑1的数据位表示,只要通信双方约定一致即可。

(3)有效数据

数据包的起始位之后,紧接着就是要传输的主体数据内容,也称为有效数据,有效数据的长度常被约定为5、6、7或8位。

(4)数据校验

在有效数据之后，有一个可选的数据校验位。数据通信容易受到外部干扰，可加上校验位来解决这个问题。校验方法有奇校验(odd)、偶校验(even)以及无校验(noparity)。奇校验要求有效数据和校验位中“1”的个数为奇数，比如有效数据为：01101001，总共有4个“1”，要实现奇校验，则校验位为“1”。偶校验要求有效数据和校验位中为“1”的个数为偶数，因此，有效数据11001010的偶校验为“0”。无校验，指数据包中不包含校验位。

7.3.2 片内UART外设工作原理

USART(通用同步异步收发器)常用于全双工数据通信，UART则只使用其异步通信，同步和异步的区分方法就是看通信时需不需要对外提供时钟输出。UART常见于“打印”程序信息，一般硬件设计都会留一个UART口连接电脑，在调试程序时，将调试信息“打印”到电脑端，了解程序运行是否正确、指出运行出错位置等。STM32的USART功能框图如图7-4所示。

1.功能引脚(以下仅介绍本实验会用到的引脚)

TX：发送数据输出引脚。

RX：接收数据输入引脚。

USART的功能引脚有多个引脚可选，便于硬件设计，可在程序编程时软件绑定对用引脚。

2.数据寄存器

USART数据寄存器(USART_DR)只有低9位有效，并且第9位数据是否有效要取决于USART控制寄存器1(USART_CR1)的M位设置。当M位为0时表示8位数据字长，当M位为1表示9位数据字长，一般使用8位数据字长。USART_DR包含了已发送的数据或者接收到的数据。USART_DR实际是包含了两个寄存器，一个专用于发送的可写TDR(发送数据寄存器)，一个专用于接收的可读RDR(接收数据寄存器)。当进行发送操作时，写入USART_DR的数据会自动存储在TDR内；当进行读取操作时，USART_DR读取数据会自动提取RDR数据。串行通信是逐位传输的，发送时把TDR内容转移到发送移位寄存器，再经移位寄存器逐位发送出去，接收时把接收到的每一位顺序保存在接收移位寄存器内，然后才转移到RDR。

USART支持DMA传输，可以实现高速数据传输。

3.控制器

USART有专用的控制发送的发送器、控制接收的接收器，还有唤醒单元、中断控制等。使用USART前需要向USART_CR1寄存器的UE位置1使能USART。发送或者接收数据字长可选8位或9位，由USART_CR1的M位控制。

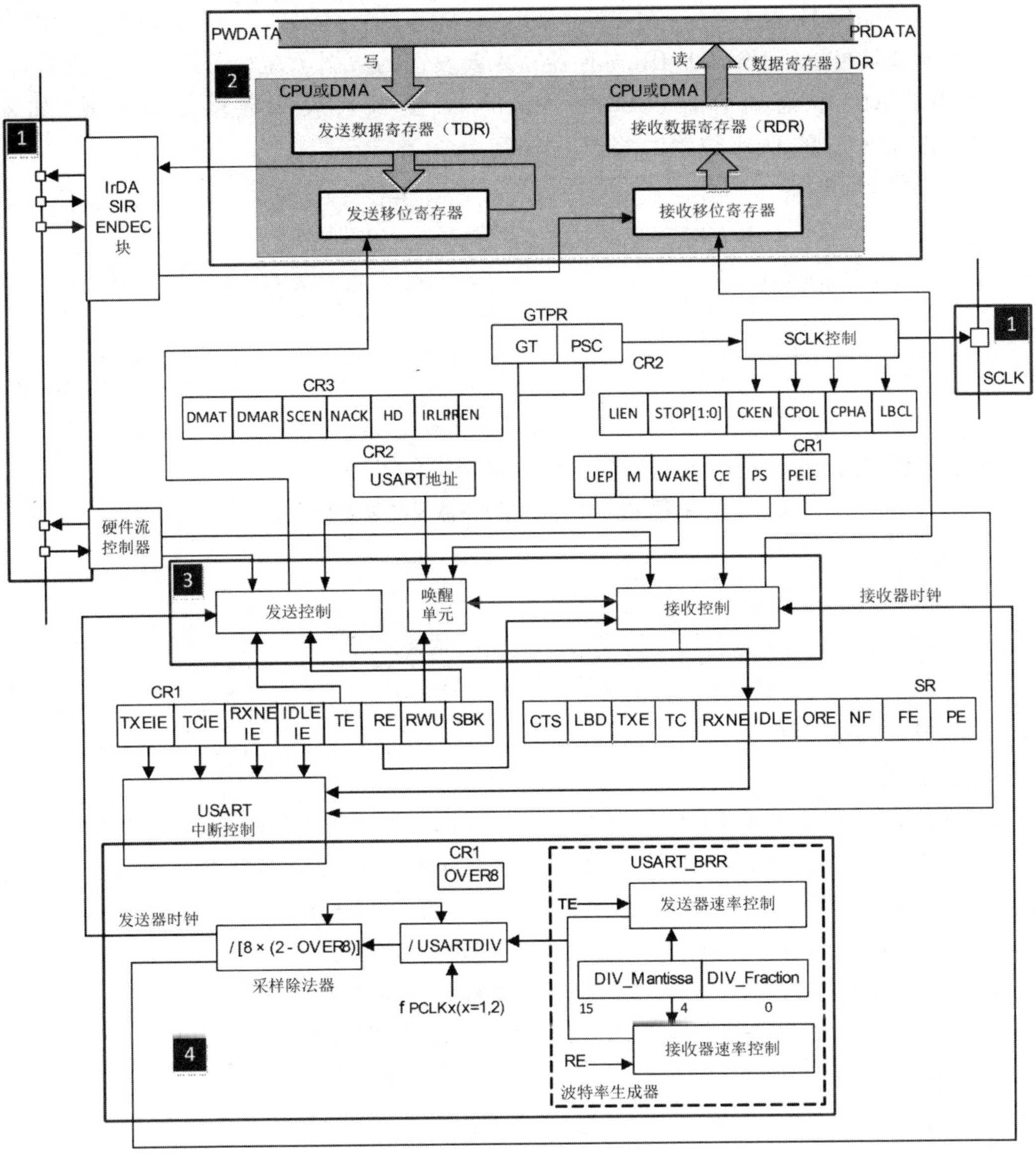

图7-4　USART功能框图

(1)发送器

当USART_CR1寄存器发送使能位TE置1时,启动数据发送,发送移位寄存器的数据会在TX引脚输出。一个字符帧包括:起始位+数据帧+停止位。起始位是一个位周期的低电平;数据帧是要发送的8位或9位数据,从最低位开始传输;停止位是一定时间的高电平,可选0.5个、1个、1.5个和2个停止位,默认1个停止位。当选择8位字长、1个停止位时,发送时序如图7-5。

当发送使能位TE置1之后，发送器开始会先发送一个空闲帧（一个数据帧长度的高电平），接下来就可以给USART_DR寄存器写入要发送的数据。在写入最后一个数据后，需要等待USART状态寄存器（USART_SR）的TC位为1，表示数据传输完成，如果USART_CR1寄存器的TCIE位置1，将产生中断。

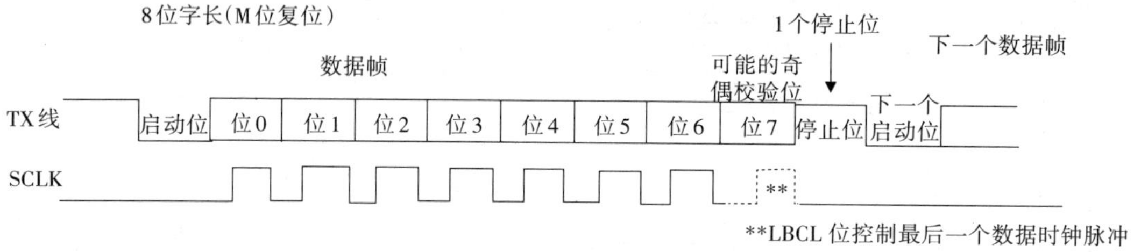

图7-5　发送时序图

在发送数据时，编程会用到的几个比较重要标志位见表7-2。

表7-2　编程实现发送数据时将涉及的重要标志位

名称	描述
TE	发送使能
TXE	发送寄存器为空，发送单个字节的时候使用
TC	发送完成，发送多个字节数据的时候使用
TXIE	发送完成中断使能

（2）接收器

USART_CR1寄存器的RE位置1，使能USART接收，接收器在RX线开始搜索起始位。在确定起始位后，就根据RX线电平状态把数据存放在接收移位寄存器内。接收完成后。把接收移位寄存器中的数据移到RDR内，并把USART_SR寄存器的RXNE位置1，同时，如果USART_CR2寄存器的RXNEIE置1，就会产生中断。

在接收数据时，编程会用到的几个比较重要标志位见表7-3。

表7-3　编程实现接收数据时将涉及的重要标志位

名称	描述
RE	接收使能
RXNE	接收数据寄存器非空
RXNEIE	接收完成中断使能

4.小数波特率生成

波特率指数据信号对载波的调制速率，它用单位时间内载波调制状态改变次数来表示，单位为波特。比特率指单位时间内传输的比特数，单位WEI bit/s(bps)。USART波特率与比特率相等，可以不区分这两个概念。波特率越大，传输速率越快。

USART发送器和接收器使用相同波特率。计算公式如下：

$$波特率 = \frac{f_{PLCK}}{8 \times (2 - OVER8) \times USARTDIV}$$

其中，f_{PLCK}为USART时钟的对应值，OVER8为USART_CR1寄存器"OVER8位"的对应值，*USARTDIV*是存放在波特率寄存器(USART_BRR)的无符号定点数。其中DIV_Mantissa[11:0]位定义USARTDIV的整数部分，DIV_Fraction[3:0]位定义USARTDIV的小数部分，DIV_Fraction[3]位只有在OVER8位为0时有效，否则必须清零。

例如，如果OVER8=0，DIV_Mantissa=24且DIV_Fraction=10，此时USART_BRR值为0x18A；那么USARTDIV的小数位10/16=0.625；整数位24，最终USARTDIV的值为24.625。如果OVER8=0且知道USARTDIV值为27.68，那么DIV_Fraction=16*0.68=10.88，最接近的正整数为11，所以DIV_Fraction[3:0]为0xB；DIV_Mantissa=整数(27.68)=27，即0x1B；USART_BRR值为0x1BB。

如果OVER8=1情况类似，只是把计算用到的权值由16改为8。

波特率的常用值有2 400 bit/s、9 600 bit/s、19 200 bit/s、115 200 bit/s，通过设定寄存器值，可得相应波特率。USART1和USART6使用APB2总线时钟，最高频率为90 MHz，其他USART最高频率为45 MHz。对于USART1，f_{PLCK}=90 MHz。当使用16倍过采样时即OVER8=0，为得到115 200 bit/s的波特率，此时：

$$115\,200 = \frac{90\,000\,000}{8 \times 2 \times USARTDIV}$$

解得USARTDIV=48.825 125，可算得DIV_Fraction=0xD，DIV_Mantissa=0x30，即应该设置USART_BRR的值为0x30D。计算DIV_Fraction时经常出现小数，经过取舍得到整数，这样会使最终输出的波特率较目标值略有偏差。由USART_BRR的值为0x30D，可得DIV_Fraction=13，DIV_Mantissa=48，所以USARTDIV=48+16*0.13=48.812 5，所以实际波特率为115 237；这个值跟目标波特率误差为0.03%，此误差在正常通信的允许范围内。

8倍过采样时计算情况原理是一样的。

5. 校验控制

STM32F4xx系列芯片USART支持奇偶校验。当使用校验位时，串口传输的数据长度将是8位数据位加上1位校验位总共9位，此时USART_CR1寄存器的M位需要设置为1，即9数据位。将USART_CR1寄存器的PCE位置1就可以启动奇偶校验控制，奇偶校验由硬件自动完成。启动了奇偶校验控制之后，在发送数据帧时会自动添加校验位，接收数据时自动验证校验位。接收数据时如果出现奇偶校验位验证失败，USART_SR寄存器的PE位置1，并使奇偶校验中断。

使能奇偶校验控制后，每个字符帧的格式将变成：起始位+数据帧+校验位+停止位。

6. 中断控制

USART有多个中断请求事件，具体见表7-4。

表7-4 USART中断请求

中断事件	事件标志	使能控制位
发送数据寄存器为空	TXE	TXEIE
CTS标志	CTS	CTSIE
发送完成	TC	TCIE
准备好读取接收到的数据	RXNE	RXNEIE
检测到上溢错误	ORE	
检测到空闲线路	IDLE	IDLEIE
奇偶校验错误	PE	PEIE
断路标志	LBD	LBDIE
多缓冲通信中的噪声标志、上溢错误和帧错误	NF/ORE/FE	EIE

7.3.3 需要新增用到的固件库函数

程序采用固件库函数方式编程，必然会涉及以下固件库函数：

①void RCC_APB1PeriphClockCmd (uint32_t RCC_AHB1Periph, FunctionalState NewState)

调用固件库函数，开启或关闭UART口所在AHB总线的时钟。

例如：RCC_APB1PeriphClockCmd(RCC_APB1Periph_USART2, ENABLE)

②void GPIO_PinAFConfig (GPIO TypeDef* GPIOx, uint16_t GPIO_PinSource, uint8_t GPIO_AF)

调用固件库函数，将GPIOx端口的某引脚与GPIO第二功能绑定，如UART接收或发送。

例如：GPIO_PinAFConfig(GPIOD, GPIO_PinSource6, GPIO_AF_USART2)

GPIO_PinAFConfig(GPIOD,GPIO_PinSource5, GPIO_AF_USART2)

③void USART_DeInit (USART TypeDef* USARTx)

调用固件库函数，将某个USART口复位。

例如：USART_DeInit(USART2)

④void USART_Init (USART TypeDef* USARTx, USART InitTypeDef * USART_InitStruct)

调用固件库函数，按USART_InitStruct指定的参数，对USART进行初始化。

例如：USART_Init(USART2, &USART_InitStructure)

⑤void USART_ITConfig (USART TypeDef* USARTx, uint16_t USART_IT, FunctionalState NewState)

调用固件库函数，使能或失能所指定的USART接收、发送或某种中断。

例如：USART_ITConfig(USART2, USART_IT_RXNE, ENABLE)

⑥void USART_Cmd (USART TypeDef* USARTx, FunctionalState NewState)

调用固件库函数,使能或失能所指定的USART外设。

例如:USART_Cmd(USART2, ENABLE)

⑦void USART_ClearFlag (USART TypeDef* USARTx, uint16_t USART_FLAG)

调用固件库函数,清除USART口的标志。

例如:USART_ClearFlag(USART2, USART_FLAG_TC)

⑧void USART_ReceiveData (USART TypeDef* USARTx)

调用固件库函数,读取USART口接收到的数据。

例如:USART_ReceiveData(USART2)

⑨void USART_GetFlagStatus (USART TypeDef* USARTx, uint16_t USART_FLAG)

调用固件库函数,检查指定的USART标志为0还是为1。

例如:USART_GetFlagStatus(USART2, USART_FLAG_TXE)

⑩void USART_SendData (USART TypeDef* USARTx, uint16_t Data)

调用固件库函数,通过指定的USART口发送单个数据。

例如:USART_SendData(USART2, *(str + k))

7.4 实验内容

掌握串口通信基本原理,理解物理层和协议层的主要内容。理解片内UART外设工作原理。基于固件库函数,设计开发基于UART的串口通信收发应用程序,调试通过并下载到开发板,实现开发板与计算机之间的串口通信。

7.5 实验步骤

7.5.1 实验前准备

(1)检查Keil 5是否正确安装,已建工程是否可用;

(2)检查仿真器是否可用;

(3)检查开发板是否可用;

(4)检查开发板与计算机之间的串口通信硬件连接是否可用;

(5)检查计算机上串口调试助手是否正确安装,是否正常可用;

(6)检查各实验设备是否与程序相对应;

(7)检查是否已经理解实验原理。

7.5.2 实验步骤

7.5.2.1 项目工程

采用实验1的方法建立本实验基础工程。在实验2的基础上,借鉴参考其GPIO初始化配置。在实验3、4的基础上,借鉴参考其NVIC配置、中断外设配置、中断服务程序以及参数传递等编程方法。在本实验中，设计开发UART串口通信应用程序。

7.5.2.2 功能分析

嵌入式开发板在上电后，采用查询发送方式，通过UART口向计算机发送两组提示信息字符串，计算机上通过串口调试助手，接收显示该上传信息。在计算机串口调试助手环境中，首先输入若干个准备下发的数据，由3A开头，0A结束，每个数据与数据之间采用空格分开，然后，选择以“十六进制发送”，再点击串口调试助手中的“手动发送”按钮，将数据从计算机端发送。在嵌入式开发板上，采用中断接收方式，通过UART口接收计算机发送的数据，如果第一个数据不是3A，则不将接收的数据转存至数据缓冲区；如果第一个数据是3A，则将接收到的数据逐个转存至数据缓冲区；如果接收的数据是0A，说明数据帧已经接收完毕，将该字节数据转存至数据缓冲区中，并置位发送标志。嵌入式开发板在接收完毕数据帧后，根据之前已经被置位的发送标志，通过UART口向计算机发送一个字节数据。最后，采用中断发送方式，将接收到数据帧中的全部数据逐个发送给计算机，计算机串口调试助手上显示所接收的返回数据，并检查与之前下发的数据是否一致。

7.5.2.3 程序框架设计

整个程序将由“NVIC配置函数”、“UART配置函数”、“字符串发送函数”、“UART中断服务程序”、“主程序”组成。其中，“主程序”又包含“初始化”、“无限循环实现功能”两个部分组成。

7.5.2.4 子函数设计开发

1.NVIC配置函数(需根据不同硬件电路进行调整)

(1)MCU为STM32F407系列且使用USART2口进行通信时

将NVIC配置独立在一个函数中处理，主要包括：

a.首先，定义一个UART2相关的NVIC结构体变量NVIC_UART2_InitStructure，便于后续对该结构体中元素赋值，用于存储NVIC的配置。

b.然后，调用库函数NVIC_PriorityGroupConfig(NVIC_PriorityGroup_2)来对NVIC进行了优先级分组，2位抢占式优先级，2位子优先级。

c.进而，向NVIC初始化结构体赋值，UART2中断、开中断、抢占式优先级为1、子优先级为1。

d.接着使用以上定义的结构体参数，调用NVIC_Init(&NVIC_UART2_InitStructure)函数，完成UART2相关的NVIC初始化。

```
/* 配置可屏蔽向量中断控制器NVIC */
static void NVIC_Config(void)
{
  /* 定义一个结构体变量 */
  NVIC_InitTypeDef NVIC_UART2_InitStructure;
```

```
    /* 设置优先级分组为2,4个抢占式优先级,4个子优先级 */
    NVIC_PriorityGroupConfig(NVIC_PriorityGroup_2);

    /* 配置NVIC,使能并设置USART2_IRQn中断,设置中断优先级为次高优先级 */
    NVIC_UART2_InitStructure.NVIC_IRQChannel = USART2_IRQn;
    NVIC_UART2_InitStructure.NVIC_IRQChannelPreemptionPriority = 1;
    NVIC_UART2_InitStructure.NVIC_IRQChannelSubPriority = 1;
    NVIC_UART2_InitStructure.NVIC_IRQChannelCmd = ENABLE;
    /* 调用固件库函数,按所设置参数,初始化NVIC */
    NVIC_Init(&NVIC_UART2_InitStructure);
}
```

(2)MCU为STM32F429系列且使用USART1口进行通信时

与前述STM32F407系列嵌入式微控制器相关配置方法基本一致,只需把UART2改成UART1,以便适应硬件的实际情况。

```
/* 配置可屏蔽向量中断控制器NVIC */
static void NVIC_Config(void)
{
    /* 定义一个结构体变量 */
    NVIC_InitTypeDef NVIC_UART1_InitStructure;

    /* 设置优先级分组为2,4个抢占式优先级,4个子优先级 */
    NVIC_PriorityGroupConfig(NVIC_PriorityGroup_2);

    /* 配置NVIC,使能并设置USART2_IRQn中断,设置中断优先级为次高优先级 */
    NVIC_UART1_InitStructure.NVIC_IRQChannel = USART1_IRQn;
    NVIC_UART1_InitStructure.NVIC_IRQChannelPreemptionPriority = 1;
    NVIC_UART1_InitStructure.NVIC_IRQChannelSubPriority = 1;
    NVIC_UART1_InitStructure.NVIC_IRQChannelCmd = ENABLE;
    /* 调用固件库函数,按所设置参数,初始化NVIC */
    NVIC_Init(&NVIC_UART1_InitStructure);
}
```

2.UART配置函数(需根据不同硬件电路进行调整)

(1)MCU为STM32F407系列且使用USART2口通信时

将UART2中断配置和GPIO配置都在一个函数中处理,主要包括:

a. 首先，定义两个结构体变量，分别为GPIO结构体变量GPIO_InitStructure和UART2结构体变量USART2_InitStructure，便于后续对该结构体中元素赋值，用于存储对GPIO、UART2的配置。

b. 然后，调用库函数RCC_AHB1PeriphClockCmd(RCC_AHB1Periph_GPIOA, ENABLE)和 RCC_APB1PeriphClockCmd(RCC_APB1Periph_USART2, ENABLE)，来使能GPIO和UART2的外设时钟。

c. 向GPIO_InitStructure结构体变量赋值，设PA2、PA3为复用功能。

d. 使用新定义的结构体参数，调用GPIO_Init(GPIOA, &GPIO_InitStructure)函数，完成UART2通信所有用到的两个GPIO引脚配置。

e. 调用库函数GPIO_PinAFConfig(GPIOA, GPIO_PinSource3, GPIO_AF_USART2)和GPIO_PinAFConfig(GPIOA,GPIO_PinSource2, GPIO_AF_USART2)，来将PA2、PA3两个引脚与UART2的发送引脚和接收引脚功能绑定。

f. 调用库函数USART_DeInit(USART2)，将UART2复位。

g. 向USART2_InitStructure结构体变量赋值，比特率115200bps，8位数据位，1个停止位，无校验位，不启用硬件流控制，同时使能收发功能。

h. 使用新定义的结构体参数，调用USART_Init(USART2, &USART2_InitStructure)函数，完成UART2口的参数配置。

i. 调用USART_ITConfig(USART2, USART_IT_RXNE, ENABLE)函数，开启接收中断功能。

j. 调用USART_Cmd(USART2, ENABLE)函数，开启UART2通信功能。

k. 调用USART_ClearFlag(USART2, USART_FLAG_TC)，清除发送成功标志，避免第一个字节发不出去。

l. 调用USART_ReceiveData(USART2)函数，清空接收寄存器。

```
//* UART2口配置函数 *//
void USART2_Config(void)
{
  /* 定义两个结构体变量，分别为GPIO_InitStructure和USART2_InitStructure */
  GPIO_InitTypeDef GPIO_InitStructure;
  USART_InitTypeDef USART2_InitStructure;

  /* 使能TX和RX引脚的GPIO时钟（A口）和USART2外设时钟 */
  RCC_AHB1PeriphClockCmd(RCC_AHB1Periph_GPIOA, ENABLE);
  RCC_APB1PeriphClockCmd(RCC_APB1Periph_USART2, ENABLE);

  /* 配置USART2_Tx和USART2_Rx引脚为复用功能 */
```

```
/* 选择要控制的GPIO引脚,USART2_TX--GPIO_Pin_2,USART2_RX--GPIO_Pin_3 */
GPIO_InitStructure.GPIO_Pin = GPIO_Pin_2 | GPIO_Pin_3;
/* 设置工作模式为复用功能模式 */
GPIO_InitStructure.GPIO_Mode = GPIO_Mode_AF;
/* 设置引脚速率为 50MHz */
GPIO_InitStructure.GPIO_Speed = GPIO_Speed_50MHz;
/* 设置引脚类型为推挽型 */
GPIO_InitStructure.GPIO_OType = GPIO_OType_PP;
/* 设置引脚为上拉方式 */
GPIO_InitStructure.GPIO_PuPd = GPIO_PuPd_UP;

/* 调用固件库函数,按所设置的参数,初始化GPIO的A端口 */
GPIO_Init(GPIOA, &GPIO_InitStructure);

/* 连接PA3到USART2_Rx,PA2到USART2_Tx */
GPIO_PinAFConfig(GPIOA,GPIO_PinSource3, GPIO_AF_USART2);
GPIO_PinAFConfig(GPIOA,GPIO_PinSource2, GPIO_AF_USART2);

/* 配置USART2工作参数 */
/* 先将USART2复位 */
USART_DeInit(USART2);
/* 串口波特率设置 */
USART2_InitStructure.USART_BaudRate = 115200;
/* 数据字长8位 */
USART2_InitStructure.USART_WordLength = USART_WordLength_8b;
/* 1个停止位 */
USART2_InitStructure.USART_StopBits = USART_StopBits_1;
/* 无校验位 */
USART2_InitStructure.USART_Parity = USART_Parity_No ;
/* 不使用硬件流控制*/
USART2_InitStructure.USART_HardwareFlowControl = USART_HardwareFlowControl_
None;
/* USART模式:同时使能接收和发送 */
USART2_InitStructure.USART_Mode = USART_Mode_Rx | USART_Mode_Tx;
```

```
    /*调用固件库函数,按所设置的参数,初始化USART2*/
    USART_Init(USART2, &USART2_InitStructure);

    /* 配置USART2中断—接收中断 */
    USART_ITConfig(USART2, USART_IT_RXNE, ENABLE);
    /* 使能USART2外设 */
    USART_Cmd(USART2, ENABLE);
    /* 请发送成功标志—避免第一个字节发送不出去 */
    USART_ClearFlag(USART2, USART_FLAG_TC);
    /* 读一次接收寄存器,清空接收寄存器 */
    USART_ReceiveData(USART2);
}
```

(2)MCU为STM32F429系列且使用USART1口通信时

与前述STM32F407系列嵌入式微控制器相关配置方法基本一致,只需把UART2改成UART1,PA2、PA3改成PA9、PA10,以便适应硬件的实际情况。

```
//* UART1口配置函数 *//
void USART1_Config(void)
{
    /* 定义两个结构体变量,分别为GPIO_InitStructure和USART1_InitStructure */
    GPIO_InitTypeDef GPIO_InitStructure;
    USART_InitTypeDef USART1_InitStructure;

    /* 使能TX和RX引脚的GPIO时钟(A口)和USART1外设时钟 */
    RCC_AHB1PeriphClockCmd(RCC_AHB1Periph_GPIOA, ENABLE);
    RCC_APB2PeriphClockCmd(RCC_APB2Periph_USART1, ENABLE);

    /* 配置USART1_Tx和USART1_Rx引脚为复用功能 */
    /* 选择要控制的GPIO引脚,USART1_TX--GPIO_Pin_9,USART1_RX--GPIO_Pin_10*/
    GPIO_InitStructure.GPIO_Pin = GPIO_Pin_9 | GPIO_Pin_10;
    /* 设置工作模式为复用功能模式 */
    GPIO_InitStructure.GPIO_Mode = GPIO_Mode_AF;
    /* 设置引脚速率为50MHz */
    GPIO_InitStructure.GPIO_Speed = GPIO_Speed_50MHz;
    /* 设置引脚类型为推挽型 */
```

```
GPIO_InitStructure.GPIO_OType = GPIO_OType_PP;
/* 设置引脚为上拉方式 */
GPIO_InitStructure.GPIO_PuPd = GPIO_PuPd_UP;

/* 调用固件库函数,按所设置的参数,初始化GPIO的A端口 */
GPIO_Init(GPIOA, &GPIO_InitStructure);

/* 连接PA10到USART1_Rx,PA9到USART1_Tx */
GPIO_PinAFConfig(GPIOA,GPIO_PinSource10, GPIO_AF_USART1);
GPIO_PinAFConfig(GPIOA,GPIO_PinSource9, GPIO_AF_USART1);

/* 配置USART1工作参数 */
/* 先将USART1复位 */
USART_DeInit(USART1);
/* 串口波特率设置 */
USART1_InitStructure.USART_BaudRate = 115200;
/* 数据字长8位 */
USART1_InitStructure.USART_WordLength = USART_WordLength_8b;
/* 1个停止位 */
USART1_InitStructure.USART_StopBits = USART_StopBits_1;
/* 无校验位 */
USART1_InitStructure.USART_Parity = USART_Parity_No ;
/* 不使用硬件流控制*/
USART1_InitStructure.USART_HardwareFlowControl = USART_HardwareFlowControl_
None;
/* USART模式:同时使能接收和发送 */
USART1_InitStructure.USART_Mode = USART_Mode_Rx | USART_Mode_Tx;

/*调用固件库函数,按所设置的参数,初始化USART1*/
USART_Init(USART1, &USART1_InitStructure);

/* 配置USART1中断—接收中断 */
USART_ITConfig(USART1, USART_IT_RXNE, ENABLE);
/* 使能USART1外设 */
USART_Cmd(USART1, ENABLE);
```

```
    /* 请发送成功标志—避免第一个字节发送不出去 */
    USART_ClearFlag(USART1, USART_FLAG_TC);
    /* 读一次接收寄存器,清空接收寄存器 */
    USART_ReceiveData(USART1);
}
```

3.字符串发送函数(需根据不同硬件电路进行调整)

(1)MCU为STM32F407系列且使用USART2通信时

该函数的主要功能就是将一个字符串按照查询方式,逐个发送出去。

```
void Usart_SendString( USART_TypeDef * pUSARTx, uint8_t *str)
{
  unsigned int k=0;
  do
  {
    /* 发送一个字节数据到USART2 */
    USART_SendData(USART2, *(str + k));
    /* 等待该字节数据通过UART2口硬件发送完毕 */
    while (USART_GetFlagStatus(USART2, USART_FLAG_TC) == RESET)
    {
    }
    /* 准备查询是否还有下一个字节数据需要发送 */
    k++;
  } while(*(str + k)!='\0');
}
```

(2)MCU为STM32F429系列且使用USART1口通信时

该函数的主要功能就是将一个字符串按照查询方式,逐个发送出去。与前述STM32F407的基本一致,只需要把USART2改成USART1即可。

```
void Usart_SendString( USART_TypeDef * pUSARTx, uint8_t *str)
{
  unsigned int k=0;
  do
  {
```

```
        /* 发送一个字节数据到USART1 */
        USART_SendData(USART1, *(str + k));
        /* 等待该字节数据通过UART1口硬件发送完毕 */
        while (USART_GetFlagStatus(USART1, USART_FLAG_TC) == RESET)
        {
        }
        /* 准备查询是否还有下一个字节数据需要发送 */
        k++;
    } while(*(str + k)!='\0');
}
```

4.USART中断服务程序(需根据不同硬件电路进行调整)

(1)MCU为STM32F407系列且使用USART2口通信时

USART中断服务程序会用到在主程序定义的全局变量Rxflag、ucaRxBuf[128]、usRxCount、usTxCount,因此,需要在这个文件的最上面声明一下:

```
extern uint8_t Rxflag;
extern uint8_t ucaRxBuf[128];
extern uint16_t usRxCount;
extern uint16_t usTxCount;
```

说明它是一个在其他地方声明的全局变量。接下来,USART2中断服务程序主要包括:

a.先定义一个局部变量ucTemp,便于在接收中断服务程序中对数据进行处理。

b.调用库函数USART_GetITStatus(USART2, USART_IT_RXNE),将返回的结果与RESET对比,如果是接收中断,则继续执行下一步骤,如果不是接收中断,则会跳到第h步,判断是否发送中断。

c.从接收寄存器读取数据到局部变量。

d.如果是收到的第一个字节数据,但又不是3A,则放弃转存处理。

e.如果是收到的最后一个字节数据,则置位接收完毕标志,便于启动发送过程。

f.如果是收到的中间数据,则转存到接收缓冲区。

g.清除接收中断标志,准备退出中断服务程序。

h.调用库函数USART_GetITStatus(USART2, USART_IT_TC),将返回的结果与RESET对比,如果是发送中断,则继续执行下一步骤,如果不是接收中断,则会跳到第l步,直接退出本中断服务程序。

i.判断有没有将数据缓冲区里的数据发完,如果没有,则继续发送。

j.如果已经发完,则不再发送。

k.清除发送中断标志位,准备退出中断服务程序。

l.退出中断服务程序。

```
/***** USART2 中断服务程序 *****/
void USART2_IRQHandler(void)
{
  // 定义局部变量,用于接收中断服务程序的判断处理
  uint8_t ucTemp;

  /* 每接收到一个字节数据,就会进入此接收中断处理程序一次 */
  if(USART_GetITStatus( USART2, USART_IT_RXNE ) != RESET)  // 判断是否接收中断
  {
    /* 将接收寄存器中收到的数据读取给局部变量 */
    ucTemp = USART_ReceiveData( USART2 );
    /* 判断收到的第一个字节数据是否不等于0x3A,如不等,则数据不转存到接收缓冲区 */
    if ((usRxCount == 0) && (ucTemp!=0x3A))
    {
      ucTemp = 0;
    }
    /* 判断是否收到数据帧的最后一个字节0x0A,如是,置接收完毕标志,*/
    /* 发送返回的字节计数清零,已收到字节计数为实际数据 */
    else if (ucTemp == 0x0A)  /* 换行字符 */
    {
      Rxflag=1;
      usTxCount = 0;
      ucaRxBuf[usRxCount] = ucTemp;
    }
    /* 将收到的数据转存到接收缓冲区,并对已收到字节数据进行计数 */
    else
    {
      ucaRxBuf[usRxCount] = ucTemp;
      usRxCount++;
    }
    /* 清除接收中断标志位 */
    USART_ClearFlag(USART2, USART_FLAG_RXNE);
 }
```

```
    /* 每发送完一个字节数据，就会进入此发送中断处理程序一次*/
    else if(USART_GetITStatus( USART2, USART_IT_TC ) != RESET)  //判断是否发送中断
    {
      /* 如果之前收到的数据没有发送出去完，则继续将剩余数据发送出去*/
      if (usTxCount < (usRxCount))
      {
        usTxCount++;
        USART_SendData(USART2, ucaRxBuf[usTxCount]);
      }
      /*如果之前收到的数据已经发送出去完，则不再发送数据 */
      else
      {
        usRxCount = 0;
        usTxCount = 0;
      }
      /* 清除发送中断标志 */
      USART_ClearFlag(USART2, USART_FLAG_TC);
    }
    /* 如果不是USART2 中断，则不作处理 */
    else
    {
      /* 什么都不做 */
    }
}
```

(2)MCU 为 STM32F429 系列且使用 USART1 口通信时

与前述 STM32F407 的基本一致，只需要把 USART2 改成 USART1 即可。

```
/***** USART1 中断服务程序 *****/
void USART1_IRQHandler(void)
{
  // 定义局部变量，用于接收中断服务程序的判断处理
  uint8_t ucTemp;

  /* 每接收到一个字节数据，就会进入此接收中断处理程序一次 */
  if(USART_GetITStatus( USART1, USART_IT_RXNE ) != RESET)  // 判断是否接收中断
```

```
{
  /* 将接收寄存器中收到的数据读取给局部变量 */
  ucTemp = USART_ReceiveData( USART1 );
  /* 判断收到的第一个字节数据是否不等于0x3A,如不等,则数据不转存到接收缓冲区 */
  if ((usRxCount == 0) && (ucTemp!=0x3A))
  {
    ucTemp = 0;
  }
  /* 判断是否收到数据帧的最后一个字节0x0A,如是,置接收完毕标志,*/
  /* 发送返回的字节计数清零,已收到字节计数为实际数据 */
  else if (ucTemp == 0x0A)  /* 换行字符 */
  {
    Rxflag=1;
    usTxCount = 0;
    ucaRxBuf[usRxCount] = ucTemp;
  }
  /* 将收到的数据转存到接收缓冲区,并对已收到字节数据进行计数 */
  else
  {
    ucaRxBuf[usRxCount] = ucTemp;
    usRxCount++;
  }
  /* 清除接收中断标志位 */
  USART_ClearFlag(USART1, USART_FLAG_RXNE);
}
/* 每发送完一个字节数据,就会进入此发送中断处理程序一次*/
else if(USART_GetITStatus( USART1, USART_IT_TC ) != RESET)  //判断是否发送中断
{
  /* 如果之前收到的数据没有发送出去完,则继续将剩余数据发送出去*/
  if (usTxCount < (usRxCount))
    {
      usTxCount++;
      USART_SendData(USART2, ucaRxBuf[usTxCount]);
    }
    /*如果之前收到的数据已经发送出去完,则不再发送数据 */
```

```
        else
        {
          usRxCount = 0;
          usTxCount = 0;
        }
        /* 清除发送中断标志 */
        USART_ClearFlag(USART1, USART_FLAG_TC);
    }
    /* 如果不是USART1中断,则不作处理 */
    else
    {
    /* 什么都不做 */
    }
}
```

7.5.2.5 主程序设计开发

1.MCU为STM32F407系列且使用USART2口通信时

在main程序中，首先，需要在最头部，定义全局变量uint8_t Rxflag=0、uint8_t ucaRxBuf[128]=0、uint8_t usRxCount=0、uint8_t usTxCount=0，以便USART中断服务程序与主程序之间传递参数；其次，要对NVIC、USART进行初始化；然后，以查询发送两组字符串；之后，再开启发送中断；需要在一个无限循环中编写代码，将接收数据缓冲区中收到的第一个字节数据发送出去，相当于启动了发送过程，剩余字节由中断服务程序发送。因此，主程序包含如下几部分：

（1）调用函数NVIC_Config，初始化NVIC；

（2）调用函数USART2_Config，初始化USART；

（3）调用函数Usart_SendString()，发送两组字符床；

（4）调用函数USART_ITConfig ()和USART_ClearFlag ()，开启发送中断；

（5）在while无限循环中，发送一个字节数据。

```
#include "stm32f4xx.h"
uint8_t Rxflag=0;        //数据接收完成标志
uint8_t ucaRxBuf[128];  //接收数据缓冲区
uint16_t usRxCount=0;    //接收字节计数
uint16_t usTxCount=0;    //发送字节计数
int main(void)
```

```
{
  /* 配置NVIC */
  NVIC_Config();

  /* 初始化USART2,配置模式为 115200 8-N-1,中断接收 */
  USART2_Config();
  /* UART2以查询方式发送提示字符串 */
  Usart_SendString( USART2, (uint8_t *)"自定义函数输出:这是一个串口中断接收回
  显实验\r\n" );
  Usart_SendString( USART2, (uint8_t *)"输入数据并以回车键结束\r\n" );
  /* 使能中断方式发送数据*/
  USART_ITConfig(USART2, USART_IT_TC, ENABLE);
  USART_ClearFlag(USART2, USART_FLAG_TC);

  while(1)
  {
   /*UART2接收完数据帧后(Rxflag=1),主动发送第一个字节数据,其他数据则由
   中断服务程序完成发送 */
   if (Rxflag)
   {
     USART_SendData(USART2, ucaRxBuf[0]);
     Rxflag=0;
   }
   else
         {
         }
   }
}
```

2.MCU为STM32F429系列且使用USART1口通信时

与前述STM32F407的基本一致,只需要把USART2改成USART1即可。

```
#include "stm32f4xx.h"
uint8_t Rxflag=0;        //数据接收完成标志
uint8_t ucaRxBuf[128];  //接收数据缓冲区
uint16_t usRxCount=0;   //接收字节计数
```

```
uint16_t usTxCount=0;   //发送字节计数
int main(void)

{
  /* 配置 NVIC */
  NVIC_Config();

  /* 初始化USART1,配置模式为 115200 8-N-1,中断接收 */
  USART1_Config();

  /* UART1以查询方式发送提示字符串 */
  Usart_SendString( USART1, (uint8_t *)"自定义函数输出:这是一个串口中断接收回
  显实验\r\n" );
  Usart_SendString( USART1, (uint8_t *)"输入数据并以回车键结束\r\n" );

  /* 使能中断方式发送数据*/
  USART_ITConfig(USART1, USART_IT_TC, ENABLE);
  USART_ClearFlag(USART1, USART_FLAG_TC);

  while(1)
  {
    /*UART1接收完数据帧后(Rxflag=1),主动发送第一个字节数据,其他数据则由
    中断服务程序完成发送 */
    if (Rxflag)
    {
      USART_SendData(USART1, ucaRxBuf[0]);
      Rxflag=0;
    }
    else
          {
          }
    }
}
```

7.6 实验要求

(1)能够深入掌握USART基本概念与原理;

(2)能够理解UART查询方式发送数据和中断方式收发数据的设计思想;

(3)能够根据功能要求,开发应用程序;

(4)能够编译下载程序至目标机并正确运行;

(5)填写实验报告。

a.按照实验报告的要求统一格式,填写实验报告;

b.简述实际用到的USART的基本概念与原理;

c.简述实际用到的UART查询方式发送数据和中断方式收发数据的方法;

d.简述开发应用程序的结构及功能;

e.尽可能充分体现出设计和开发技巧;

f.在实验总结栏中给出实验结果、分析以及得到的结论。

7.7 思考题

(1)采用查询方式完成USART接收通信有什么不利之处?

(2)采用查询方式完成USART发送通信有什么不利之处?

(3)为什么发送在采用中断方式通信时,第一个字节还是需要程序控制启动发送?

(4)主程序与中断服务程序之间如何传数据?

(5)如何完成国产嵌入式微控制器的相关工作?

实验8 RS485通信

8.1 实验目的

(1)理解RS485通信的概念、协议及工作原理。
(2)理解RS485通信的硬件电路连接
(3)掌握RS485通信程序开发方法。
(4)掌握固件库编程完成RS485通信用到的固件库函数。
(5)编程实现RS485通信功能。
(6)鼓励和引导使用国产嵌入式微控制器芯片进行应用开发。

8.2 实验设备

- PC计算机
- Cortex-M系列嵌入式微控制器为核心的开发板
- 仿真器
- MDK 5 (Keil 5)集成调试环境软件
- 串口调试助手软件
- USB转串口CH340线缆及驱动

8.3 实验原理

8.3.1 RS485通信基本原理

RS485是一种工业控制环境中常用的通信协议,它具有抗干扰能力强、传输距离远的特点,也保留了串口通信应用简单的特点。

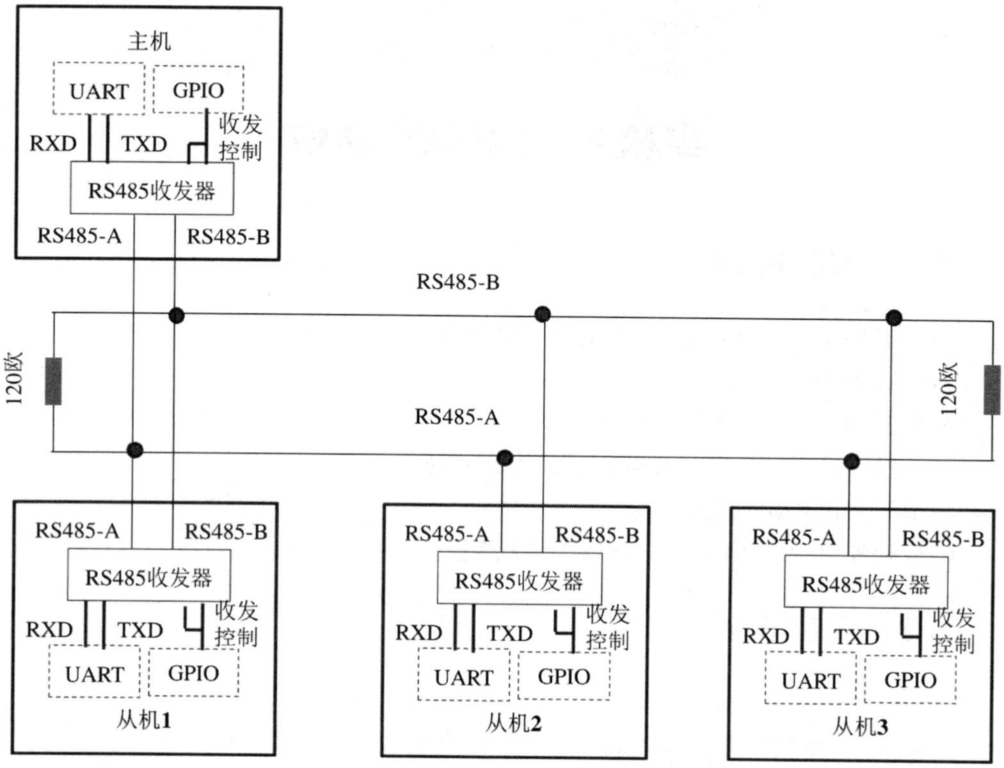

图8-1　RS485总线通信

(1)物理层

差分信号线有很强的干扰能力，特别适用于电磁环境复杂的工业控制环境，RS485把采用差分信号方式通信，从而提高抗干扰能力，其通信总线结构如图8-1。

在RS485通信总线中，每个节点都由一个UART控制器、GPIO控制收发引脚和一个RS485收发器组成。UART使用RX与TX信号线，采用TTL信号传输，连接到RS485收发器上；GPIO的一个引脚作为半双工通信收发控制的引脚，连接在RS485收发器上，负责切换通信的接收和发送；RS485收发器通过A、B两根差分线，使用差分信号传输，连接到通信总线。发送数据时，UART的TX信号经过RS485收发器转换成差分信号传输到总线上，而接收数据时，RS485收发器把总线上的差分信号转化成TTL信号通过RX引脚传输到UART中。

RS485通信总线的最大传输距离可达1200米，总线上可挂载128个通信节点，两个端头处需要加装两个120欧姆终端电阻。由于RS485总线只有一对差分信号线，使用差分信号来表达逻辑，当A、B两线间的电压差为-6—-2V时表示逻辑1，当电压差为+2—+6V表示逻辑0，半双工通信方式，与常见的RS232通信特性对比见表8-1。

表8-1 RS232/485特性对比表

通信标准	信号线	通信方式	电平标准	通信距离	通信节点
RS232	单端TXD、RXD、GND	全双工	逻辑1:-15—-3V 逻辑0:+3—+15V	15米以内	只有两个节点
RS485	差分线AB	半双工	逻辑1:-6—-2V 逻辑0:+2—+6V	1200米	支持多个节点

(2)协议层

RS485与RS232的差异主要体现在物理层,协议层可以相同,仍然使用串口数据包形式传输数据。因此,可以继承实验7中的基础协议,完成本次RS485通信实验。

由于RS485有较好的组网能力,在基础协议之外,使用更多的是MODBUS协议,广泛应用在工业控制网络中。基础协议是指实验7中用于封装基本数据包格式的协议(基于数据位),而MODBUS协议是使用基本数据包组合成通信帧格式的高层应用协议(基于数据包或字节)。MODBUS协议由大家另行自主学习,作为后续综合性实验的内容再选择性开展。

8.3.2 RS485通信的基本设计思想

由于RS485与RS232的协议层没有区别,在进行通信时,同样是使用STM32的USART外设作为通信节点中的串口控制器,外接一个RS485收发器芯片把USART外设的TTL电平信号转化成RS485的差分信号即可。比较重要的是RS485采用的半双工通信方式。因此,需要对RS485收发器进行控制,什么时候是接收,什么时候是发送,要实现此控制功能,可以采用微控制器单独的一个引脚输出,来控制收发器的收/发切换,也可以采用纯硬件的方法来实现,本实验将采用前者。

8.3.3 RS485通信接口电路

开发板中RS485收发器芯片(型号:MAX485)的R引脚连接到板上跳线连接J60的1脚上,D引脚连接到了板上跳线连接J60的2脚上,收发控制引脚、DE直接连接到嵌入式微控制器GPIO的PD11引脚上,如图8-2所示。

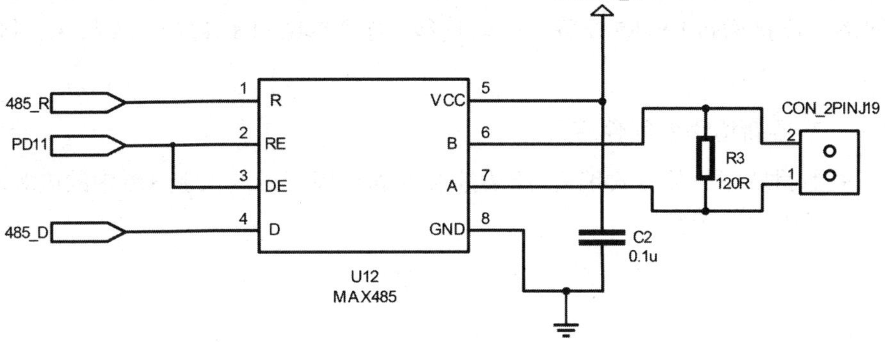

图8-2 RS485收发器接口电路

因为RS485只能以半双工形式工作，所以需要切换收发器的工作状态。MAX485芯片中的、DE两个引脚用于控制485芯片的收发工作状态，当引脚为低电平时，485芯片处于接收状态，当DE引脚为高电平时芯片处于发送状态。将嵌入式微控制器的PD11直接连接这两个引脚，就可以通过控制PD11的输出电平，控制RS485的收发状态。收发器使用它的A、B引脚连接RS485总线网络，为了方便使用，开发板的A、B间连接了1个120欧姆的电阻，作为RS485总线的端电阻。注意如果把开发板作为一个普通节点，连接现有的RS485总线时不应添加该电阻。

在实验前，参考图8-3所示，需要用跳线帽将J1的1脚与J3的1脚短接，将J2的2脚与J3的2脚短接，也就是将UART2的TXD引脚与RS485收发器的D引脚之间连接起来，将UART2的RXD引脚与RS485收发器的R引脚之间连接起来。

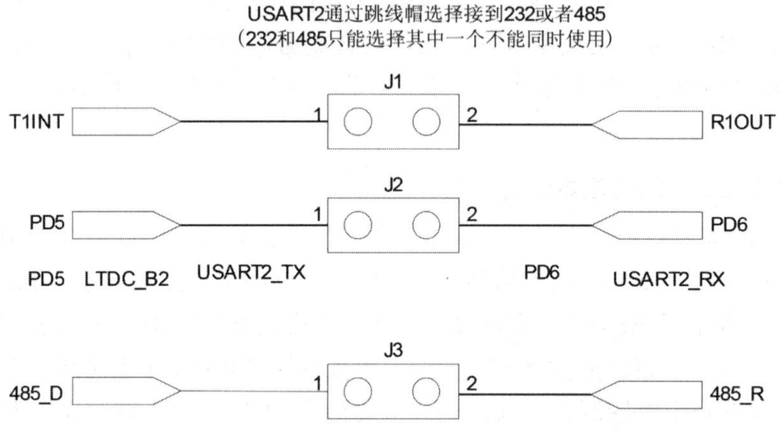

图8-3　UART2与RS-485收发器之间的跳线连接

参考图8-3，将串口控制器USART2外设的TXD和RXD两个引脚(PD5和PD6)，通过跳线帽分别短接485-D和485-R，参见图8-4的实物连接示意进行操作，另外，还需要注意把5V与C/4-5V间也用跳线帽连接起来。

本实验用两台设备来完成RS485双机通信实验，其中，一台设备作为主机，另一台设备作为从机，将使用导线把两块开发板引出的A和B两条总线连接起来，才能构成完整的RS485网络。连接两台RS485设备之间通信线，仍然参见图8-4操作，A与A连接，B与B连接即可。

8.3.4　需要新增用的固件库函数

程序采用固件库函数方式编程，所要涉及的固件库函数与实验3、5中的内容一致，没有用其他新增固件库函数。

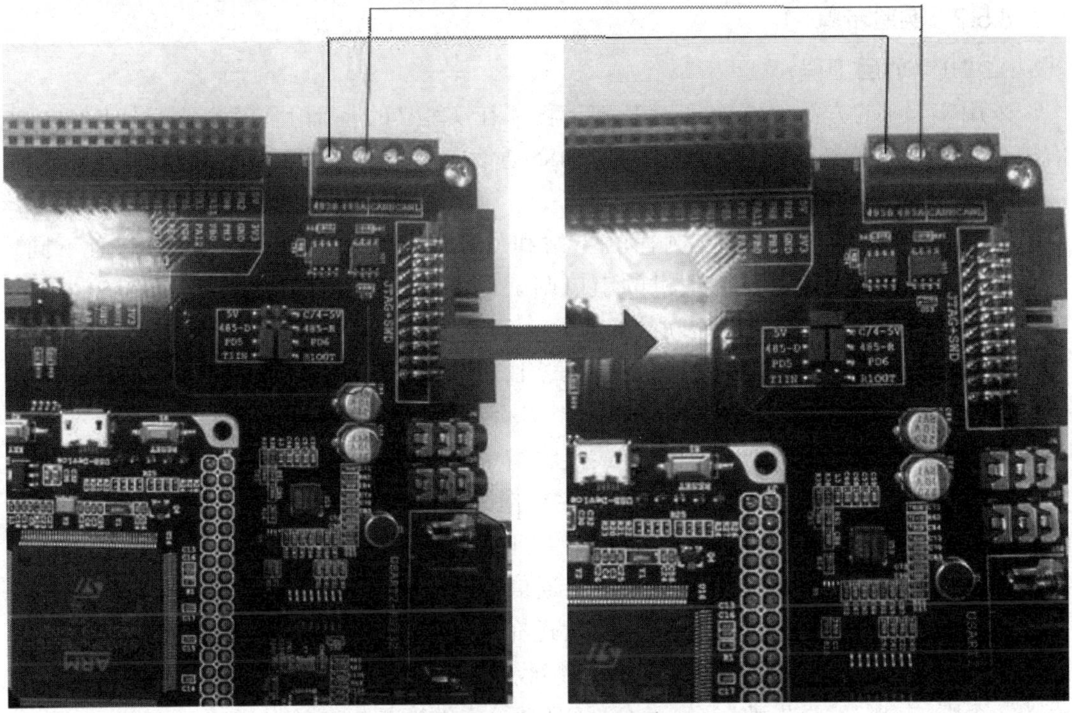

图8-4　实物跳线及RS-485收发器连线

8.4　实验内容

掌握RS485通信基本原理。理解RS485通信的软件、硬件设计基本思想。基于固件库函数,设计开发基于UART的RS485通信收发应用程序,调试通过并下载到开发板,实现开发板间的RS485通信。

8.5　实验步骤

8.5.1　实验前准备

(1)检查Keil 5是否正确安装,已建工程是否可用;

(2)检查仿真器是否可用;

(3)检查开发板是否可用;

(4)检查开发板与计算机之间的串口通信硬件连接是否可用;

(5)检查计算机上串口调试助手是否正确安装,是否正常可用;

(6)检查开发板与开发板之间的RS485通信硬件连接是否可用;

(7)检查各实验设备是否与程序相对应;

(8)检查是否已经理解实验原理。

8.5.2 实验步骤

8.5.2.1 项目工程

采用实验1的方法建立本实验基础工程。在实验7的基础上，借鉴参考其UART通信的编程方法。在本实验中，设计开发RS485通信应用程序。

8.5.2.2 功能分析

程序包含RS485通信基本例程的主站和从站代码，主站、从站的代码略有不同。UART1作为调试口，负责与宿主机的串口调试助手进行交互。UART2作RS485的通信用，负责完成RS485主站/从站之间的通信。

在主站程序中，UART1串口通信作调试用，开机后的初始化阶段，向宿主机发送提示信息，在宿主机的串口调试助手中显示。当实验人员按提示在串口调试助手中输入数据并下发后，开发板经由UART1中断方式接收宿主机下发的数据（数据之间用空格隔开，数据量不要超过128个），转存在接收buff中，作为后续将以主站身份由RS485通信发出的原始数据，再经UART1口查询方式向宿主机发送"RS485通信主站待发送数据已准备好，开始发送"。发起UART2负责的RS485通信主站工作时，直接把已准备好的待发数据作为通信帧，向从站发送RS485通信帧，发送完毕后转为接收状态。如接收到从站返回的"0x3A+0x55"，说明主站发送成功，从站接收成功，则经由UART1向宿主机上报"发送成功"；否则，上报"发送失败"。完成全部工作后，主站恢复为准备发送状态。

在从站程序中，UART1串口通信作调试用，开机后的初始化阶段，向宿主机发送提示信息，在宿主机的串口调试助手上显示。UART2负责RS485通信从站工作时，经由UART2中断方式接收RS485主机下发的数据，按照"3A 数据 0D 0A"的方式解析数据，接收正确，由接收状态转为发送状态，向主站返回"3A 55"，说明主站发送成功，从站接收成功，经由UART1将从站RS485通信刚收到的数据上传宿主机，在宿主机串口调试助手上显示，便于与RS485主站发出的数据对比。否则，向主站返回"8A FF"，说明主站发送失败，从站接收错误。完成全部工作后，从站恢复为准备接收状态。

在编程实现时，分别按照"RS485通信"主站的基本功能、"RS485通信"从站的基本功能，经由Cortex-M系列嵌入式微控制器片内集成的UART1、UART2外设，开发相对独立的主站应用程序和从站应用程序，实现双机RS485基本通信功能。

在完成上述"RS485通信"基本应用开发的基础上，允许同学自行挑战，完全自主设计开发"MODBUS RTU"或"MODBUS ASCII"通信应用开发。要达到的功能同上，按标准任意选择两种功能，并通过计算机的串口调试助手中显示。功能设计上允许自由发挥，也可以新增其他应用功能，但不作为考核项要求。

8.5.2.3 程序框架设计

整个程序将由"延时函数"、"NVIC配置函数"、"UART1配置函数"、"UART2配置函数"、"字符串发送函数"、"主站RS485通信组帧函数"、"UART1中断服务程序"、"UART2中断服务程序""主程序"组成。其中，"主程序"又包含"初始化"、"无限循环实现功能"两个部分组成。此程序框架与UART通信基本一致，只根据RS-485通信的功能要求，进行了适当扩充。

“MODBUC串行通信“作为能力的拓展，其程序设计框架可以自行设计、与老师商议、参照老师的设计架构，不做约束性规定，但不建议过于零碎，也不建议过于整合。鼓励进一步透彻地理解MODBUS串行通信后，作出自主完成的应用开发进行尝试。

8.5.2.4　子函数设计开发

①延时函数

本实验用的延时函数，用于模拟RS485从站收到报文后，进行相应处理，再应答RS485主站，实际也可以省略。该延迟函数与实验1中出现过的延时函数一致，在此就不一一列出。

②NVIC配置函数

由于本实验会用到UART1和UART2两个串口，因此，NVIC配置函数在原实验5的基础上进行简单地扩充。

```
/* 配置可屏蔽向量中断控制器NVIC */
static void NVIC_Config(void)
{
  /* 定义两个结构体变量 */
  NVIC_InitTypeDef NVIC_UART1_InitStructure;
  NVIC_InitTypeDef NVIC_UART2_InitStructure;

  /* 设置优先级分组为2,4个抢占式优先级,4个子优先级 */
  NVIC_PriorityGroupConfig(NVIC_PriorityGroup_2);

  /* 配置NVIC,使能并设置USART1_IRQn中断,设置中断优先级为次低优先级 */
  NVIC_UART1_InitStructure.NVIC_IRQChannel = USART1_IRQn;
  NVIC_UART1_InitStructure.NVIC_IRQChannelPreemptionPriority = 2;
  NVIC_UART1_InitStructure.NVIC_IRQChannelSubPriority = 1;
  NVIC_UART1_InitStructure.NVIC_IRQChannelCmd = ENABLE;
  /* 调用固件库函数,按所设置参数,初始化NVIC */
  NVIC_Init(&NVIC_UART1_InitStructure);

  /* 配置NVIC,使能并设置USART2_IRQn中断,设置中断优先级为次高优先级 */
  NVIC_UART2_InitStructure.NVIC_IRQChannel = USART2_IRQn;
  NVIC_UART2_InitStructure.NVIC_IRQChannelPreemptionPriority = 1;
  NVIC_UART2_InitStructure.NVIC_IRQChannelSubPriority = 1;
```

```
    NVIC_UART2_InitStructure.NVIC_IRQChannelCmd = ENABLE;
    /* 调用固件库函数,按所设置参数,初始化NVIC */
    NVIC_Init(&NVIC_UART2_InitStructure);
}
```

③UART1配置函数

主站UART1配置函数与原实验5中的UART1配置函数完全一致,开启了接收中断,未开启发送中断,收发引脚同样对应PA9、PA10;从站UART1配置函数是在原实验5中的UART1配置函数基础上做了很小的变化,也关闭了接收中断,其余相同。因此,在此就不一一列出。

④UART2配置函数

主站UART2配置函数与从站UART2配置函数完全相同,都是在参考原实验5中的UART1配置函数基础上进行了一定的修改,包括接收引脚、发送引脚、RS485收发的控制引脚、同时打开了接收和发送中断等,UART2收发引脚是对应于PD5、PD6。以下仅列出一个即可。

```
//* UART2口配置函数 *//
void USART2_Config(void)
{
    /* 定义两个结构体变量,分别为GPIO_InitStructure和USART2_InitStructure */
    GPIO_InitTypeDef GPIO_InitStructure;
    USART_InitTypeDef USART2_InitStructure;

    /* 使能TX和RX引脚的GPIO时钟(D口)和USART2外设时钟 */
    RCC_AHB1PeriphClockCmd(RCC_AHB1Periph_GPIOD, ENABLE);
    RCC_APB1PeriphClockCmd(RCC_APB1Periph_USART2, ENABLE);

    /* 配置USART2_Tx和USART2_Rx引脚为复用功能 */
    /* 选择要控制的GPIO引脚,USART2_TX--GPIO_Pin_5,USART2_RX--GPIO_Pin_6 */
    GPIO_InitStructure.GPIO_Pin = GPIO_Pin_5 | GPIO_Pin_6;
    /* 设置工作模式为复用功能模式 */
    GPIO_InitStructure.GPIO_Mode = GPIO_Mode_AF;
    /* 设置引脚速率为50MHz */
    GPIO_InitStructure.GPIO_Speed = GPIO_Speed_50MHz;
    /* 设置引脚类型为推挽型 */
```

```
GPIO_InitStructure.GPIO_OType = GPIO_OType_PP;
/* 设置引脚为上拉方式 */
GPIO_InitStructure.GPIO_PuPd = GPIO_PuPd_UP;

/* 调用固件库函数,按所设置的参数,初始化GPIO的D端口 */
GPIO_Init(GPIOD, &GPIO_InitStructure);

/* 连接PA6到USART2_Rx,PA5到USART2_Tx */
GPIO_PinAFConfig(GPIOD,GPIO_PinSource6, GPIO_AF_USART2);
GPIO_PinAFConfig(GPIOD,GPIO_PinSource5, GPIO_AF_USART2);

/* 配置RS-485收发控制引脚PD11 */
GPIO_InitStructure.GPIO_Pin = GPIO_Pin_11;
/* 设置引脚模式为USART2基本输出功能 */
GPIO_InitStructure.GPIO_Mode = GPIO_Mode_OUT;

/* 调用固件库函数,按所设置参数,初始化GPIO的D端口 */
GPIO_Init(GPIOD, &GPIO_InitStructure);

/* 配置USART2工作参数 */
/* 先将USART2复位 */
USART_DeInit(USART2);
/* 串口波特率设置 */
USART2_InitStructure.USART_BaudRate = 115200;
/* 数据字长8位 */
USART2_InitStructure.USART_WordLength = USART_WordLength_8b;
/* 1个停止位 */
USART2_InitStructure.USART_StopBits = USART_StopBits_1;
/* 无校验位 */
USART2_InitStructure.USART_Parity = USART_Parity_No ;
/* 不使用硬件流控制*/
USART2_InitStructure.USART_HardwareFlowControl = USART_HardwareFlowControl_
None;
/* USART模式:同时使能接收和发送 */
USART2_InitStructure.USART_Mode = USART_Mode_Rx | USART_Mode_Tx;
```

```
  /*调用固件库函数,按所设置的参数,初始化USART2*/
  USART_Init(USART2, &USART2_InitStructure);
  /* 配置USART2中断—接收中断和发送中断 */
  USART_ITConfig(USART2, USART_IT_RXNE, ENABLE);
  USART_ITConfig(USART2, USART_IT_TC, ENABLE);
  /* 使能USART2外设 */
  USART_Cmd(USART2, ENABLE);
  /* 请发送成功标志—避免第一个字节发送不出去 */
  USART_ClearFlag(USART2, USART_FLAG_TC);
  /* 读一次接收寄存器,清空接收寄存器 */
  USART_ReceiveData(USART2);
}
```

⑤字符串发送函数

该函数的主要功能就是将一个字符串按照查询方式,逐个发送出去。

```
void Usart_SendString( USART_TypeDef * pUSARTx, uint8_t *str)
{
  unsigned int k=0;
  do
  {
    /* 发送一个字节数据到USART1 */
    USART_SendData(USART1, *(str + k));
    /* 等待该字节数据通过UART1口硬件发送完毕 */
    while (USART_GetFlagStatus(USART1, USART_FLAG_TC) == RESET)
    {
    }
    /* 准备查询是否还有下一个字节数据需要发送 */
    k++;
  } while(*(str + k)!='\0');
}
```

⑥RS485通信组帧函数

RS485通信主站在发送前,需要进行通信报文组帧,本例中,采用最简单的方法,以准备发送的数据为基础,直接构造报文帧。

```
/* RS485通信组帧 */
void Frame_485(void)
{
    uint32_t i;
    for(i=0;i<=(usRxCount_UART1);i++)
    {
      TxBuf_485[i] = ucaRxBuf[i];
    }
}
```

⑦USART1 中断服务程序

USART1 中断服务程序会用到在主程序定义的全局变量 Rxflag、ucaRxBuf[128]、usRxCount_UART1、usTxCount_UART1，因此，需要在这个文件的最上面声明一下：

```
extern uint8_t Rxflag;
extern uint8_t ucaRxBuf[128];
extern uint16_t usRxCount_UART1;
extern uint16_t usTxCount_UART1;
```

说明它是一个在其他地方声明的全局变量。

主站 USART1 中断服务程序只包含接收中断服务处理：

a.先定义一个局部变量 ucTemp，便于在接收中断服务程序中对数据进行处理。

b.调用库函数 USART_GetITStatus(USART1, USART_IT_RXNE)，将返回的结果与 RESET 对比，如果是接收中断，则继续执行下一步骤，如果不是接收中断，则会跳到第 h 步，退出 USART1 中断服务程序。

c.从接收寄存器读取数据到局部变量。

d.如果收到的是第一个字节数据，但又不是 3A，则放弃转存处理。

e.如果收到的是最后一个字节数据，则置位接收完毕标志，便于启动发送过程。

f.如果收到的是中间数据，则转存到接收缓冲区。

g.清除接收中断标志，准备退出中断服务程序。

h.退出中断服务程序。

```
/***** 主站USART1中断服务程序 *****/
void USART1_IRQHandler(void)
{
  //定义局部变量，用于接收中断服务程序的判断处理
  uint8_t ucTemp;
```

```
    /* 每接收到一个字节数据,就会进入此接收中断处理程序一次 */
    if(USART_GetITStatus( USART1, USART_IT_RXNE ) != RESET)  // 判断是否接收中断
    {
      /* 将接收寄存器中收到的数据读取给局部变量 */
      ucTemp = USART_ReceiveData( USART1 );
      /* 判断收到的第一个字节数据是否不等于0x3A,如不等,则数据不转存到接收缓冲区 */
      if ((usRxCount_UART1 == 0) && (ucTemp!=0x3A))
      {
        ucTemp = 0;
      }
      /* 判断是否收到数据帧的最后一个字节0x0A,如是,置接收完毕标志,*/
      /* 发送返回的字节计数清零,已收到字节计数为实际数据 */
      else if (ucTemp == 0x0A)  /* 换行字符 */
      {
        Rxflag=1;
        usTxCount_UART1 = 0;
        ucaRxBuf[usRxCount_UART1] = ucTemp;
      }
      /* 将收到的数据转存到接收缓冲区,并对已收到字节数据进行计数 */
      else
      {
        ucaRxBuf[usRxCount_UART1] = ucTemp;
        usRxCount_UART1++;
      }
      /* 清除接收中断标志位 */
      USART_ClearFlag(USART1, USART_FLAG_RXNE);
    }
    /* 如果不是USART1中断,则不作处理 */
    else
    {
      /* 什么都不做 */
    }
  }
```

从站USART1中断服务程序只包含发送中断服务处理：

a. 调用库函数 USART_GetITStatus(USART1, USART_IT_TC)，将返回的结果与RESET对比，如果是发送中断，则继续执行下一步骤，如果不是发送中断，则会跳到第e步，直接退出本中断服务程序。

b. 判断数据缓冲区里的数据是否发完，如果没有，则继续发送。

c. 如果已经发完，则不再发送。

d. 清除发送中断标志位，准备退出中断服务程序。

e. 退出中断服务程序。

```
/***** USART1 中断服务程序 *****/
void USART1_IRQHandler(void)
{
  /* 每发送完一个字节数据，就会进入此发送中断处理程序一次*/
  if(USART_GetITStatus( USART1, USART_IT_TC ) != RESET)  //判断是否发送中断
  {
    /* 如果之前收到的数据没有发送出去完，则继续将剩余数据发送出去*/
    if (usTxCount_UART1 < (usRxCount_UART1))
    {
      usTxCount_UART1++;
      USART_SendData(USART1, ucaRxBuf[usTxCount_UART1]);
    }

    /*如果之前收到的数据已经发送出去完，则不再发送数据 */
    else
    {
      usRxCount _UART1= 0,
      usTxCount_UART1 = 0;
    }
    /* 清除发送中断标志 */
    USART_ClearFlag(USART1, USART_FLAG_TC);
  }
  /* 如果不是USART1 中断，则不作处理 */
  else
  {
    /* 什么都不做 */
  }
}
```

⑧USART2中断服务程序

USART2中断服务程序会用到在主程序定义的全局变量usRxCount_485、usTxCount_485、TxBuf_485[128]、RxBuf_485[128]，因此，需要在这个文件的最上面声明一下：

```
extern uint8_t TxBuf_485[128];
extern uint8_t RxBuf_485[128];
extern uint16_t usRxCount_485;
extern uint16_t usTxCount_485;
```

说明它是一个在其他地方声明的全局变量。

主站USART2中断服务程序包含接收和发送中断服务处理，其中，主站USART2中断服务程序的接收处理部分用于接收从站返回的响应帧，它包括：

a.先定义一个局部变量ucTemp2，便于在接收中断服务程序中对数据进行处理。

b.调用库函数USART_GetITStatus(USART2, USART_IT_RXNE)，将返回的结果与RESET对比，如果是接收中断，则继续执行下一步骤，如果不是接收中断，则会跳到第h步。

c.从接收寄存器读取数据到局部变量。

d.如果收到的是第一个字节数据，但又不是3A，则放弃转存处理。

e.如果收到的是最后一个字节数据0x55，则置位发送接收正确标志。

f.如果收到的是中间数据，则转存到接收缓冲区。

g.清除接收中断标志，准备退出中断服务程序。

主站USART2中断服务程序的发送中断服务处理部分向从站发送请求帧，它包括：

h.调用库函数USART_GetITStatus(USART2, USART_IT_TC)，将返回的结果与RESET对比，如果是发送中断，则继续执行下一步骤，如果不是发送中断，则会跳到第l步，直接退出本中断服务程序。

i.判断有没有将数据缓冲区里的数据发完，如果没有，则继续发送。

j.如果已经发完，则不再发送。

k.清除发送中断标志位，准备退出中断服务程序。

l.退出中断服务程序。

```
/***** USART2中断服务程序 *****/
void USART2_IRQHandler(void)
{
  //定义局部变量，用于接收中断服务程序的判断处理
  uint8_t ucTemp2;

  /* RS485主站UART2串口接收中断处理程序 */
  /* 每接收到一个字节数据，就会进入此接收中断处理程序一次 */
```

```
if(USART_GetITStatus( USART2, USART_IT_RXNE ) != RESET)  //判断是否接收中断
{
  /* 将接收寄存器中收到的数据读取给局部变量 */
  ucTemp2 = USART_ReceiveData( USART2 );
  /* 判断收到的第一个字节数据是否不等于0x3A,如不等,则数据不转存到接收缓冲区 */
  if ((usRxCount_485 == 0) && (ucTemp2!=0x3A))
  {
    ucTemp2 = 0;
  }
  /* 判断是否收到数据帧的最后一个字节0x55,如是,置发送接收正确标志,*/
  else if (ucTemp2 == 0x55)
  {
    Rxflag=3;
    usTxCount_485 = 0;
    RxBuf_485[usRxCount_485] = ucTemp2;
    ucTemp2 = 0;
  }
  /* 将收到的数据转存到接收缓冲区,并对已收到字节数据进行计数 */
  else
  {
    RxBuf_485[usRxCount_485] = ucTemp2;
    usRxCount_485++;
    ucTemp2 = 0;
  }
    /* 清除接收中断标志位 */
    USART_ClearFlag(USART2, USART_FLAG_RXNE);
}
/* RS485主站UART2串口发送中断处理程序 */
/* 每发送完一个字节数据,就会进入此发送中断处理程序一次*/
else if(USART_GetITStatus( USART2, USART_IT_TC ) != RESET)  //判断是否发送中断
  {
    /* 如果之前收到的数据没有发送出去完,则继续将剩余数据发送出去*/
    if (usTxCount_485<usRxCount_485)
    {
      usTxCount_485++;
```

```
        USART_SendData(USART2, TxBuf_485[usTxCount_485]);
      }
      /*如果之前收到的数据已经发送出去完，则不再发送数据 */
      else
      {
        usRxCount_485 = 0;
        usTxCount_485 = 0;
        Rxflag=2;
      }
      /* 清除发送中断标志 */
      USART_ClearFlag(USART2, USART_FLAG_TC);
    }
    /* 如果不是USART2中断，则不作处理 */
    else
    {
      /* 什么都不做 */
    }
}
```

从站USART2中断服务程序包含接收和发送中断服务两个处理，其中，从站USART2中断服务程序中的接收处理部分用于接收主站发出的请求帧，它包括：

a.先定义一个局部变量ucTemp2，便于在接收中断服务程序中对数据进行处理。

b.调用库函数USART_GetITStatus(USART2, USART_IT_RXNE)，将返回的结果与RESET对比，如果是接收中断，则继续执行下一步骤，如果不是接收中断，则会跳到第h步。

c.从接收寄存器读取数据到局部变量。

d.如果收到的是第一个字节数据，但又不是3A，则放弃转存处理。

e.如果收到的是最后一个字节数据0x0A，则置位接收完毕标志，便于启动发送过程。

f.如果收到的是中间数据，则转存到接收缓冲区。

g.清除接收中断标志，准备退出中断服务程序。

从站USART2中断服务程序的发送中断服务处理部分向主站返回应答帧，它包括：

h.调用库函数USART_GetITStatus(USART2, USART_IT_TC)，将返回的结果与RESET对比，如果是发送中断，则继续执行下一步骤，如果不是发送中断，则会跳到第l步，直接退出本中断服务程序。

i.判断有没有将数据缓冲区里的数据发完，如果没有，则继续发送。

j.如果已经发完，则不再发送。

k.清除发送中断标志位,准备退出中断服务程序。

l.退出中断服务程序。

```
/***** USART2 中断服务程序 *****/
void USART2_IRQHandler(void)
{
  // 定义局部变量,用于接收中断服务程序的判断处理
  uint8_t ucTemp2;

  /* RS485 从站 UART2 串口接收中断处理程序 */
  /* 每接收到一个字节数据,就会进入此接收中断处理程序一次 */
  if(USART_GetITStatus( USART2, USART_IT_RXNE ) != RESET)  // 判断是否接收中断
  {
    /* 将接收寄存器中收到的数据读取给局部变量 */
    ucTemp2 = USART_ReceiveData( USART2 );
    /* 判断收到的第一个字节数据是否不等于 0x3A,如不等,则数据不转存到接收缓冲区 */
    if ((usRxCount_485 == 0) && (ucTemp2!=0x3A))
    {
      ucTemp2 = 0;
    }
    /* 判断是否收到数据帧的最后一个字节 0x0A,如是,置发送接收正确标志,*/
    else if (ucTemp2 == 0x0A)
    {
      Rxflag=1;
      usTxCount_485 = 0;
      RxBuf_485[usRxCount_485] = ucTemp2;
    }
    /* 将收到的数据转存到接收缓冲区,并对已收到字节数据进行计数 */
    else
    {
      RxBuf_485[usRxCount_485] = ucTemp2;
      usRxCount_485++;
    }
    /* 清除接收中断标志位 */
    USART_ClearFlag(USART2, USART_FLAG_RXNE);
```

```
    }
    /* RS485从站UART2串口发送中断处理程序 */
    /* 每发送完一个字节数据,就会进入此发送中断处理程序一次*/
    else if(USART_GetITStatus( USART2, USART_IT_TC ) != RESET)  //判断是否发送中断
    {
      /* 如果之前收到的数据没有发送出去完,则继续将剩余数据发送出去*/
      if (usTxCount_485<1)
      {
        usTxCount_485++;
        USART_SendData(USART2, TxBuf_485[usTxCount_485]);
      }
      /*如果之前收到的数据已经发送出去完,则不再发送数据 */
      else
      {
        usTxCount_485 = 0;
        Rxflag=2;
      }
      /* 清除发送中断标志 */
      USART_ClearFlag(USART2, USART_FLAG_TC);
    }
    /* 如果不是USART2中断,则不作处理 */
    else
    {
      /* 什么都不做 */
    }
}
```

8.5.2.5　主程序设计开发

在main.c的头部,是一些头文件的包含和参数定义

```
#include "stm32f4xx.h"

uint8_t Rxflag=0;              //数据接收完成标志
uint8_t ucaRxBuf[128];         //接收数据缓冲区
uint16_t usRxCount_UART1=0;    //UART1接收字节计数
uint16_t usTxCount_UART1=0;    //UART1发送字节计数
```

```
uint16_t usRxCount_485=0;     //485接收字节计数
uint16_t usTxCount_485=0;     //485发送字节计数

uint8_t TxBuf_485[128];       //485发送数据缓冲区
uint8_t RxBuf_485[128];       //485接收数据缓冲区
```

“main函数”中包含了“初始化”、“无限循环代码段”两个部分组成。“初始化”部分要调用NVIC_Config()、USART1_Config()、USART2_Config()进行初始化配置，再通过UART1向串口调试助手输出提示信息，便于实验操作。然后，在“无限循环代码段”中主站、从站按各自的功能，完成代码实现。

主站的“main函数”代码为：

```
int main(void)
{
  /* 配置NVIC */
  NVIC_Config();

  /* 初始化USART1和USART2 */
  USART1_Config();
  USART2_Config();

  /* UART1以查询方式发送提示字符串 */
  Usart_SendString( USART1, (uint8_t *)"自定义函数输出:这是一个RS485通信实验\r\n" );

  /* UART1以查询方式发送提示字符串 */
  Usart_SendString( USART1, (uint8_t *)"输入数据,3A开始,数据隔空,以0D 0A结束\r\n" );
  Rxflag = 0;

  while(1)
  {
  /* 如果已接收完串口调试助手设置的数据,从站返回响应 */
  if (Rxflag == 1)
  {
    /* UART1查询方式发送信息到串口调试助手*/
```

```
        Usart_SendString( USART1, (uint8_t *)"RS485通信主站待发送数据已准备好\r\n" );

        /* RS485通信帧组帧 */
        Frame_485();

        /* RS485主站恢复为发送模式 */
        GPIO_SetBits(GPIOD, GPIO_Pin_11);

        delay_us(1000);

        /* 启动RS485主站发送通信,经UART2发送第一个字节数据,其他数据由中断服
务程序完成发送 */
        usTxCount_485 = 0;
        usRxCount_485 = usRxCount_UART1;
        USART_SendData(USART2, TxBuf_485[0]);
        Rxflag = 0;
    }
    else if (Rxflag == 2)
    {
        /* RS485主站切换为接收模式 */
        GPIO_ResetBits(GPIOD, GPIO_Pin_11);
        usRxCount_UART1 = 0;
        usTxCount_UART1 = 0;
        usRxCount_485 = 0;
        usTxCount_485 = 0;
        /* UART1查询方式发送信息至串口调试助手*/
        Usart_SendString( USART1, (uint8_t *)"RS485通信主站发送数据完毕,等待应答\r\n" );
        Rxflag = 0;
    }

    else if (Rxflag == 3)
    {
        /* RS485恢复为发送模式 */
        GPIO_SetBits(GPIOD, GPIO_Pin_11);
```

```
      usRxCount_485 = 0;
      usTxCount_485 = 0;

      if((RxBuf_485[0] == 0x3A)&&(RxBuf_485[1] == 0x55))
      {
        /* UART1查询方式发送信息至串口调试助手*/
        Usart_SendString( USART1, (uint8_t *)"RS485通信主站发送数据成功\r\n" );
      }
      else
      {
        /* UART1查询方式发送信息至串口调试助手*/
        Usart_SendString( USART1, (uint8_t *)"RS485通信主站发送数据失败\r\n" );
      }
      Rxflag = 0;
    }
    else
    {

    }
  }
}
```

从站的“main函数”代码为:

```
int main(void)
{
  /* 配置NVIC */
  NVIC_Config();

  /* 初始化USART1和USART2 */
  USART1_Config();
  USART2_Config();

  /* UART1以查询方式发送提示字符串 */
  Usart_SendString( USART1, (uint8_t *)"自定义函数输出:这是一个RS485通信实验\r\n" );
```

```
    /* UART1以查询方式发送提示字符串 */
    Usart_SendString( USART1, (uint8_t *)"等待显示RS485通信接收的数据\r\n" );
    Rxflag = 0;

    while(1)
    {
      /* RS485接收完数据帧,从站返回响应 */
      if (Rxflag == 1)
      {
        /* RS485从站切换为发送模式 */
        GPIO_SetBits(GPIOD, GPIO_Pin_11);
        delay_us(10000);
        /* RS485从站接收数据是本站的,则向主站返回发送成功应答报文 */
        if(RxBuf_485[0] == 0x3A)
        {
//          Usart_SendString( USART1, (uint8_t *)"RS-485通信接收正确\r\n" );
            /* RS485从站手动发送第一个字节数据,其他数据由中断服务程序完成发送 */
            TxBuf_485[0] = 0x3A;
            TxBuf_485[1] = 0x55;
            usTxCount_485 = 0;
            USART_SendData(USART2, TxBuf_485[0]);
            Rxflag=0;
        }
        /* RS485从站接收数据是不本站的,则向主站返回发送失败应答报文 */
        else
        {
            Usart_SendString( USART1, (uint8_t *)"RS485通信接收错误\r\n" );

            TxBuf_485[0] = 0x8A;
            TxBuf_485[1] = 0xFF;
            usTxCount_485 = 0;
            USART_SendData(USART2, TxBuf_485[0]);
            Rxflag=0;
        }
      }
      else if (Rxflag == 2)
      {
```

```
        /* RS485从站切换为接收模式 */
        GPIO_ResetBits(GPIOD, GPIO_Pin_11);

//      Usart_SendString( USART1, (uint8_t *)"RS485接收完毕\r\n" );

        /* 从站UART2发送应答响应后,使能UART1中断方式发送数据 */
        USART_ITConfig(USART1, USART_IT_TC, ENABLE);
        USART_ClearFlag(USART1, USART_FLAG_TC);
        usTxCount_UART1 = 0;
        usRxCount_UART1 = usRxCount_485;
        for(usTxCount_485=0; usTxCount_485<=usRxCount_485;usTxCount_485++)
        {
            ucaRxBuf[usTxCount_485] = RxBuf_485[usTxCount_485];
        }
        usTxCount_485 = 0;
        usRxCount_485 = 0;
        USART_SendData(USART1, ucaRxBuf[0]);
        Rxflag=0;
    }
    else
    {

    }
  }
}
```

8.6 实验要求

(1)理解并掌握RS485通信协议及通信过程;
(2)理解并掌握RS485通信硬件电路连接和地址确定;
(3)编程实现RS485双机交互通信的应用程序;
(4)尝试完全自主设计开发MODBUS ASCII通信的应用程序(属于进阶,可选做);
(5)尝试完全自主设计开发MODBUS RTU通信的应用程序(属于进阶,可选做);
(6)填写实验报告。

a.按照实验报告的要求统一格式,填写实验报告;
b.简述实际用到的RS485协议;
c.简述实际用到的RS485双机通信交互的方法;
d.简述所开发应用程序的结构及功能;
e.简述所开发应用程序的结构及功能;
f.尽可能充分体现出综合、设计和开发技巧;
g.在实验总结栏中给出实验结果、分析以及得到的结论。

8.7 思考题

(1)RS485通信时,主站依靠什么来选择某确定从站进行通信?
(2)RS485主站设定的比特率是否应该高于从站设定的比特率?
(3)如何检查出RS485通信中是否受到干扰而接收错误?
(4)如何完成国产嵌入式微控制器的相关工作?

实验9 Ethernet通信

9.1 实验目的

(1)理解互联网模型的基本概念。

(2)了解以太网通信基础知识。

(3)掌握片内集成以太网外设的工作原理。

(4)掌握物理层收发器的工作原理。

(5)了解LwIP协议栈相关知识。

(6)综合软硬件设计,编程实现无操作系统嵌入式设备的以太网通信数据收发过程。

(7)鼓励和引导使用国产嵌入式微控制器芯片进行应用开发。

9.2 实验设备

- PC计算机
- Cortex-M系列嵌入式微控制器为核心的开发板
- 仿真器
- MDK 5 (Keil 5)集成调试环境软件
- 串口调试助手软件
- 网络调试助手软件
- USB转串口CH340线缆及驱动
- 网线

9.3 实验原理

9.3.1 互联网模型的基本概念

国际标准组织(ISO)将网络通信统一为七层开放系统互联(OSI)模型,该七层模型包含了应用层、表示层、会话层、传输层、网络层、数据链路层以及物理层。OSI模型是一个理想化分层,实际网络通信通常只涉及其中五层,以太网指数据链路层以及物理层,TCP/IP指传输层和网络层,再加上应用层,共同构成了常见网络通信系统。

通常,多个协议组合在一起,统称为协议栈,如TCP/IP协议栈,协议栈由软件实现。

数据链路层是软件、硬件分界线(如PC网卡负责实现MAC子层和物理层),在不同网络通信中,由硬件实现的MAC子层和物理层的形式上有很大区别,如以太网和Wi-Fi,这由物理传输方式决定。

9.3.2 以太网通信

以太网是指在参考模型的物理层(PHY层)和数据链路层中介质访问控制子层(MAC),家庭、企业和学校所组建的PC局域网一般都是以太网,均使用水晶头网线连接。

1.物理层(PHY层)

在物理层,IEEE 802.3标准规定了以太网使用的传输介质、传输速度和数据编码方式,一般由一个PHY芯片实现其功能,实际中常用“水晶头网线+水晶头插座+PHY”组合构成物理层。

(1)传输介质

传输介质包括同轴电缆、双绞线(水晶头网线是一种双绞线)、光纤。最常用的是“五类线”,适用于100BASE-T和10BASE-T网络,网速分别为100 Mbit/s和10 Mbit/s。

(2)数据编码

为了让接收方在没有外部时钟参考情况下,也能确定每一位的起始、结束和中间位置,在传输信号时不直接采用二进制编码。10BASE-T传输方式中采用曼彻斯特编码,100BASE-T中则采用4B/5B编码。

曼彻斯特编码把每一个二进制位周期分为两个间隔:在表示“1”时,前半个周期为高电平,后半个周期为低电平;表示“0”时则相反。曼彻斯特编码在每个位周期都有电压变化,便于同步。但效率太低,只有50%。

4B/5B编码是把待发送的数据位流每4位分为一组,以特定的5位编码来表示,使数据流有足够多的跳变,达到同步的目的,且效率提高到了80%。4位二进制数共有16种组合,5位二进制数共有32种组合,如何从32种组合中选择出合适的16种组合,这就是4B/5B编码规则决定的,其规则如下。

①每个5比特组中不含多于3个“0”;

②或者5比特组中包含不少于2个“1”;

③每个代码最多有1个前导0,并且末端最多有两个0,当连续传送时,在传输过程中任何一对5比特代码连续的0最多有3个。(编码表见表9-1)

表9-1 4B/5B编码表

十进制	4位二进制数	5位编码
0	0000	11110
1	0001	01001
2	0010	10100
3	0011	10101

续表

十进制	4位二进制数	5位编码
4	0100	01010
5	0101	01011
6	0110	01110
7	0111	01111
8	1000	10010
9	1001	10011
10	1010	10110
11	1011	10111
12	1100	11010
13	1101	11011
14	1110	11100
15	1111	11101

编码的原理可以从MLT-3码的特点来解释,MLT-3码的特点简单来说就是:逢“1”跳变,逢“0”不跳变。为了让4B/5B编码后的码流中有足够多的跳变,就需要编码后的码流中有尽量多的“1”和尽量少的“0”。

除上述16个5位二进制编码之外,还有几个特殊编码,11111表示线路空闲,00000表示线路不通,00100表示停止。剩下13个码中,7个是无效的(它们违反了1个前导、0或两个末尾0的规则),另外6个代表各种控制符号,某些组帧协议会使用这些控制符号。

2.数据链路层(MAC子层)

(1)MAC子层的功能

MAC子层是属于数据链路层的下半部分,它主要负责与物理层进行数据交接,如是否可以发送数据、发送的数据是否正确、对数据流进行控制等。它自动对来自上层的数据包加上一些控制信号,然后交给物理层。接收方得到正常数据时,会自动去除MAC控制信号,把该数据包交给上层。

(2)10 M以太网的CSMA/CD冲突检测机制

早期10 M以太网大多是总线型网络,存在信道竞争问题,每个连接在以太网上的节点都必须具备冲突检测功能。10 M以太网采用CSMA/CD冲突检测机制,如果多个节点同时利用同一条总线发送数据,则会产生冲突,总线上节点可通过接收到的信号与原始发送的信号相比较,检测出是否存在冲突,若存在冲突,则停止发送数据,随机等待一段时间重传。

现在大多数100 M以太网是将一个设备接入到一个独立的路由器或交换机接口,组成星形网络,避免产生冲突,但为了与传统的10 M以太网兼容,100 M以太网产品还是带有CSMA/CD冲突检测机制。10 M/100 M自适应网络在作10 M以太网使用时,就会启用CSMA/CD冲突检测机制;作100 M以太网使用时,就禁用了CSMA/CD冲突检测机制。

(3)MAC子层数据包

IEEE对以太网上传输的数据包格式进行了统一规定,MAC子层数据包如图9-1所示。

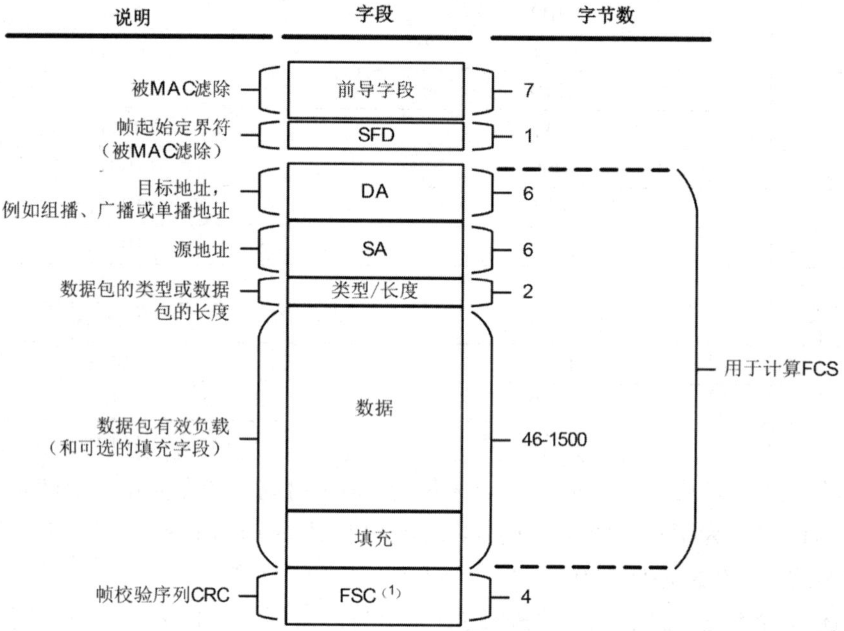

图9-1　MAC子层数据包

MAC子层数据包由前导字段、帧起始定界符、目标地址、源地址、数据包类型、数据域、填充域、校验和域组成。

n前导字段:也称报头,用于使收发节点时钟同步,内容为连续7个字节的0x55,在MAC收到数据包后会自动过滤掉。

n帧起始定界符(SFD):用于区分前导字段与数据段,内容为0xD5,在MAC收到数据包后会自动过滤掉。

nMAC地址:MAC地址由48位数字组成,它是网卡的物理地址,以太网最底层传输就是根据MAC地址来收发数据。在同一个网络中不能有两个相同的MAC地址。数据包中DA是目标地址,SA是源地址。

n数据包类型:可用来描述本MAC数据包是TCP/IP协议层IP包、ARP包还是SNMP包,也可用来描述本MAC数据包数据段长度。如果该值被设置大于0x0600,不用于长度描述,而是用于描述类型。

n数据字段:包含的数据来自MAC子层的上层。其长度可在0-1500字节范围内。

n填充字段:协议要求整个MAC数据包的长度至少为64字节(接收到的数据包如少于64字节,会被认为发生冲突,数据包被自动丢弃),当数据字段的字节少于46个字节时,填充字段会自动填上无效数据,以使数据包符合长度要求。

n校验和字段:MAC数据包的尾部是校验和字段,它保存了CRC校验序列,用于检错。

9.3.3 片内集成以太网外设(ETH)的工作原理

STM32F4xx片内集成有一个以太网外设(ETH),可通过专用以太网DMA控制器进行介质访问控制(MAC),实现MAC子层的任务,发送和接收MAC数据包。ETH支持介质独立接口(MII)或简化介质独立接口(RMII)与外部PHY芯片连接,用于MAC数据包传输;ETH还集成了站管理接口(SMI)接口,让ETH以通信方式访问PHY片内寄存器。

ETH专用以太网DMA控制器通过AHB主从接口,与MAC内核及嵌入式微控制器的存储器相连。AHB主接口用于以太网数据传输,AHB从接口用于访问专用以太网DMA控制器的"控制与状态寄存器"(CSR)空间。当数据发送时,专用以太网DMA控制器先将数据由存储器传送到TX FIFO进行缓冲,然后再由MAC内核发送;接收数据时,MAC内核先接收以太网数据帧至RX FIFO,再由专用以太网DMA控制器传输至存储器。ETH功能框图如图9-2所示。

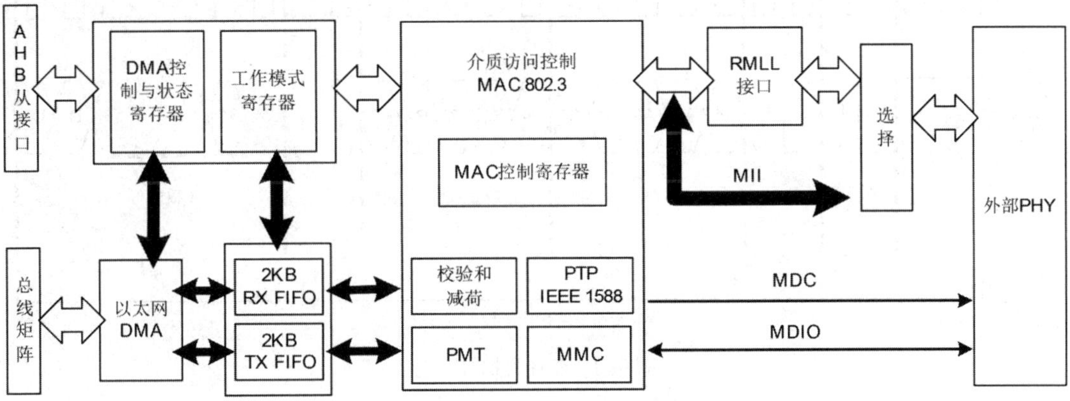

图9-2 ETH功能框图

1.SMI接口

SMI是MAC内核访问PHY寄存器的接口,由两根线组成,数据线MDIO和时钟线MDC。SMI支持访问32个PHY,这在设备需要多个网口时非常有必要,不过一般设备都只使用一个PHY。PHY芯片内部一般都有32个16位寄存器,用于配置PHY芯片属性、工作环境、状态指示等,但并不会用到所有寄存器位。MAC内核通过SMI,向PHY寄存器写入数据,或从PHY寄存器读取PHY状态,一次只能对一个PHY的一个寄存器进行访问。SMI最大通信频率为2.5 MHz,通过控制以太网MAC MII地址寄存器(ETH_MACMIIAR)的CR位,可选择时钟频率。

SMI通信帧格式如表9-2所示。PADDR用于指明PHY地址,它由PHY硬件决定。RADDR用于指定PHY内部将要被操作的寄存器地址。TA为状态转换字段,在读操作时,MAC输出两个位高阻态,同时,PHY芯片则在第一位时输出高阻态,第二位时输出"0";在写操作时,MAC输出"10",同时,PHY芯片则输出高阻态。数据字段有16位,对应于将要被操作的PHY寄存器中每个位,先发送或接收到的位对应以太网MAC MII数据寄存器(ETH_MACMIIDR寄存器)的位15。空闲时MAC和PHY都输出高阻态。

表9-2 SMI通信帧格式

读/写	报头(32位)	起始	操作	PADDR	RADDR	TA	数据(16位)	空闲
读取	111…111	01	10	PHY地址	寄存器地址	ZZ/Z0	xxx…xxx	Z
写入	111…111	01	01	PHY地址	寄存器地址	10/ZZ	xxx…xxx	Z

应用程序将MAC MII地址寄存器(ETH_MACMIIAR)的写入位和繁忙位置1,SMI将通过传输PHY芯片、PHY片内寄存器、ETH_MACMIIDR中保存的写入数据,触发对PHY写操作。写操作期间,不要更改以太网MAC MII地址寄存器(ETH_MACMIIAR)和MAC MII数据寄存器(ETH_MACMIIDR)中内容。写操作完成后,SMI将复位繁忙位。写操作时序见图9-3。

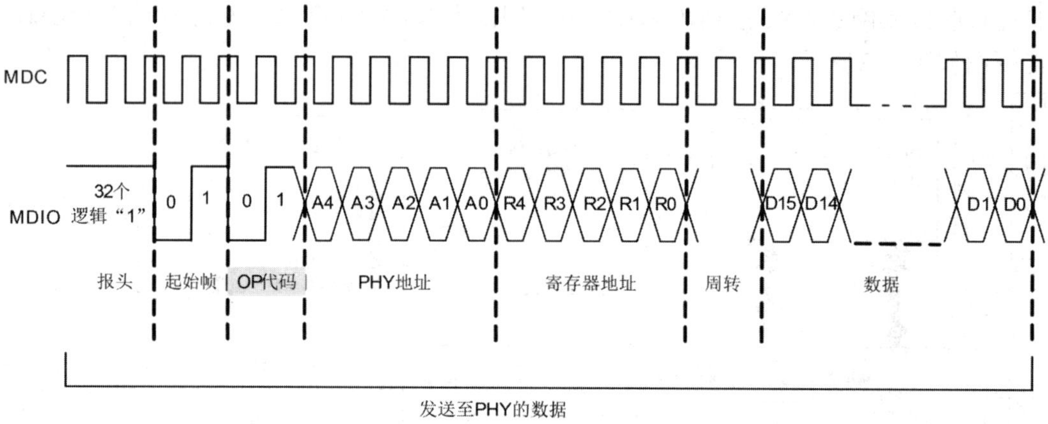

图9-3 SMI写操作时序

应用程序将MAC MII地址寄存器(ETH_MACMIIAR)的写入位清零、繁忙位置1,SMI将通过传输PHY芯片、PHY片内寄存器,触发对PHY读操作。读操作期间,不要更改MAC MII地址寄存器和MAC MII数据寄存器中内容。读操作完成后,SMI将复位繁忙位,用PHY读取的数据更新MAC MII数据寄存器(ETH_MACMIIDR)。读操作时序见图9-4。

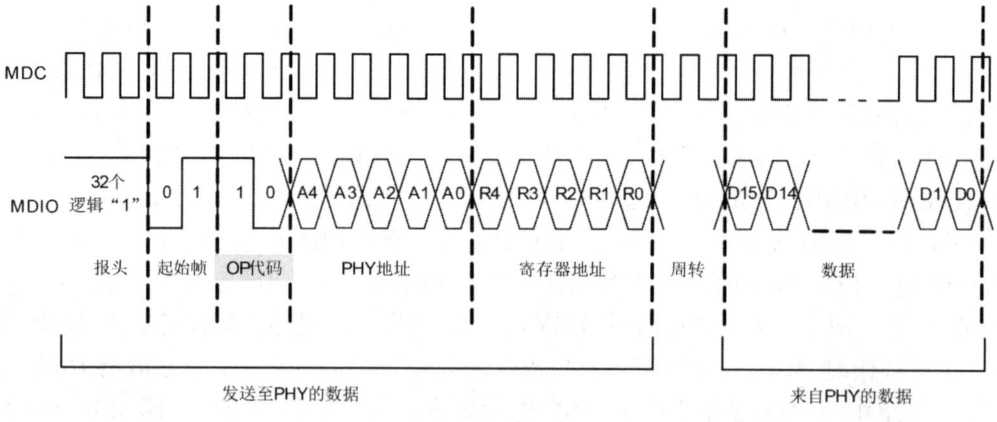

图9-4 SMI读操作时序

2.MII和RMII接口

介质独立接口(MII)用于连接MAC控制器和PHY芯片,提供数据传输路径。RMII接口是MII接口的简化版本,MII需要16根通信线,RMII只需7根,且在功能上相同,图9-5为两种接口连接示意图。

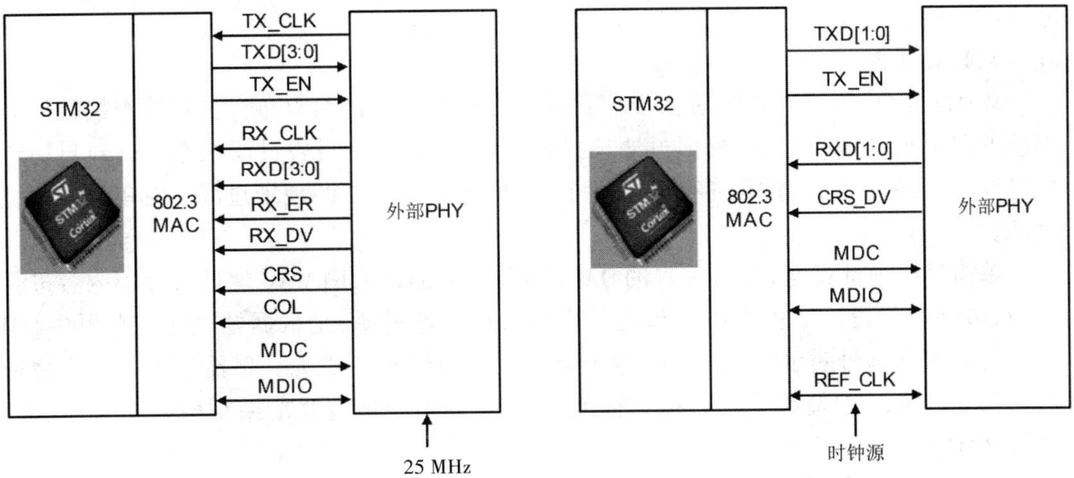

(a)MII接口连接示意图　　(b)RMII接口连接示意图

图9-5　MII和RMII接口连接示意图

3.MAC数据包发送和接收

ETH外设负责MAC数据包发送和接收。

发送MAC数据包时,利用以太网DMA控制器,经AHB主接口,从系统存储器得到数据内容,ETH外设自动填充完成MAC数据包封装,由以太网DMA控制器推入2KB的FIFO,再将帧弹出并传输到MAC内核,然后通过PHY发送出去。帧传输结束后,从MAC内核获取发送状态并传回以太网DMA控制器。在检测到SOF(Start Of Frame)时,MAC接收数据并开始MII发送。在EOF(End Of Frame)传输到MAC内核后,内核将完成正常的发送,然后将发送状态返回给以太网DMA控制器。如果在发送过程中发送常规冲突,MAC内核使发送状态有效,接受并丢弃所有后续数据,直至收到下一个SOF。检测到MAC的重试请求时,应从SOF重新发送同一帧。如果发送期间未连续提供数据,MAC将发出下溢状态。在帧的正常传输期间,如果MAC在未获得前一帧的EOF的情况下接收SOF,则忽略该SOF,并将新的帧视为前一帧的延续。

当MAC在MII上检测到SFD时,将启动接收操作。MAC内核将去除报头和SFD,然后再继续处理帧。检查报头字段进行过滤,FCS字段验证帧的CRC。如果帧未通过地址滤波器,则在内核中丢弃该帧。

在MAC数据包需要接收时,ETH外设控制数据接收,并解封MAC数据包,得到解封后数据并填充RX FIFO,达到FIFO设定阈值后,通过以太网DMA控制器传输到系统存储器。在默认直通模式下,当FIFO接收到64个字节(使用ETH_DMAOMR寄存器中的RTC

位配置)或完整的数据包时,数据将弹出,其可用性被通知给以太网DMA控制器。以太网DMA控制器向AHB接口发起传输后,数据传输从FIFO持续进行,直到传输完整个数据包。完成EOF帧的传输后,状态字弹出并发送给以太网DMA控制器。在Rx FIFO存储转发模式(通过ETH_DMAOMR寄存器中的RSF位配置)下,仅在帧完全写入Rx FIFO后才可读出帧。

4.MAC过滤

MAC过滤功能可选择性过滤设定目标地址或源地址的MAC帧,它会检查接收的数据帧的目标地址和源地址,根据过滤选择设定情况,检测后报告过滤状态。针对目标地址过滤有三种,分别是单播、多播和广播目标地址过滤,针对源地址过滤只有单播源地址过滤。

单播目标地址过滤,是将接收的DA字段与预设的以太网MAC地址寄存器内容进行比较,最高可预设4个过滤MAC地址。多播目标地址过滤,是根据帧过滤寄存器中HM位执行对多播地址过滤,是对MAC地址寄存器进行比较来实现。单播和多播目标地址过滤都支持Hash过滤模式。广播目标地址过滤,通过将帧过滤寄存器BFD位置1使能,使得MAC丢弃所有广播帧。

单播源地址过滤是将接收的SA字段与SA寄存器内容进行比较过滤。

MAC过滤还具备反向过滤操作功能,即让过滤结构求补集。

9.3.4 板载物理层收发器LAN8720A工作原理

LAN8720A是一种体积小、功耗低的10/100 Mbit/s以太网物理层收发器,总共有24Pin,仅支持RMII接口,其应用示意如图9-6。

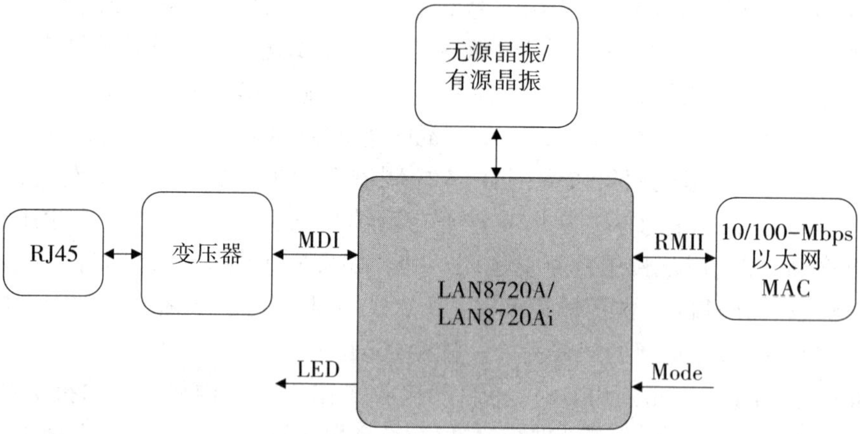

图9-6　LAN8720A应用示意图

LAN8720A通过RMII与MAC连接,RJ45是网络插座,在与LAN8720A连接之间还需要一个变压器,所以常使用带电压转换和LED指示灯的HY911105A插座。一般需要为使用RMII接口的PHY提供50 MHz时钟源,输入到REF_CLK引脚,但LAN8720A内部集成PLL,可以将25 MHz时钟源倍频到50 MHz,并在指定引脚输出该时钟。所以可直接使其与REF_CLK连接,达到提供50 MHz时钟效果的目的。

9.3.5 LwIP协议栈

LwIP(Light Weight Internet Protocol)是由瑞士计算机科学院Adam Dunkels等开发,适用于嵌入式领域的开源轻量级TCP/IP协议栈,可以移植到有操作系统的平台,也可以在无操作系统的平台上运行。由于它开源、占用RAM和ROM少、支持较为完整的TCP/IP协议、便于裁剪和调试,广泛应用在32位嵌入式微控制器应用系统中。

目前,可下载得到的开源LwIP源码中包括了LwIP实现代码,ST公司也针对LwIP应用开发了测试模板,其中一个是在STM32F4x7系列控制器运行(文件编号为:STSW-STM32070),本实验可在其基础上,结合具体嵌入式微控制器芯片,进行细微改动,ETH驱动部分以及LwIP接口函数部分则通用。

9.3.6 需要新增用到的固件库函数

程序采用固件库函数方式编程,必然会涉及固件库函数,本实验的LwIP属于协议栈移植,与底层硬件关联度不高,不涉及固件库函数,但嵌入式微控制器片内集成的ETH会涉及专有固件库函数其与之前实验所述的标准固件库函数不一样,需要在集成开发环境中,增加一个“STM32F4xx_ETH_Driver”的子文件夹组,里面添加stm32f4xx_eth.c,此程序文件中就有以太网通信ETH相关的固件库函数。若采用固件库函数方式编程,会涉及以下固件库函数:

①uint16_t ETH_ReadPHYRegister(uint16_t PHYAddress, uint16_t PHYReg)

调用固件库函数,读取指定物理层收发器片内寄存器中的数据。

例如:ETH_ReadPHYRegister(ETHERNET_PHY_ADDRESS, PHY_BSR)

②void ETH_DeInit(void)

调用固件库函数,将微控制器集成数据链路层片内ETH各寄存器值恢复到缺省值。

例如:ETH_DeInit()

③void ETH_SoftwareReset(void)

调用固件库函数,将片内ETH的MAC子系统各寄存器值和逻辑复位。

例如:ETH_SoftwareReset()

④FlagStatus ETH_GetSoftwareResetStatus(void)

调用固件库函数,检查对ETH的复位是否还在进行中。

例如:ETH_GetSoftwareResetStatus()

⑤void ETH_StructInit(ETH_InitTypeDef* ETH_InitStruct)

调用固件库函数,将ETH结构体中的参数先设为缺省值,便于后续修改。

例如:ETH_StructInit(&ETH_InitStructure)

⑥uint32_t ETH_Init(ETH_InitTypeDef* ETH_InitStruct, uint16_t PHYAddress)

调用固件库函数,对ETH和PHY进行初始化配置。

例如:ETH_Init(&ETH_InitStructure, ETHERNET_PHY_ADDRESS)

⑦void ETH_DMAITConfig(uint32_t ETH_DMA_IT, FunctionalState NewState)

调用固件库函数,使能专用的ETH DMA中断。

例如:ETH_DMAITConfig(ETH_DMA_IT_NIS|ETH_DMA_IT_R,ENABLE)

⑧ uint32_t ETH_WritePHYRegister(uint16_t PHYAddress, uint16_t PHYReg, uint16_t PHYValue)

调用固件库函数,向物理层收发器PHY的一个寄存器写数据。

例如:ETH_WritePHYRegister(ETHERNET_PHY_ADDRESS, PHY_BCR, PHY_AutoNegotiation)

⑨uint16_t ETH_ReadPHYRegister(uint16_t PHYAddress, uint16_t PHYReg)

调用固件库函数,从物理层收发器PHY的一个寄存器读数据。

例如:ETH_ReadPHYRegister(ETHERNET_PHY_ADDRESS, PHY_BSR)

⑩void ETH_Start(void)

调用固件库函数,使能ETH MAC和DMA的接收和发送。

例如:ETH_Start()

⑪void ETH_Stop(void)

调用固件库函数,失效ETH MAC和DMA的接收和发送。

例如:ETH_Stop()

9.4 实验内容

理解互联网模型的基本概念。了解以太网通信基础知识。掌握片内集成以太网外设的工作原理。掌握板载物理层收发器的工作原理。了解LwIP协议栈相关知识。综合软硬件设计,基于固件库函数,设计开发以太网+LwIP的网络通信收发应用程序,调试通过并下载到开发板,实现开发板与计算机之间的网络通信。

9.5 实验步骤

9.5.1 实验前准备

(1)检查Keil 5是否正确安装,新建工程是否可用;

(2)检查仿真器是否可用;

(3)检查开发板是否可用;

(4)检查开发板与计算机之间的串口通信硬件连接是否可用;

(5)检查嵌入式开发板与计算机之间的以太网通信硬件连接是否可用;

(6)检查计算机上网络调试助手是否正确安装,是否正常可用;

(7)检查各实验设备是否与程序相对应;

(8)检查各实验设备是否可正常使用。

9.5.2 实验步骤

9.5.2.1 项目工程

采用实验1的方法建立本实验基础工程。在实验7基础上,建立UART1串口打印显示调试接口。借鉴固件库函数编程思想和方法,在本实验中,移植LwIP相关程序,着重于Ethernet服务器程序开发。

9.5.2.2 功能分析

首先,把开发板与计算机之间的Ethernet网线连接,程序初始化阶段根据线路连接状态,返回初始化结果。上电初始化运行后,经由串口通信,开发板向计算机发送字符串,由网络调试助手串口通信显示本实验的提示信息。然后,调用函数对以太网通信的物理层收发器芯片LAN8720A和数据链路层片内集成ETH进行初始化配置,初始化完成且配置成功后,经由串口通信,开发板向计算机发送字符串,由网络调试助手串口通信显示提示信息。接下来调用函数,对LwIP进行初始化,装载到内存中运行。进一步调用函数,对开发板作为服务器端工作进行初始化。进入无限循环程序后,点亮绿灯,指示工作正常;在检查开发板收到计算机网络调试助手作为客户端发出的请求报文后,点亮蓝灯,且在通信正确有效情况下,开发板扮演的瘦服务器把应答报文返给客户端,在计算机的网络调试助手中显示;在无限循环的最后阶段,检查LwIP的周期性处理事务是否需要处理,也是检查是否还有应发未发或需要重发的报文在等待处理。

在完成上述无操作系统嵌入式设备以太网通信服务器端应用开发的基础上,允许同学自行挑战,完全自主设计开发客户端应用开发。要达到的功能:允许由开发板发出建立连接的请求,并由本机客户端经由网络向计算机服务器端发送字符串“sending tcp client message x”;然后,检查是否接收到计算机网络调试助手扮演的客户端返回的响应报文;通信正确有效时,如果主机端发送ETH报文帧,则调用LwIP报文包处理函数;以串口打印的方式上传计算机调试助手并显示。功能设计上允许自由发挥,可以相对于服务器程序进行简化,也可以新增其他应用功能,但不作为考核项要求。

9.5.2.3 程序框架设计

整个项目主要由以下几部分组成:STARTUP文件夹中的startup_stm32f429_439xx.s,STM32F4xx_StdPeriph_Driver文件夹中的固件库函数,STM32F4xx_ETH_Driver文件夹中的固件库函数stm32f429_eth.c,CMSIS文件夹中的system_stm32f4xx.c,USER文件夹中的main.c、tcp_echoserver.c、netconf.c、stm32f4xx_it.c、stm32f4xx_it.h、stm32f4xx_conf.h等文件;BSP文件夹中的bsp_led.c、bsp_debug_usart.c、bsp_Ethernet.c文件;及LwIP移植后建立的

四个文件夹：LwIP_src_api、LwIP_src_core_ipv4、LwIP_src_core、LwIP_src_netif。

此程序主要体现移植工作和开发工作的逐步进行过程，同时模块化构建bsp_xxx板级驱动文件；另外，在USER文件夹中，按功能将主程序、服务器程序、网络配置程序、中断服务程序进行了分离。实现的过程中，网络通信按照中断方式收发数据，串口通信按查询方式收发数据，LwIP周期性处理必需的各定时周期以定时器3的10 ms为基础构建。

嵌入式客户端程序设计框架可以自行设计、与老师商议、参照老师的设计架构，不做约束性规定，但不建议过于零碎，也不建议过于整合。鼓励为进一步的工业以太网通信开发作出规划。

9.5.2.4 移植LwIP及ST参考文件

移植步骤是基于LwIP源代码（lwip-1.4.1.zip）和ST官方LwIP测试平台资料（stsw-stm32070.zip）。

1. 拷贝文件到指定物理存储位置

首先，解压lwip-1.4.1.zip和stsw-stm32070.zip两个压缩包，把整个lwip-1.4.1文件夹拷贝到USER文件夹，在移植中，不对lwip-1.4.1文件夹中的文件内容修改。然后，在stsw-stm32070文件夹找到port文件夹（路径：... \Utilities\Third_Party\lwip-1.4.1\port），把整个port文件夹拷贝在lwip-1.4.1文件夹中，在port文件夹下的STM32F4x7文件夹中，把arch和Standalone两个文件夹直接剪切到port文件夹中，即此时port文件夹有STM32F4x7、arch和Standalone三个文件夹，最后把STM32F4x7文件夹删除。arch文件夹中存放与开发平台相关头文件，Standalone文件夹是无操作系统移植时ETH外设与LwIP连接的底层驱动函数。

在Libraries文件夹下建立一个STM32F4x7_ETH_Driver文件夹，用于存放与ETH相关的驱动文件，在stsw-stm32070文件夹中找到stm32f4x7_eth.h和stm32f4x7_eth.c两个文件（路径：...\Libraries\STM32F4x7_ETH_Driver\），将这两个文件拷贝到刚建立的Libraries\STM32F4x7_ETH_Driver\文件夹中，对应改名为stm32f429_eth.h和stm32f429_eth.c，这两个文件是ETH驱动文件，类似在标准库中外设驱动代码实现文件。

接下来，USER文件夹下建立一个Bsp文件夹，在Bsp文件夹中新建一个Ethernet文件夹，用于存放与Ethernet相关的GPIO初始化、ETH外设初始化、PHY状态获取等函数实现文件，在stsw-stm32070文件夹中找到stm32f4x7_eth_bsp. c、stm32f4x7_eth_bsp. h和stm32f4x7_eth_conf.h三个文件（路径：...\Project\Standalone\tcp_echo_server\），将这三个文件拷贝到Ethernet文件夹中，对应改名为bsp_Ethernet. c、bsp_Ethernet. h和stm32f429_eth_conf.h。由于，ST官方LwIP测试平台使用的PHY型号不是LAN8720A，所以这三个文件需要修改。

在BSP文件夹中，除了Ethernet文件夹外，还有led、systick、usart文件夹，分别存放LED灯配置文件、UART1串口通信配置文件及PHY操作延时计时可选的系统定时器（本实验中，没使用该定时器，而是使用定时器3来作PHY操作延时，但仍然保留systick文件夹）。

最后，Ethernet网络通信用户程序，为测试LwIP移植是否成功和检查TCP通信功能，设置开发板为TCP服务器端，电脑端为TCP客户端。在stsw-stm32070文件夹中找到netconf.c、tcp_echoserver.c、lwipopts.h、netconf.h和tcp_echoserver.h五个文件（路径：…\Project\Standalone\tcp_echo_server\），直接拷贝到App文件夹（自己新建），netconf.c文件代码实现LwIP初始化函数、周期调用函数、DHCP功能函数等，tcp_echoserver.c文件实现TCP服务器通信，lwipopts.h包含LwIP功能选项。

2. 为工程添加文件

把所需文件添加在工程中。最终工程文件结构如图9-7所示，图中STM32F4xx_ETH_Driver文件夹，添加的是ETH驱动文件，使用固件库编程时，ETH相关的固件库函数均在该文件中；BSP文件夹中，添加的是LED三色灯、UART1串口通信、Ethernet通信的板级驱动文件，主要涉及相应硬件的初始化配置函数等文件；LwIP系列文件夹中移植的是TCP/IP协议栈，用于实现TCP/IP通信；User文件夹，分别是主程序main.c、中断服务程序stm32f4xx_it.c、网卡驱动程序netconf.c、以太网服务器应用程序tcp_echoserver.c。

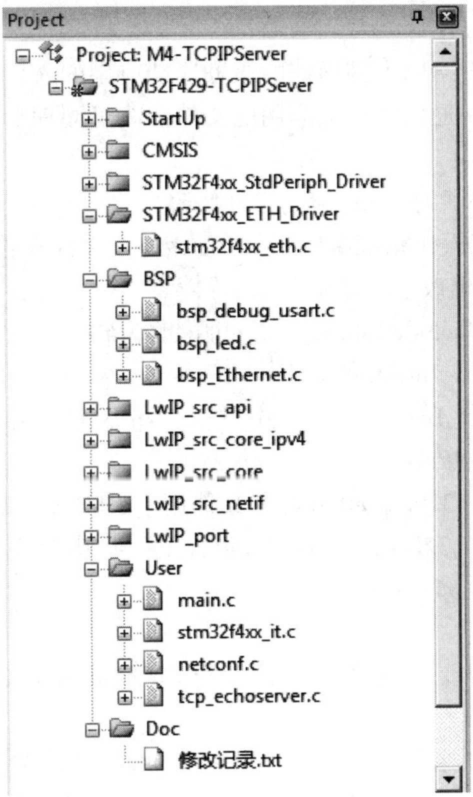

图9-7　工程文件结构

接下来，还需要在工程环境配置时，为使移植的文件能够正确找到相应头文件，选择添加相关头文件路径，参考图9-8。

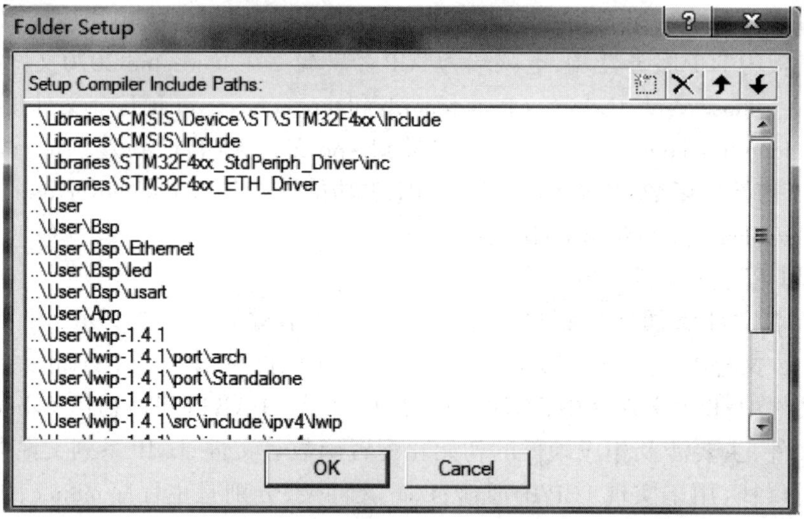

图9-8　添加相关头文件路径

3.文件修改

无操作系统嵌入式设备以太网通信的服务器端应用的文件修改参考如下，后续无操作系统嵌入式设备以太网通信客户端应用的文件修改可同理参考借鉴，但需要由同学自行探索完成。

(1)LwIP_port组文件中的ethernetif.c文件修改

ethernetif.c文件是无操作系统时网络接口函数，该文件在移植时只需修改相关头文件名，函数实现部分无需修改。具体修改如下：

●头文件包含处的#include "stm32f4x7_eth.h"改为#include "stm32f4xx_eth.h"。

●删除或屏蔽#include "main.h"。

(2) STM32F4xx_ETH_Driver 组文件中的 stm32f4xx_eth. c 、stm32f4xx_eth. h、stm32f4xx_eth_conf.h文件修改

stm32f4xx_eth.c和stm32f4xx_eth.h两个文件用于ETH驱动函数实现，它是通过直接操作寄存器方式实现；stm32f4xx_eth_conf.h包含了一些功能选项的宏定义，需要对部分内容进行修改。具体修改如下：

●stm32f4xx_eth.c需要将头文件包含处的#include "stm32f4x7_eth.h"改为#include "stm32f4xx_eth.h"；

●stm32f4xx_eth.h需要将头文件包含处的#include "stm32f4x7_eth_conf.h"改为#include "stm32f4xx_eth_conf.h"；

●stm32f4xx_eth_conf.h需要将第24行头文件包含处的#include "main.h"改为#include "./Bsp/systick/bsp_SysTick.h"；

●stm32f4xx_eth_conf.h需要将第25行宏定义的#define _eth_delay_　Delay改为#define _eth_delay_ Delay_10ms;

●在stm32f4xx_eth_conf.h需要将第52行增加宏定义:

/* LAN8742A Reset delay */

#define LAN8742A_RESET_DELAY ((uint32_t)0x00000005)

●在stm32f4xx_eth_conf.h需要将第55行增加宏定义:

/* LAN8742A Reset delay */

#define LAN8742A_RESET_DELAY ((uint32_t)0x00FFFFFF)

●stm32f4xx_eth_conf.h需要将第70行至73行替换为

/* The LAN8742A PHY status register */

#define PHY_SR ((uint16_t)0x001F) /* PHY status register Offset */

#define PHY_SPEED_STATUS ((uint16_t)0x0004) /* PHY Speed mask */

#define PHY_DUPLEX_STATUS ((uint16_t)0x0010) /* PHY Duplex mask */

(3)BSP组文件中的 bsp_Ethernet.c 文件修改

bsp_Ethernet.c 是 ETH 外设相关的底层配置,包括 RMII 接口 GPIO 初始化、SMI 接口 GPIO 初始化、MAC 控制器工作环境配置,还有一些 PHY 的状态获取和控制修改函数。ST 官方例程包含了中断引脚的相关配置,主要用于指示接收到以太网帧,本实验采用无限轮询方法检测接收状态。

●将头文件包含处的#include "stm32f4x7_eth.h"改为#include "stm32f4xx_eth.h";

●将头文件包含处的#include "stm32f4x7_eth_bsp.h"改为#include "./Bsp/Ethernet/bsp_Ethernet.h";

●删除或屏蔽#include "main.h"。

●在头文件包含处新增加一个#include "bsp_debug_usart.h",便于串口打印;

●新增一个宏定义 GET_PHY_LINK_STATUS(),此宏定义在 void ETH_BSP_Config (void)和 void ETH_CheckLinkStatus(uint16_t PHYAddress)两个函数中都会用到

#define GET_PHY_LINK_STATUS() (ETH_ReadPHYRegister(ETHERNET_PHY_ADDRESS, PHY_SR) & 0x00000004)

lETH_GPIO_Config 函数修改

由于采用LAN8720以RMII方式连接ETH,所以,原

```
/* Enable GPIOs clocks */

RCC_AHB1PeriphClockCmd(RCC_AHB1Periph_GPIOA | RCC_AHB1Periph_GPIOB |
                       RCC_AHB1Periph_GPIOC | RCC_AHB1Periph_GPIOI |
                       RCC_AHB1Periph_GPIOG | RCC_AHB1Periph_GPIOH |
                       RCC_AHB1Periph_GPIOF, ENABLE);
```

替换为：

```
/* Enable GPIOs clocks */
RCC_AHB1PeriphClockCmd(ETH_MDIO_GPIO_CLK | ETH_MDC_GPIO_CLK |
            ETH_RMII_REF_CLK_GPIO_CLK | ETH_RMII_CRS_DV_GPIO_CLK |
            ETH_RMII_RXD0_GPIO_CLK | ETH_RMII_RXD1_GPIO_CLK |
            ETH_RMII_TX_EN_GPIO_CLK | ETH_RMII_TXD0_GPIO_CLK |
            ETH_RMII_TXD1_GPIO_CLK | ETH_NRST_GPIO_CLK, ENABLE);
```

删除：

```
/* Configure MCO (PA8) */
GPIO_InitStructure.GPIO_Pin = GPIO_Pin_8;
GPIO_InitStructure.GPIO_Speed = GPIO_Speed_100MHz;
GPIO_InitStructure.GPIO_Mode = GPIO_Mode_AF;
GPIO_InitStructure.GPIO_OType = GPIO_OType_PP;
GPIO_InitStructure.GPIO_PuPd = GPIO_PuPd_NOPULL ;
GPIO_Init(GPIOA, &GPIO_InitStructure);
```

由于增加了复位引脚PI1，在复位后需要增加延迟函数，并且原ETH_RMII_TX_EN ----->PG11实际物理连接的引脚是PB11，所以，原

```
/* Ethernet pins configuration ************************************************/
……
```

之后的代码全部替换为：

```
/*
    ETH_MDIO ------------------------------------------> PA2
    ETH_MDC --------------------------------------------> PC1
    ETH_MII_RX_CLK/ETH_RMII_REF_CLK---> PA1
    ETH_MII_RX_DV/ETH_RMII_CRS_DV ------> PA7
    ETH_MII_RXD0/ETH_RMII_RXD0 -------------> PC4
    ETH_MII_RXD1/ETH_RMII_RXD1 -------------> PC5
    ETH_MII_TX_EN/ETH_RMII_TX_EN ----------> PB11
    ETH_MII_TXD0/ETH_RMII_TXD0 --------------> PG13
    ETH_MII_TXD1/ETH_RMII_TXD1 --------------> PG14
    ETH_NRST ---------------------------------------------> PI1
                                                          */
        GPIO_InitStructure.GPIO_Pin = GPIO_Pin_1;
```

```
GPIO_InitStructure.GPIO_Speed = GPIO_Speed_100MHz;
GPIO_InitStructure.GPIO_Mode = GPIO_Mode_OUT;
GPIO_InitStructure.GPIO_OType = GPIO_OType_PP;
GPIO_InitStructure.GPIO_PuPd = GPIO_PuPd_NOPULL ;
GPIO_Init(GPIOI, &GPIO_InitStructure);

GPIO_ResetBits(GPIOI,GPIO_Pin_1);
_eth_delay_(LAN8742A_RESET_DELAY);
GPIO_SetBits(GPIOI,GPIO_Pin_1);
_eth_delay_(LAN8742A_RESET_DELAY);

GPIO_InitStructure.GPIO_Pin = GPIO_Pin_2;
GPIO_InitStructure.GPIO_Speed = GPIO_Speed_100MHz;
 GPIO_InitStructure.GPIO_Mode = GPIO_Mode_AF;
 GPIO_InitStructure.GPIO_OType = GPIO_OType_PP;
 GPIO_InitStructure.GPIO_PuPd = GPIO_PuPd_NOPULL;
 GPIO_Init(GPIOA, &GPIO_InitStructure);
 GPIO_PinAFConfig(GPIOA, GPIO_PinSource2, GPIO_AF_ETH);

/* Configure ETH_MDC */
GPIO_InitStructure.GPIO_Pin = GPIO_Pin_1;
GPIO_Init(GPIOC, &GPIO_InitStructure);
GPIO_PinAFConfig(GPIOC, GPIO_PinSource1, GPIO_AF_ETH);
GPIO_InitStructure.GPIO_Pin = GPIO_Pin_1;
GPIO_Init(GPIOA, &GPIO_InitStructure);
GPIO_PinAFConfig(GPIOA, GPIO_PinSource1, GPIO_AF_ETH);

GPIO_InitStructure.GPIO_Pin = GPIO_Pin_7;
GPIO_Init(GPIOA, &GPIO_InitStructure);
GPIO_PinAFConfig(GPIOA, GPIO_PinSource7, GPIO_AF_ETH);
GPIO_InitStructure.GPIO_Pin = GPIO_Pin_4;
GPIO_Init(GPIOC, &GPIO_InitStructure);
GPIO_PinAFConfig(GPIOC, GPIO_PinSource4, GPIO_AF_ETH);
GPIO_InitStructure.GPIO_Pin = GPIO_Pin_5;
GPIO_Init(GPIOC, &GPIO_InitStructure);
```

```
GPIO_PinAFConfig(GPIOC, GPIO_PinSource5, GPIO_AF_ETH);
GPIO_InitStructure.GPIO_Pin = GPIO_Pin_11;
GPIO_Init(GPIOB, &GPIO_InitStructure);
GPIO_PinAFConfig(GPIOB, GPIO_PinSource11, GPIO_AF_ETH);

GPIO_InitStructure.GPIO_Pin = GPIO_Pin_13;
GPIO_Init(GPIOG, &GPIO_InitStructure);
GPIO_PinAFConfig(GPIOG, GPIO_PinSource13, GPIO_AF_ETH);

GPIO_InitStructure.GPIO_Pin = GPIO_Pin_14;
GPIO_Init(GPIOG, &GPIO_InitStructure);
GPIO_PinAFConfig(GPIOG, GPIO_PinSource14, GPIO_AF_ETH);
```

●ETH_MACDMA_Config 函数修改；

由于采用LAN8720以RMII方式连接ETH，而原始程序是采用DP83848收发器，所以，在该函数的最后段，需要将DP83848_PHY_ADDRESS替换为头文件中为LAN8720补充定义的ETHERNET_PHY_ADDRESS，原

```
/* Configure Ethernet */
EthStatus = ETH_Init(&ETH_InitStructure, DP83848_PHY_ADDRESS);
```

修改为：

```
/* Configure Ethernet */
/* 配置 ETH */
EthStatus = ETH_Init(&ETH_InitStructure, ETHERNET_PHY_ADDRESS);
```

由此，对应bsp_Ethernet.h文件中就需要添加ETHERNET_PHY_ADDRESS宏定义。

●ETH_BSP_Config 函数修改；

删除：

```
RCC_ClocksTypeDef RCC_Clocks;
/**********************************************************************
NOTE:
    When using Systick to manage the delay in Ethernet driver, the Systick must be configured
    before Ethernet initialization and, the interrupt priority should be the highest one.
**********************************************************************/
/* Configure Systick clock source as HCLK */
```

```
SysTick_CLKSourceConfig(SysTick_CLKSource_HCLK);

/* SystTick configuration: an interrupt every 10ms */
RCC_GetClocksFreq(&RCC_Clocks);
SysTick_Config(RCC_Clocks.HCLK_Frequency / 100);

/* Set Systick interrupt priority to 0*/
NVIC_SetPriority (SysTick_IRQn, 0);
```

将原有的：

```
/* Get Ethernet link status*/
if(ETH_ReadPHYRegister(DP83848_PHY_ADDRESS, PHY_SR) & 1)
{
  EthStatus |= ETH_LINK_FLAG;
}
```

替换为：

```
/* Get Ethernet link status*/
if(GET_PHY_LINK_STATUS())
{
  EthStatus |= ETH_LINK_FLAG;
}
```

删除：

```
/* Configure the PHY to generate an interrupt on change of link status */
Eth_Link_PHYITConfig(DP83848_PHY_ADDRESS);
/* Configure the EXTI for Ethernet link status. */
Eth_Link_EXTIConfig();
```

●ETH_link_callback(struct netif *netif)函数修改；

ETH_link_callback 函数被 LwIP 调用，当链路状态发送改变时，该函数就被调用，用于状态改变后处理相关事务。其修改部分如下：

删除位于前面部分的：

```
#ifndef USE_DHCP
   uint8_t iptab[4] = {0};
```

```
    uint8_t iptxt[20];
#endif /* USE_DHCP */

/* Clear LCD */
LCD_ClearLine(Line4);
LCD_ClearLine(Line5);
LCD_ClearLine(Line6);
LCD_ClearLine(Line7);
LCD_ClearLine(Line8);
LCD_ClearLine(Line9);
```

删除位于后面部分的：

```
#ifdef USE_LCD
/* Set the LCD Text Color */
LCD_SetTextColor(Green);

/* Display message on the LCD */
LCD_DisplayStringLine(Line5, (uint8_t*)"  Network Cable is  ");
LCD_DisplayStringLine(Line6, (uint8_t*)"    now connected   ");

/* Set the LCD Text Color */
LCD_SetTextColor(White);

#ifndef USE_DHCP
/* Display static IP address */
iptab[0] = IP_ADDR3;
iptab[1] = IP_ADDR2;
iptab[2] = IP_ADDR1;
iptab[3] = IP_ADDR0;
sprintf((char*)iptxt, "  %d.%d.%d.%d", iptab[3], iptab[2], iptab[1], iptab[0]);
LCD_DisplayStringLine(Line8, (uint8_t*)"  Static IP address   ");
LCD_DisplayStringLine(Line9, iptxt);

/* Clear LCD */
LCD_ClearLine(Line5);
```

```
LCD_ClearLine(Line6);
#endif /* USE_DHCP */
#endif /* USE_LCD */
```

将本函数中的DP83848_PHY_ADDRESS全部替换成ETHERNET_PHY_ADDRESS。

● 删除了原有的uint32_t Eth_Link_PHYITConfig(uint16_t PHYAddress)、void Eth_Link_EXTIConfig(void)和void Eth_Link_ITHandler(uint16_t PHYAddress)函数；

●新增了一个链路状态检查函数void ETH_CheckLinkStatus(uint16_t PHYAddress)，便于查询方式检查链路连接状态，实际上也是通过宏定义GET_PHY_LINK_STATUS()获取得到的，并通知LwIP当前链路状态，无操作系统时ETH_CheckLinkStatus函数应被无限循环调用。

```
/**
  * @brief  Configure the PHY to generate an interrupt on change of link status.
  * @param PHYAddress: external PHY address
  * @retval None
  */
/* This function is called periodically each second */
/* It checks link status for ethernet controller */
void ETH_CheckLinkStatus(uint16_t PHYAddress)
{
  static uint8_t status = 0;
  uint32_t t = GET_PHY_LINK_STATUS();

  /* If we have link and previous check was not yet */
  if (t && !status) {
    /* Set link up */
    netif_set_link_up(&gnetif);

    status = 1;
  }
  /* If we don't have link and it was on previous check */
  if (!t && status) {
    EthLinkStatus = 1;
    /* Set link down */
```

```
    netif_set_link_down(&gnetif);

    status = 0;
  }
}
```

(4)BSP组文件中的 bsp_Ethernet.h 文件修改

bsp_Ethernet.h 文件存放了 ETH 外设相关的宏定义，包含 RMII 和 SMI 引脚信息等宏定义，其中，要特别说明一个宏，它定义了 PHY 地址：ETHERNET_PHY_ADDRESS，需要根据硬件设计设置为 0x00，这在 SMI 通信非常重要。

●将头文件包含处#include "netif.h"之上的代码全部替换为：

```
/* Define to prevent recursive inclusion -------------------------------------*/
#ifndef __STM32F4xx_ETH_BSP_H
#define __STM32F4xx_ETH_BSP_H

#ifdef __cplusplus
 extern "C" {
#endif

#include "stm32f4xx_eth.h"
```

●删除原有的宏定义

```
#define DP83848_PHY_ADDRESS      ((uint16_t) 0x01)

/* Specific defines for EXTI line, used to manage Ethernet link status */
#define ETH_LINK_EXTI_LINE                    EXTI_Line14
#define ETH_LINK_EXTI_PORT_SOURCE             EXTI_PortSourceGPIOB
#define ETH_LINK_EXTI_PIN_SOURCE              EXTI_PinSource14
#define ETH_LINK_EXTI_IRQn                    EXTI15_10_IRQn
/* PB14 */
#define ETH_LINK_PIN                          GPIO_Pin_14
#define ETH_LINK_GPIO_PORT                    GPIOB
#define ETH_LINK_GPIO_CLK                     RCC_AHB1Periph_GPIOB
```

●在前面删除操作的位置,新增宏定义

```
#define ETHERNET_PHY_ADDRESS       0x00 /* 根据硬件决定 */
/*
    ETH_MDIO -----------------------------------------------> PA2
    ETH_MDC ------------------------------------------------> PC1
    ETH_MII_RX_CLK/ETH_RMII_REF_CLK---> PA1
    ETH_MII_RX_DV/ETH_RMII_CRS_DV -----> PA7
    ETH_MII_RXD0/ETH_RMII_RXD0 ------------> PC4
    ETH_MII_RXD1/ETH_RMII_RXD1 ------------> PC5
    ETH_MII_TX_EN/ETH_RMII_TX_EN ---------> PB11
    ETH_MII_TXD0/ETH_RMII_TXD0 -------------> PG13
    ETH_MII_TXD1/ETH_RMII_TXD1 -------------> PG14
    ETH_NRST ------------------------------------------------> PI1
                                              */

/* ETH_MDIO */
#define ETH_MDIO_GPIO_CLK                  RCC_AHB1Periph_GPIOA
#define ETH_MDIO_PORT                      GPIOA
#define ETH_MDIO_PIN                       GPIO_Pin_2
#define ETH_MDIO_AF                        GPIO_AF_ETH
#define ETH_MDIO_SOURCE                    GPIO_PinSource2
/* ETH_MDC */
#define ETH_MDC_GPIO_CLK                   RCC_AHB1Periph_GPIOC
#define ETH_MDC_PORT                       GPIOC
#define ETH_MDC_PIN                        GPIO_Pin_1
#define ETH_MDC_AF                         GPIO_AF_ETH
#define ETH_MDC_SOURCE                     GPIO_PinSource1

/* ETH_RMII_REF_CLK */
#define ETH_RMII_REF_CLK_GPIO_CLK          RCC_AHB1Periph_GPIOA
#define ETH_RMII_REF_CLK_PORT              GPIOA
#define ETH_RMII_REF_CLK_PIN               GPIO_Pin_1
#define ETH_RMII_REF_CLK_AF                GPIO_AF_ETH
#define ETH_RMII_REF_CLK_SOURCE            GPIO_PinSource1
```

```
/* ETH_RMII_CRS_DV */
#define ETH_RMII_CRS_DV_GPIO_CLK          RCC_AHB1Periph_GPIOA
#define ETH_RMII_CRS_DV_PORT              GPIOA
#define ETH_RMII_CRS_DV_PIN               GPIO_Pin_7
#define ETH_RMII_CRS_DV_AF                GPIO_AF_ETH
#define ETH_RMII_CRS_DV_SOURCE            GPIO_PinSource7

/* ETH_RMII_RXD0 */
#define ETH_RMII_RXD0_GPIO_CLK            RCC_AHB1Periph_GPIOC
#define ETH_RMII_RXD0_PORT                GPIOC
#define ETH_RMII_RXD0_PIN                 GPIO_Pin_4
#define ETH_RMII_RXD0_AF                  GPIO_AF_ETH
#define ETH_RMII_RXD0_SOURCE              GPIO_PinSource4

/* ETH_RMII_RXD1 */
#define ETH_RMII_RXD1_GPIO_CLK            RCC_AHB1Periph_GPIOC
#define ETH_RMII_RXD1_PORT                GPIOC
#define ETH_RMII_RXD1_PIN                 GPIO_Pin_5
#define ETH_RMII_RXD1_AF                  GPIO_AF_ETH
#define ETH_RMII_RXD1_SOURCE              GPIO_PinSource5

/* ETH_RMII_TX_EN */
#define ETH_RMII_TX_EN_GPIO_CLK           RCC_AHB1Periph_GPIOB
#define ETH_RMII_TX_EN_PORT               GPIOB
#define ETH_RMII_TX_EN_PIN                GPIO_Pin_11
#define ETH_RMII_TX_EN_AF                 GPIO_AF_ETH
#define ETH_RMII_TX_EN_SOURCE             GPIO_PinSource11

/* ETH_RMII_TXD0 */
#define ETH_RMII_TXD0_GPIO_CLK            RCC_AHB1Periph_GPIOG
#define ETH_RMII_TXD0_PORT                GPIOG
#define ETH_RMII_TXD0_PIN                 GPIO_Pin_13
#define ETH_RMII_TXD0_AF                  GPIO_AF_ETH
#define ETH_RMII_TXD0_SOURCE              GPIO_PinSource13
```

```
/* ETH_RMII_TXD1 */
#define ETH_RMII_TXD1_GPIO_CLK              RCC_AHB1Periph_GPIOG
#define ETH_RMII_TXD1_PORT                  GPIOG
#define ETH_RMII_TXD1_PIN                   GPIO_Pin_14
#define ETH_RMII_TXD1_AF                    GPIO_AF_ETH
#define ETH_RMII_TXD1_SOURCE                GPIO_PinSource14

/* ETH_NRST */
#define ETH_NRST_GPIO_CLK                   RCC_AHB1Periph_GPIOI
#define ETH_NRST_PORT                       GPIOI
#define ETH_NRST_PIN                        GPIO_Pin_1
#define ETH_NRST_PIN_HIGH()                 GPIO_SetBits(ETH_NRST_PORT,
                                            ETH_NRST_PIN)
#define ETH_NRST_PIN_LOW()                  GPIO_ResetBits(ETH_NRST_PORT,
                                            ETH_NRST_PIN)
```

●新增外部已经定义全局变量的声明

```
extern __align(4)  ETH_DMADESCTypeDef *DMARxDscrTab; //以太网 DMA 接收描述符指针
extern __align(4)  ETH_DMADESCTypeDef *DMATxDscrTab; //以太网 DMA 发送描述符指针
extern __align(4)  uint8_t *Rx_Buff;          //以太网底层驱动接收 Buffers 指针
extern __align(4)  uint8_t *Tx_Buff;          //以太网底层驱动发送 Buffers 指针
extern ETH_DMADESCTypeDef  *DMATxDescToSet;   //DMA 发送描述符追踪指针
extern ETH_DMADESCTypeDef  *DMARxDescToGet;   //DMA 接收描述符追踪指针
extern ETH_DMA_Rx_Frame_infos *DMA_RX_FRAME_infos; //DMA 最后接收到帧信息指针
```

●删除本实验不用的函数声明

```
uint32_t Eth_Link_PHYITConfig(uint16_t PHYAddress);
void Eth_Link_EXTIConfig(void);
void Eth_Link_ITHandler(uint16_t PHYAddress);
```

●新增两个新函数声明

```
vvoid  ETH_EXTERN_GetSpeedAndDuplex(uint32_t  PHYAddress, ETH_InitTypeDef*
```

```
ETH_InitStruct);
    void ETH_CheckLinkStatus(uint16_t PHYAddress);
```

(5)USER组文件中的netconf.h文件修改

●在头文件包含处新增加一个#include "stm32f4xx.h";

●删除下列宏定义:

```
#define DHCP_START                    1
#define DHCP_WAIT_ADDRESS             2
#define DHCP_ADDRESS_ASSIGNED         3
#define DHCP_TIMEOUT                  4
#define DHCP_LINK_DOWN                5
```

●新增下列宏定义:

```
#define SERIAL_DEBUG
//lwip控制结构体
typedef struct
{
    uint8_t mac[6];          //MAC地址
    uint8_t remoteip[4];     //远端主机IP地址
    uint8_t ip[4];           //本机IP地址
    uint8_t netmask[4];      //子网掩码
    uint8_t gateway[4];      //默认网关的IP地址

    vu8 dhcpstatus;     //dhcp状态
                        //0, 未获取DHCP地址
                        //1, 进入DHCP获取状态
                        //2, 成功获取DHCP地址
                        //0XFF, 获取失败
}__lwip_dev;
extern __lwip_dev lwipdev;    //lwip控制结构体

/**
 * @brief  Number of milliseconds when to check for link status from PHY
 */
```

```
#ifndef LINK_TIMER_INTERVAL
#define LINK_TIMER_INTERVAL        1000
#endif

/* MII and RMII mode selection, for STM324xG-EVAL Board(MB786) RevB***********/
#define RMII_MODE// User have to provide the 50 MHz clock by soldering a 50 MHz
                    // oscillator (ref SM7745HEV-50.0M or equivalent) on the U3
                    // footprint located under CN3 and also removing jumper on JP5.
                    // This oscillator is not provided with the board.
                    // For more details, please refer to STM3240G-EVAL evaluation
                    // board User manual (UM1461).

//#define MII_MODE

/* Uncomment the define below to clock the PHY from external 25MHz crystal (only for
MII mode) */
#ifdef     MII_MODE
 #define PHY_CLOCK_MCO
#endif
```

●新增一个缺省IP设置函数

```
void lwip_comm_default_ip_set(__lwip_dev *lwipx);
```

(6)USER组文件中的netconf.c文件修改

●删除或屏蔽#include "main.h"。

●在头文件包含处新增加一个#include " ./Bsp/Ethernet/bsp_Ethernet.h";

●在私有变量处新增加一个uint32_t LinkTimer = 0和__lwip_dev lwipdev;

●删除或屏蔽下列DHCP相关的定义。

```
#ifdef USE_DHCP
uint32_t DHCPfineTimer = 0;
uint32_t DHCPcoarseTimer = 0;
__IO uint8_t DHCP_state;
#endif;
```

●删除或屏蔽下列私有函数声明。

```
void LwIP_DHCP_Process_Handle(void);
```

●增加一个 void lwip_comm_default_ip_set(__lwip_dev *lwipx)子函数。

```
/* lwip 默认IP设置 */
/* lwipx:lwip控制结构体指针 */
void lwip_comm_default_ip_set(__lwip_dev *lwipx)
{
    u32 sn0;
    sn0=*(vu32*)(0x1FFF7A10); //获取STM32唯一ID的前24位作为MAC地址后三字节
    //默认远端IP为:192.168.1.100
    lwipx->remoteip[0]=192;
    lwipx->remoteip[1]=168;
    lwipx->remoteip[2]=1;
    lwipx->remoteip[3]=106;
    //MAC地址设置(高三字节固定为:2.0.0, 低三字节用STM32唯一ID)
    lwipx->mac[0]=2; //高三字节(IEEE称之为组织唯一ID, OUI) 地址固定为:2.0.0
    lwipx->mac[1]=0;
    lwipx->mac[2]=0;
    lwipx->mac[3]=(sn0>>16)&0XFF;    //低三字节用STM32的唯一ID
    lwipx->mac[4]=(sn0>>8)&0XFFF;
    lwipx->mac[5]=sn0&0XFF;
    //默认本地IP为:192.168.1.30
    lwipx->ip[0]=192;
    lwipx->ip[1]=168;
    lwipx->ip[2]=1;
    lwipx->ip[3]=122;
    //默认子网掩码:255.255.255.0
    lwipx->netmask[0]=255;
    lwipx->netmask[1]=255;
    lwipx->netmask[2]=255;
    lwipx->netmask[3]=0;
    //默认网关:192.168.1.1
    lwipx->gateway[0]=192;
    lwipx->gateway[1]=168;
    lwipx->gateway[2]=1;
    lwipx->gateway[3]=1;
    lwipx->dhcpstatus=0;    //没有 DHCP
}
```

●LwIP_Init(void)函数修改；

删除结构体命名下面的：

```
#ifndef USE_DHCP
  uint8_t iptab[4] = {0};
  uint8_t iptxt[20];
#endif
```

替换下列LCD显示代码：

```
#ifdef USE_LCD
    iptab[0] = IP_ADDR3;
    iptab[1] = IP_ADDR2;
    iptab[2] = IP_ADDR1;
    iptab[3] = IP_ADDR0;

    sprintf((char*)iptxt, "  %d.%d.%d.%d", iptab[3], iptab[2], iptab[1], iptab[0]);

    LCD_DisplayStringLine(Line8, (uint8_t*)"  Static IP address   ");
    LCD_DisplayStringLine(Line9, iptxt);
#endif
```

替换成串口打印代码：

```
#ifdef SERIAL_DEBUG
        printf("\n Static IP address \n");
        printf("IP: %d.%d.%d.%d\n",IP_ADDR0,IP_ADDR1,IP_ADDR2,IP_ADDR3);
        printf("NETMASK: %d.%d.%d.%d\n", NETMASK_ADDR0, NETMASK_ADDR1,
NETMASK_ADDR2,NETMASK_ADDR3);
        printf("Gateway: %d.%d.%d.%d\n", GW_ADDR0, GW_ADDR1, GW_ADDR2,
GW_ADDR3);

#endif
```

替换最后的LCD显示代码：

```
/* Set the LCD Text Color */
LCD_SetTextColor(Red);
```

```
/* Display message on the LCD */
LCD_DisplayStringLine(Line5, (uint8_t*)"  Network Cable is  ");
LCD_DisplayStringLine(Line6, (uint8_t*)"    not connected   ");

/* Set the LCD Text Color */
LCD_SetTextColor(White);
```

替换成串口打印代码：

```
#ifdef SERIAL_DEBUG
      printf("\n Network Cable is \n");
      printf(" not connected \n");
#endif
```

●LwIP_Periodic_Handle(__IO uint32_t localtime)函数修改；

在ARP周期性处理代码之后，新增加一段：

```
/* Check link status periodically */
 if ((localtime - LinkTimer) >= LINK_TIMER_INTERVAL) {
 ETH_CheckLinkStatus(ETHERNET_PHY_ADDRESS);
 LinkTimer=localtime;
}
```

将DHCP相关代码中的

```
/* toggle LED1 to indicate DHCP on-going process */
STM_EVAL_LEDToggle(LED1);
```

替换为：

```
#ifdef SERIAL_DEBUG
          LED1_TOGGLE;
          printf("\nFine DHCP periodic process every 500ms\n");
#endif
```

●LwIP_DHCP_Process_Handle()函数修改；

按照工业以太网的要求，需要禁用DHCP，所以删除整个函数。

(7)USER组文件中的tcp_echoserver.c文件修改

●删除或屏蔽#include "main.h"，有两处；

●删除或屏蔽#include "lwip/debug.h"、#include "lwip/stats.h"、#include "lwip/tcp.h";

●在头文件包含处新增加五个#include <stdlib.h>、#include <string.h>、#include "netconf.h"、#include "./Bsp/Ethernet/bsp_Ethernet.h"、#include " tcp_echoserver.h";

●新增一个已定义的全局变量声明extern u8 tcp_server_flag;　　//以太网工作标志

新增一个可由以太网服务器在收到客户端请求后,经由网络通信返回给客户端的字符串定义,const u8 *tcp_server_sendbuf="STM32F4xx TCP/IP Server send data\r\n";

●void tcp_echoserver_init(void)函数修改;

由于原程序中是把TCP端口绑定到端口7上,考虑到不同通信协议需要绑定到不同的TCP端口,因此,作了如下修改:

删除或注释 err = tcp_bind(tcp_echoserver_pcb, IP_ADDR_ANY, LOCAL_SERVER_PORT);

新增 err = tcp_bind(tcp_echoserver_pcb, IP_ADDR_ANY, TCP_SERVER_PORT);

●新增一个 void tcp_echoserver_close(void)函数;

```
/**
* @brief  This functions closes the tcp connection
* @param  None
* @retval None
*/
void tcp_echoserver_close(void)
{
        tcp_echoserver_connection_close(tcp_echoserver_pcb,tcp_echoserver_es);
        #ifdef SERIAL_DEBUG
        printf("closes the tcp server\n");
        #endif
}
```

●static err_t tcp_echoserver_accept(void *arg, struct tcp_pcb *newpcb, err_t err)函数修改

由于接收到以太网报文后,并不是立即返回应答报文帧,而是需要处理后,再响应,这就需要把接收到以太网请求报文的一些信息保留下来,后续才能正确地返回给对应的客户端,因此,作了如下修改:

在if程序段之前新增一行代码

tcp_echoserver_es=es;

为了允许客户端地址变化,而不是设置成一个完全固定不变的死值,也对程序作了

修改，在 if 程序段的最后部分，新增一段代码如下：

```
/* 将远端连接的客户端 IP 及信息保存 */
lwipdev.remoteip[0]=newpcb->remote_ip.addr&0xff;         //IADDR4
lwipdev.remoteip[1]=(newpcb->remote_ip.addr>>8)&0xff;    //IADDR3
lwipdev.remoteip[2]=(newpcb->remote_ip.addr>>16)&0xff;   //IADDR2
lwipdev.remoteip[3]=(newpcb->remote_ip.addr>>24)&0xff;   //IADDR1
```

● static err_t tcp_echoserver_recv(void *arg, struct tcp_pcb *tpcb, struct pbuf *p, err_t err)函数修改；

因为，不采用原始例程中收到报文就直接返回的处理方式，那么对于接收到第一帧报文的处理程序 else if(es->state == ES_ACCEPTED)中，最后部分进行了修改：

删除或注释下列两行代码

```
/* send back the received data (echo) */
tcp_echoserver_send(tpcb, es);
```

新增代码段

```
tcp_echoserver_pcb  = tpcb;
tcp_echoserver_es = es;

/* 将 tpcb 中已被转存且长度为 tot_len 的数据空间释放，恢复成更大的窗口*/
tcp_recved(tpcb, p->tot_len);

es->p = NULL;
pbuf_free(p);

/* 置以太网接收到报文标志 */
tcp_server_flag = (tcp_server_flag & 0xBF) | 0x40;
lwipdev.remoteip[0]=tpcb->remote_ip.addr&0xff;          //IADDR4
lwipdev.remoteip[1]=(tpcb->remote_ip.addr>>8)&0xff;     //IADDR3
lwipdev.remoteip[2]=(tpcb->remote_ip.addr>>16)&0xff;    //IADDR2
lwipdev.remoteip[3]=(tpcb->remote_ip.addr>>24)&0xff;    //IADDR1
```

对于接收到非第一帧报文的处理程序 else if (es->state == ES_RECEIVED)中，需要按上述方法作相同修改：

删除或注释下列两行代码

```
/* send back the received data (echo) */
tcp_echoserver_send(tpcb, es);
```

新增代码段

```
tcp_echoserver_pcb  = tpcb;
tcp_echoserver_es = es;

/* 将tpcb中已被转存且长度为tot_len的数据空间释放,恢复成更大的窗口*/
tcp_recved(tpcb, p->tot_len);

es->p = NULL;
pbuf_free(p);

/* 置以太网接收到报文标志 */
tcp_server_flag = (tcp_server_flag & 0xBF) | 0x40;
```

●新增一个void tcp_server_usersend(void)函数;

自己编写的一个用户发送程序,可由应用程序调用后,来发起服务器向客户端的网络应答通信。

```
/* LWIP数据发送,用户应用程序调用此函数来发送数据
/* tpcb:TCP控制块
/* 返回值:0,成功;其他值,失败
void tcp_server_usersend(void)
{
  // struct tcp_server_struct *es;
  struct tcp_echoserver_struct *tcp_echoserver_sending_es;
  //  tcp_echoserver_sending_es = tcp_echoserver_received_es;

  tcp_echoserver_sending_es = tcp_echoserver_es;

  tcp_echoserver_sending_es->p = NULL;
  pbuf_free(tcp_echoserver_sending_es->p);
  tcp_echoserver_sending_es->p=pbuf_alloc(PBUF_TRANSPORT, strlen((char*)tcp_
  server_sendbuf), PBUF_POOL);  //申请内存
```

```
    pbuf_take(tcp_echoserver_sending_es->p,(char*)tcp_server_sendbuf,strlen((char*)
    tcp_server_sendbuf));//将 tcp_server_sentbuf[]中的数据拷贝到 es->p_tx 中

    struct tcp_pcb *tcp_echoserver_sending_pcb;
    //tcp_echoserver_sending_pcb = tcp_echoserver_received_pcb;
    tcp_echoserver_sending_pcb = tcp_echoserver_pcb;
    if(tcp_echoserver_sending_es!=NULL) //连接处于空闲可以发送数据
    {
      tcp_echoserver_send(tcp_echoserver_sending_pcb,tcp_echoserver_sending_es);  //将
      tcp_server_sentbuf[]里面复制给 pbuf 的数据发送出去

      /* 清除以太网接收到报文标志 */
      cp_server_flag = (tcp_server_flag & 0xBF);
      tcp_echoserver_sending_es->p = NULL;
      pbuf_free(tcp_echoserver_sending_es->p);
      tcp_echoserver_es->p = NULL;
      pbuf_free(tcp_echoserver_es->p);
    }
    else
    {
      tcp_abort(tcp_echoserver_pcb);    //终止连接,删除 pcb 控制块
    }
  }
```

(8)USER 组文件中的 tcp_echoserver.h 文件修改

●新增两个函数声明:void tcp_server_usersend(void)和 void tcp_echoserver_close(void)

●新增一个定义:#define TCP_SERVER_PORT 502

9.5.2.5　子函数设计开发

1.串口通信的板级驱动文件 bsp_debug_usart.c

串口 1 的 GPIO、UART 配置函数与实验 7 中的内容一致,请参阅实验 7 中第 7.5.2.4 子节"子函数设计开发"的内容。

2.LED 灯的板级驱动文件 bsp_led.c

LED 灯 GPIO 引脚的配置函数与实验 2 中的内容一致,请参阅实验 2 中第 2.5.2.4 子节"子函数设计开发"的内容。

3. 中断服务程序

(1)定时器3中断服务程序

```
void TIM3_IRQHandler(void)
{
  if(TIM_GetITStatus(TIM3,TIM_IT_Update)==SET) //溢出中断
  {
    LocalTime+=10;//10ms 增量
  }
  TIM_ClearITPendingBit(TIM3,TIM_IT_Update); //清除中断标志位
}
```

(2)以太网DMA接收中断服务程序

```
void ETH_IRQHandler(void)
{
  while(ETH_CheckFrameReceived())   //检测是否收到数据包
  {
    LwIP_Pkt_Handle();
  }
  ETH_DMAClearITPendingBit(ETH_DMA_IT_R);
  ETH_DMAClearITPendingBit(ETH_DMA_IT_NIS);
}
```

9.5.2.6 主程序设计开发

(1)头文件包含

将原有的：

```
#include "stm32f4x7_eth.h"
#include "netconf.h"
#include "main.h"
#include "lwip/tcp.h"
#include "lwip/tcp_impl.h"
#include "serial_debug.h"
```

替换为：

```
#include "stm32f4xx.h"
#include " ./Bsp/led/bsp_led.h"
#include " ./Bsp/ usart/bsp_debug_usart.h"
```

```
#include "./Bsp/Ethernet/bsp_Ethernet.h"
#include "lwip/ tcp.h"
#include "netconf.h"
#include "tcp_echoserver.h"
```

(2)私有定义及私有变量

删除以下私有定义：

```
#define SYSTEMTICK_PERIOD_MS  10

/*--------------- LCD Messages ---------------*/
#if defined (STM32F40XX)
#define MESSAGE1   "     STM32F40/41x     "
#elif defined (STM32F427X)
#define MESSAGE1   "      STM32F427x      "
#endif
#define MESSAGE2   "  STM32F-4 Series   "
#define MESSAGE3   " TCP echoclient Demo"
#define MESSAGE4   "                    "
```

在私有变量中新增定义：

```
extern __IO uint8_t EthLinkStatus;
```

新增以太网运行状态标志

```
u8 tcp_server_flag = 0;
```

删除私有变量中的：

```
uint32_t timingdelay;
```

删除私有功能中的：

```
void LCD_LED_BUTTON_Init(void);
```

(3)主程序中的main程序

```
int main(void)
{
  /* 设置系统中断优先级分组为2 */
```

```
NVIC_PriorityGroupConfig(NVIC_PriorityGroup_2);

/* 初始化 LED */
LED_GPIO_Config();

/* 初始化调试串口,一般为串口 1 */
Debug_USART_Config();

TIM3_Config(999,899);//10ms 定时器
printf("Ethernet 通信实验\n");

/* Configure ethernet (GPIOs, clocks, MAC, DMA) */
ETH_BSP_Config();
printf("LAN8720A 收发器及片内 ETH 初始化完毕,配置成功\n");

/* Initilaize the LwIP stack */
LwIP_Init();

/*create tcp server */
tcp_echoserver_init();

while(1)
{
  /* 点绿灯 */
  GPIO_SetBits(GPIOH,GPIO_Pin_10 | GPIO_Pin_12);
  GPIO_ResetBits(GPIOH,GPIO_Pin_11);

  /* 处理以太网接收报文*/
  while(tcp_server_flag & 0x40)
  {
    /* 点蓝灯 */
    GPIO_SetBits(GPIOH,GPIO_Pin_10 | GPIO_Pin_11);
    GPIO_ResetBits(GPIOH,GPIO_Pin_12);

    tcp_server_usersend();
  }
```

```
    /* handle periodic timers for LwIP */
    LwIP_Periodic_Handle(LocalTime);
  }
}
```

（4）主程序中的定时器3配置函数

```
static void TIM3_Config(uint16_t period,uint16_t prescaler)
{
  TIM_TimeBaseInitTypeDef TIM_TimeBaseInitStructure;
  NVIC_InitTypeDef NVIC_InitStructure;

  RCC_APB1PeriphClockCmd(RCC_APB1Periph_TIM3,ENABLE);  ///使能TIM3时钟

  TIM_TimeBaseInitStructure.TIM_Prescaler=prescaler;  //定时器分频
  TIM_TimeBaseInitStructure.TIM_CounterMode=TIM_CounterMode_Up; //向上计数模式
  TIM_TimeBaseInitStructure.TIM_Period=period;  //自动重装载值
  TIM_TimeBaseInitStructure.TIM_ClockDivision=TIM_CKD_DIV1;

  TIM_TimeBaseInit(TIM3,&TIM_TimeBaseInitStructure);

  TIM_ITConfig(TIM3,TIM_IT_Update,ENABLE); //允许定时器3更新中断
  TIM_Cmd(TIM3,ENABLE); //使能定时器3

  NVIC_InitStructure.NVIC_IRQChannel=TIM3_IRQn; //定时器3中断
  NVIC_InitStructure.NVIC_IRQChannelPreemptionPriority=0x01; //抢占优先级1
  NVIC_InitStructure.NVIC_IRQChannelSubPriority=0x03; //子优先级3
  NVIC_InitStructure.NVIC_IRQChannelCmd=ENABLE;
  NVIC_Init(&NVIC_InitStructure);
}
```

9.5.2.7　功能验证操作步骤

以太网通信的客户端应用功能验证操作步骤（见图9-9）：

（1）关闭windows防火墙；

（2）设置电脑IP；

（3）开发板上电，下载程序到开发板，掉电；

(4)连接开发板与电脑通信的网线、串口转USB线；

(5)开发板上电，打开网络调试助手；

设置好串口设置参数(默认就行)，然后打开对应串口；

设置好网络设置参数(如图9-9)，然后开始监听；

(6)按下开发板的RESET按键，等待PHY初始化结束(这里要等待一段时间)；

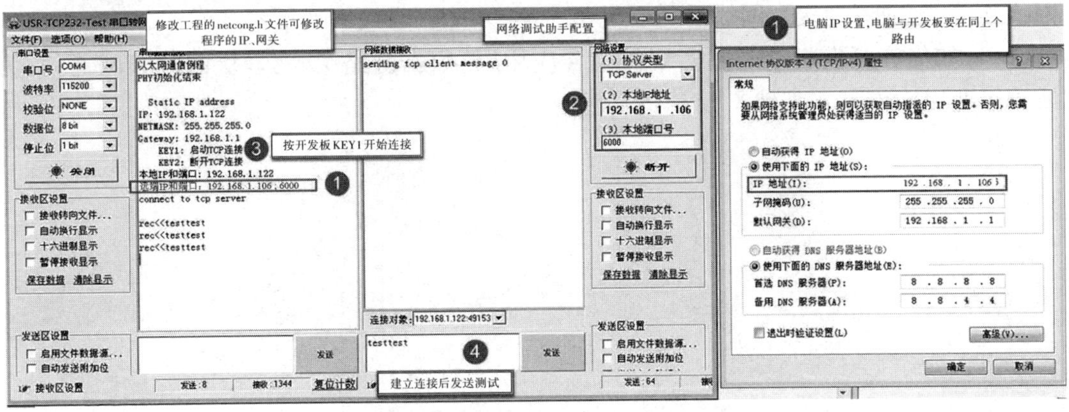

图9-9　计算机上的网络调试助手

(7)ping测试；

Win+R→cmd→ping　192.168.1.122

ping通后(否则检测网线连接)，就可以发送数据到开发板了。

无操作系统嵌入式设备以太网通信的客户端应用功能验证操作步骤，也同步作为设计的内容之一，由同学自行规划设计，作为研究开发能力培养的内容之一，鼓励同学自主完成研发工作。

9.6　实验要求

(1)理解互联网模型的基本概念，

(2)了解以太网通信基础知识；

(3)掌握片内集成以太网外设的工作原理；

(4)掌握物理层收发器的工作原理；

(5)了解LwIP协议栈相关知识；

(6)综合软硬件设计，编程实现无操作系统嵌入式设备以太网通信的服务器端应用；

(7)尝试完全自主设计开发无操作系统嵌入式设备以太网通信的客户端应用(属于进阶，可选做)；

(8)填写实验报告。

a.按照实验报告的要求统一格式，填写实验报告；

b.尽可能充分体现出综合、设计和开发技巧；

c.在实验总结栏中给出实验结果、分析以及得到的结论。

9.7 思考题

(1)如何在开发板上开发实现网络客户端?

(2)如何将LwIP替换成uIP,完成协议栈移植?

(3)如何保证网线在任意时刻连接上都可以工作,而不是像实验要求的必须事先把网线连接上,或者连接上网线后需要复位一次,才能正常网络通信?

(4)如何在开发板上开发实现仅包含应用层、数据链路层、物理层的以太网通信,为实现工业以太网打下基础?

设计篇实验

实验10　现场设备的本地及远程操作控制

10.1　实验目的

(1)能够完成需求分析、自主设计及编程开发实验。

(2)理解多个中断并存条件下不同优先级中断处理。

(3)理解多个中断并存条件下相同优先级中断处理。

(4)掌握嵌入式系统基本输入/输出及通信硬件电路方法。

(5)掌握简单设备复合功能应用程序设计开发方法。

(6)编程实现现场设备的本地及远程操作控制功能。

(7)鼓励开展国产嵌入式微控制器芯片的应用开发。

10.2　基本功能

(1)以流水灯为表现形式,分析实际的基本输入、输出及通信硬件电路,设计多种不同颜色动态切换显示的流水灯程序。根据不同的选择操作命令,对应显示不同方式的流水灯。选择操作命令的来源分别为宿主机设定并通过串口通信下达到本目标机的远程操作命令、或者目标机本身按键操作设定的就地操作命令。

(2)流水灯显示所需延迟不能采用普通的For循环延迟,可用定时器中断方式延迟,延迟时间可自由设定,但应长于正常的人体视觉响应时间。

(3)本机就地操作命令来自按键操作,按键操作的信号采集不能采用普通的查询方式获取,而是需要采用外部中断方式采集。在按键操作信号采集过程中,需要考虑按键的去抖动问题。同样,按键去抖动的延迟也不能采用普通For循环延迟,而是需要采用定时器中断方式延迟,延迟时间可自由设定,但不应影响其他正常功能处理,完成"一触键"响应。

(4)本地按键操作对流水灯显示方式的切换不得少于2种,根据对按键按下次数的判别,决定流水灯显示方式。如:第一次按下,流水灯显示方式为1;第二次按下,流水灯显示方式为2;第3次按下,则又恢复为流水灯显示方式1,以此类推。

(5)宿主机远程设置的操作命令将通过串口通信方式下发至目标机，在实现对目标机的UART通信设计时，不能采用普通的查询方式接收/发送，都需要采用中断方式接收/发送，使目标机通信发送时最大发挥嵌入式微控制器的处理能力，也防止通信接收时出现丢包的问题，提高串口通信的实时性。

(6)宿主机远程操作对流水灯显示的切换方式不少于2种，根据远程操作命令的数据决定流水灯显示方式。如：远程操作命令的数据为1，流水灯显示方式为3；远程操作命令的数据为2，流水灯显示方式为4。

(7)为了保证目标机本地按键操作、宿主机远程通信操作均能有效地对流水灯显示方式进行切换，需要同学们分析设计外部中断、串口通信中断的抢占式优先级如何设置、子优先级如何设置，确定出各个中断的嵌套关系或咬尾关系，在功能实现时，需设计与之匹配的程序，并说明设计思想和实现的目标。

(8)为高效利用硬件定时器的宝贵资源，同学们需分析设计如何把用于LED灯显示延迟的定时器与按键去抖动的定时器合二为一，且保证能同时满足两种不同应用使用功能。

(9)中断服务程序需要快进快出，不允许处理过复杂的应用功能，只允许完成实时性要求高的功能处理。

(10)除基本功能之外的其他功能设计允许自由发挥，相对于流水灯显示方式可以增加，对通信协议进行自定义，也可新增应用功能，但不作为考核项要求。

10.3 实验要求

(1)由同学根据给出的功能需求，完成自主设计、开发和实验；

(2)理解多个中断并存条件下不同优先级中断的抢占式处理；

(3)理解多个中断并存条件下相同优先级中断的咬尾式处理；

(4)掌握嵌入式系统基本输入/输出及通信硬件电路分析方法；

(5)掌握简单设备多项复合功能组合应用程序设计开发方法；

(6)编程实现对现场设备可进行本地及远程操作控制的功能；

(7)掌握实验设计、条件建立、实验记录、结果分析的方法；

(8)撰写实验设计报告。

a.按照实验报告的要求统一格式，撰写实验设计报告；

b.尽可能充分体现出分析、设计、开发及实现的思路、方法、技巧；

c.在实验设计报告中给出本实验的设计思想、电路分析、程序开发、实现技巧、环境条件、实验步骤、结果记录、结果分析以及最后得出结论。

实验11　基于DMP传感器的运动姿态检测

11.1　实验目的

(1)能够完成需求分析、自主设计及编程开发实验。
(2)理解多轴DMP传感器的工作原理及通信协议。
(3)理解四元素法、卡尔曼滤波等姿态角计算方法。
(4)掌握嵌入式微控制器与传感器的通信硬件电路方法。
(5)掌握对DMP处理程序的跨平台移植开发方法。
(6)编程实现基于DMP传感器的运动姿态检测功能。
(7)鼓励开展国产嵌入式微控制器芯片的应用开发。

11.2　基本功能

(1)嵌入式微控制器通过I2C总线,连接单片六轴DMP传感器,分别检测三轴陀螺仪信号、三轴加速度信号。DMP传感器内嵌数字运动处理器完成基本姿态角解算,嵌入式微控制器用移植的程序读取姿态角数据。

(2)在嵌入式微控制器片内移植支持DMP传感器内嵌数字运动处理器姿态角解算的程序,该程序原始是支持MSP430嵌入式微控制器,需要根据实际嵌入式微控制器型号,在移植时进行相应修改,可直接使用。

(3)理解四元素法的原理,理解为什么采用欧拉法计算会出现"万向角"死锁问题,能够将四元素法解算姿态角的运算过程与移植程序中的四元素法实现方法直接对应起来,掌握四元素法的程序实现方法。

(4)采用嵌入式微控制器的UART1作为调试串口,接收采用中断方式处理、发送采用查询方式处理,完成与宿主机的串口通信,允许宿主机上的串口调试助手获取本机数据并显示姿态角。

(5)在宿主机上安装第三方的软件,用于直观地显示姿态角。常见第三方软件是基于Python的上位机软件。因此,需要先安装Python环境、Pyserial库、Pygame库,注意版本的符合性。

(6)中断服务程序需要快进快出,不允许进行过于复杂的应用功能处理,只允许完成实时性要求高的功能处理。

(7)除基本功能之外的其他功能设计允许自由发挥,可以采用直接从传感器读取原始数据。自行编程实现卡尔曼滤波器算法,通过数据融合完成姿态角解算,还可以采用旋转矩阵求解姿态角,但都不作为考核项要求。

11.3 实验要求

(1)由同学根据给出的功能需求,完成自主设计、开发和实验;

(2)理解六轴或九轴DMP传感器的工作原理及I2C通信协议;

(3)理解四元素法、卡尔曼滤波的根本原理及姿态角计算方法;

(4)掌握嵌入式微控制器与DMP传感器连接的电路分析方法;

(5)掌握DMP处理程序跨平台移植的应用程序设计开发方法;

(6)编程实现基于DMP传感器的运动姿态检测及解算功能;

(7)掌握实验设计、条件建立、实验记录、结果分析的方法;

(8)撰写实验设计报告。

a.按照实验报告的要求统一格式,撰写实验设计报告;

b.尽可能充分体现出分析、设计、开发及实现的思路、方法、技巧;

c.在实验设计报告中给出本实验的设计思想、电路分析、程序开发、实现技巧、环境条件、实验步骤、结果记录、结果分析以及最后得出结论。

实验12 视频图像采集及基本处理

12.1 实验目的

(1)能够完成需求分析、自主设计及编程开发实验。
(2)理解数字摄像头基本概念及OV2640工作原理。
(3)理解微控制器片内DCMI接口及通信收发流程。
(4)理解DCMI接口连接OV2640的硬件电路连接方法。
(5)掌握读取OV2640输出RGB565图像数据方法。
(6)掌握视频图像采集功能应用程序设计开发方法。
(7)编程实现OV2640视频图像采集及理解其基本处理原理。
(8)鼓励开展国产嵌入式微控制器芯片的应用开发。

12.2 基本功能

(1)以OV2640数字摄像头为图像采集传感器,嵌入式微控制器DCMI连接该数字摄像头,将采集的图像显示到开发板的液晶屏幕,由系统滴答定时器负责图像数据的周期性采集和液晶屏幕的刷新显示。

(2)嵌入式微控制器对OV2640寄存器的配置通过SCCB总线传输完成,SCCB总线跟I2C十分类似,所以可使用嵌入式微控制器片I2C外设进行通信。SCCB与标准I2C协议的区别是:SCCB每次传输只能写入或读取一个字节数据,而I2C协议是支持突发读写,即在一次传输中可以写入多个字节数据。

(3)控制OV2640涉及很多寄存器(见《OV2640datasheet》),通过配置这些寄存器,可以控制输出图像分辨率大小、图像格式及图像方向等。注意,OV2640有两组寄存器的部分地址重合,通过设置地址为0xFF的RA_DLMT寄存器可以切换寄存器组。当RA_DLMT寄存器为0时,通过SCCB发送的寄存器地址在DSP相关寄存器组寻址;当RA_DLMT寄存器为1时,在Sensor相关寄存器组寻址。

(4)OV2640内置DSP根据控制寄存器的配置,可做一些基本的图像处理运算,包含了图像格式转换单元及压缩单元,转换后数据最终通过Y0-Y9引脚输出,一般来说,使用8根数据线来传输,这时仅使用Y2-Y9引脚。

(5)OV2640输出图像时使用VGA时序(还可用SVGA、UXGA,这些时序都差不多),这与控制液晶屏输入图像类似。OV2640输出图像可一帧一帧地输出,帧内的数据一般从左到右，从上到下，一个像素一个像素地输出（也可通过寄存器修改方向）。

（6）使用Y2-Y9数据线时图像格式设置为RGB565。当数据输出时，Y2-Y9数据线在1个像素同步时钟PCLK的驱动下发送1字节数据信号，2个PCLK时钟发送1个RGB565格式的像素数据；像素数据依次传输，每传输完一行数据时，行同步信号HREF输出一个电平跳变信号，每传输完一帧图像时，VSYNC输出一个电平跳变信号。

（7）STM32F429包含了DCMI数字摄像头接口（Digital camera Interface），支持使用类似VGA时序获取图像数据流，支持按行、帧格式来组织的图像数据，如YUV、RGB，也支持接收JPEG格式压缩的数据流。接收数据时主要使用HSYNC及VSYNC信号来同步。

（8）开发板上电运行程序后，OV2640摄像头按照已设置的图像大小采集数据，并通过DCMI线传输给开发板，在开发板液晶屏幕中显示。系统滴答定时器产生的中断负责触发周期性采集和刷新显示。

（9）初始化串口通信调试接口、系统滴答定时器、LCD（液晶显示屏）、OV2640传感器连接引脚、配置OV2640的I2C通信、配置OV2640的传输方式、使能DCMI采集数据、使能DCMI捕获功能，通过DCMI将摄像头采集数据传送给开发板，然后，DMA搬运DCMI的数据到显存空间进行显示。

（10）除基本功能之外的其他功能设计允许自由发挥，可以新增其他应用功能，但不作为考核项要求。

12.3 实验要求

（1）同学根据给出的功能需求，完成自主设计、开发和实验；

（2）理解数字摄像头OV2640工作原理及微控制器DCMI接口；

（3）掌握嵌入式系统DCMI接口连接OV2640的硬件电路连接方法；

（4）掌握嵌入式系统读取OV2640输出RGB565图像数据方法；

（5）掌握视频图像采集及处理功能组合应用程序设计开发方法；

（6）编程实现嵌入式系统对OV2640视频图像采集及处理功能；

（7）掌握实验设计、条件建立、实验记录、结果分析的方法；

（8）撰写实验设计报告。

a.按照实验报告的要求统一格式，撰写实验设计报告；

b.尽可能充分体现出分析、设计、开发及实现的思路、方法、技巧；

c.在实验设计报告中给出本实验的设计思想、电路分析、程序开发、实现技巧、环境条件、实验步骤、结果记录、结果分析以及最后得出结论。

实验13　无线局域网WiFi通信

13.1　实验目的

(1)能够完成需求分析、自主设计及综合开发实验。

(2)理解WiFi通信的基本概念、协议及工作原理。

(3)理解WiFi通信存储资源分配及通信收发流程。

(4)理解嵌入式系统如何实现WiFi通信硬件电路连接。

(5)掌握支持WiFi的复合功能应用程序开发方法。

(6)编程实现支持WiFi通信及特定应用功能组合。

(7)鼓励开展国产嵌入式微控制器芯片的应用开发。

13.2　基本功能

(1)利用无线局域网WiFi通信方式,将数字摄像头OV2640采集的图像上传至宿主计算机,在宿主计算机屏幕中显示,由系统滴答定时器负责开发板对图像数据的周期性采集。

(2)WiFi模块采用MXCHIP推出的无线超低功耗WiFi模块,通过SDIO接口,完成WiFi模块与嵌入式微控制器之间的硬件电路连接,详细资料需自行查阅。

(3)在嵌入式微控制器可以考虑移植MiCO物联网操作系统,MiCO系统包含完整的TCP/IP协议栈、WiFi驱动、硬件接口驱动,可以快速完成嵌入式微控制器与EMW1062的开发对接。

(4)实验中使用TCP协议传输数据,宿主计算机端作为TCP Client,开发板作为TCP Server,宿主计算机与开发板需连接在同一个路由器或直连,即在同一个局域网内。

(5)开发板通过UART口连接宿主计算机,且宿主计算机安装串口调试助手,便于显示必要信息和调试时使用。

(6)数字摄像头OV2640采集数据的转存最好采用DMA方式,WiFi通信数据的准备和转存最好也采用DMA方式。

(7)在宿主机中安装摄像头调试助手,在网络调试功能页面中选择“TCP Client”协议,并输入连接的开发板IP及端口,然后点击“连接”按钮,宿主计算机接收并输出摄像头图像。

(8)中断服务程序需要快进快出,不允许进行过于复杂的应用功能处理,只允许完成实时性要求高的功能处理。

(9)除基本功能之外的其他功能设计允许自由发挥,可以新增应用功能,但不作为考核项要求。

13.3 实验要求

(1)同学根据给出的功能需求,完成自主设计、开发和实验;

(2)理解无线局域网 WiFi 通信的基础知识、协议和工作原理;

(3)掌握微控制器与无线局域网 WiFi 通信收发器的电路连接方法;

(4)理解 DMA 方式传送图像数据至显存和 WiFi 通信缓存;

(5)掌握无线局域网 WiFi 通信的组合应用程序设计开发方法;

(6)编程实现无操作系统嵌入式设备无线局域网 WiFi 通信功能;

(7)掌握实验设计、条件建立、实验记录、结果分析的方法;

(8)撰写实验设计报告。

a.按照实验报告的要求统一格式,撰写实验设计报告;

b.尽可能充分体现出分析、设计、开发及实现的思路、方法、技巧;

c.在实验设计报告中给出本实验的设计思想、电路分析、程序开发、实现技巧、环境条件、实验步骤、结果记录、结果分析以及最后得出结论。

综合篇项目

综合实践1　工业现场总线Modbus ASCII通信

14.1　综合实践目的

(1)能够完成需求分析、资料查阅、自主设计及开发实现。

(2)理解工业现场总线Modbus ASCII通信应用层协议。

(3)理解工业现场总线Modbus ASCII通信串行链路规范。

(4)理解嵌入式微控制器与收发器芯片的硬件电路连接方法。

(5)掌握工业现场总线Modbus ASCII通信程序开发方法。

(6)编程实现工业现场总线Modbus ASCII通信从站功能。

(7)鼓励开展国产嵌入式微控制器芯片的应用开发。

14.2　基本功能需求

(1)利用工业现场总线Modbus ASCII通信方式,完成开发板与宿主机之间传递数字量输入/输出、模拟量输入/输出数据的传输,开发板可作为Modbus ASCII通信从站,宿主机为Modbus ASCII通信主站。

(2)开发板Modbus ASCII通信从站的收/发工作均采用中断方式进行,通信报文由一个起始位、一个停止位、一个奇偶校验位、8位数据位构成,奇偶校验方式定义为"奇"校验,通信报文采取LRC校验。

(3)工业现场总线Modbus ASCII通信应用层协议、工业现场总线Modbus ASCII通信串行链路规范均可在Modbus基金会网站免费下载,此标准规约了应达到的技术要求,但没有约束实现的方法,由开发者自主完成。

(4)收发器芯片的收、发控制,可以由嵌入式微控制器单独的IO引脚输出高低电平来实现,也可以由硬件电路对物理电平信号处理来完成(不用IO引脚来控制),实际使用方式根据具体电路而定。

(5)工业现场总线Modbus ASCII通信应验证数字量输入/输出、模拟量输入/输出数据通信功能的正确实现,同时按照标准要求,验证通信过程中对异常现象处理功能的应正确实现，如地址错误、功能码无效、数据错误、奇偶校验错误、LRC校验错误等。

（6）宿主机安装Modbus调试软件，该软件可在Modbus基金会网站免费下载，分为“客户端测试工具”和“服务器测试工具”两种，开发板作从站工作时等同服务器，因此宿主机应安装“服务器测试工具”。

（7）Modbus ASCII通信接收和发送中断服务程序均需要快进快出，不允许进行过于复杂的应用功能处理，只允许完成实时性要求高的功能处理，如简单通信错误的排查、正确接收数据的转存等。

（8）除基本功能之外的其他功能设计允许自由发挥，可以在一块开发板上实现Modbus ASCII通信主站功能，另一块开发板上实现Modbus ASCII通信从站功能，也可以新增应用功能，但不作为考核项要求。

14.3 综合实践要求

（1）同学根据给出功能需求，自主完成资料查阅、方案设计、技术开发和功能实现；

（2）理解工业现场总线Modbus ASCII通信应用层协议；

（3）理解工业现场总线Modbus ASCII通信串行链路规范；

（4）掌握工业现场总线Modbus ASCII通信程序开发方法；

（5）掌握嵌入式微控制器与RS485收发器芯片的电路连接方法；

（6）综合软硬件设计，编程实现工业现场总线Modbus ASCII通信从站功能；；

（7）掌握资料查询、方案设计、技术开发、实验验证、数据记录、结果分析的方法；

（8）撰写综合实践报告。

a.按照课程设计报告的要求统一格式，撰写综合实践报告；

b.尽可能充分体现出分析、设计、开发及实现的思路、方法、技巧；

c.在综合实践报告中给出设计思想、电路分析、程序开发、实现技巧、环境条件、实验步骤、结果记录、结果分析以及最后得出结论。

综合实践2　工业以太网Modbus TCP/IP通信

15.1　综合实践目的

(1)能够完成需求分析、资料查阅、自主设计及开发实现。

(2)理解工业以太网Modbus TCP/IP报文实现指南标准。

(3)理解工业以太网Modbus TCP/IP的MBAP头规范。

(4)理解嵌入式微控制器与收发器芯片的硬件电路连接方法。

(5)掌握工业以太网Modbus TCP/IP通信程序开发方法。

(6)编程实现工业以太网Modbus TCP/IP通信服务器功能。

(7)鼓励开展国产嵌入式微控制器芯片的应用开发。

15.2　基本功能需求

(1)利用工业以太网Modbus TCP/IP通信方式,完成开发板与宿主机之间传递数字量输入/输出、模拟量输入/输出数据的传输,开发板作为工业以太网Modbus TCP/IP服务器,宿主机作为工业以太网Modbus TCP/IP客户端。

(2)开发板工业以太网Modbus TCP/IP服务器的通信接收工作采用专用DMA中断方式,通信发送工作采用查询方式,协议栈以移植LwIP后修改而得,TCP、IP及数据链路层程序在移植前在以太网通信程序基础上修改。

(3)工业以太网Modbus通信应用层协议、工业以太网Modbus TCP/IP报文实现指南标准均可在Modbus基金会网站免费下载,此标准规约技术要求,但没有约束实现方法,由开发者自主完成。

(4)工业以太网Modbus TCP/IP通信应验证数字量输入/输出、模拟量输入/输出数据通信功能的是否正确实现,同时按照标准的要求,验证通信过程中处理异常现象功能是否正确实现,如地址错误、功能码无效、数据错误等。

(5)在宿主机上安装Modbus调试软件,该软件可在Modbus基金会网站免费下载,分为“客户端测试工具”和“服务器测试工具”,在开发板作服务器工作时,需在宿主机上安装“服务器测试工具”。

(6)工业以太网Modbus TCP/IP通信接收中断服务程序均需要快进快出,不允许进行过于复杂的应用功能处理,只允许完成实时性要求高的功能处理,如简单通信错误的排查、正确接收数据的转存等。

(7)除基本功能之外的其他功能设计允许自由发挥,可以在一块开发板上实现工业以太网Modbus TCP/IP通信客户端功能,另一块开发板上实现工业以太网Modbus TCP/IP通信服务器功能,也可以新增应用功能,但不作为考核项要求。

15.3 综合实践要求

(1)同学根据给出功能需求,自主完成资料查阅、方案设计、技术开发和功能实现;

(2)理解工业以太网Modbus TCP/IP报文实现指南标准;

(3)理解工业以太网Modbus TCP/IP的MBAP头规范;

(4)掌握工业以太网Modbus TCP/IP通信程序开发方法;

(5)掌握嵌入式微控制器与物理层收发器芯片的电路连接;

(6)综合软硬件设计,编程实现工业以太网Modbus TCP/IP通信服务器功能;;

(7)掌握资料查询、方案设计、技术开发、实验验证、数据记录、结果分析的方法;

(8)撰写综合实践报告。

a.按照课程设计报告的要求统一格式,撰写综合实践报告;

b.尽可能充分体现出分析、设计、开发及实现的思路、方法、技巧;

c.在综合实践报告中给出设计思想、电路分析、程序开发、实现技巧、环境条件、实验步骤、结果记录、结果分析以及最后得出结论。

综合实践3　近场无线NFC通信

16.1　综合实践目的

(1)能够完成需求分析、资料查阅、自主设计及开发实现。

(2)理解近场无线NFC通信的基本概念、技术标准及工作原理。

(3)理解近场无线NFC通信存储资源分配及通信收发流程方法。

(4)理解嵌入式微控制器与串口NFC模块的硬件电路连接。

(5)掌握通过串口NFC模块完成近场无线通信的开发方法。

(6)编程实现基于串口NFC模块的近场无线NFC通信功能。

(7)鼓励开展国产嵌入式微控制器芯片的应用开发。

16.2　基本功能需求

(1)利用近场无线NFC通信方式,完成一块开发板与另一块开发板(也可以替换为移动电话)之间的无线通信连接、数字ID传输、点对点数据传输。传ID应选择一个设备作为标签,另一个设备就作为读卡器。

(2)NFC模块可采用NXP推出的PN532无线非接触式NFC模块,通过UART串口,完成NFC模块与嵌入式微控制器之间的硬件电路连接,也可选择ST公司的芯片完成相应的硬件电路连接,详细资料均需自行查阅相关文档。

(3)NFC通信标准直接相关的资料:ISO/IEC 14443-3初始化及防碰撞、ISO/IEC 14443-4传输协议、ISO/IEC 18092接口及协议等文件均需自行查找下载,这些标准规约技术要求,但没有约束实现方法,由开发者自主完成。

(4)嵌入式微控制器可选择PN532无线非接触式NFC模块工作的标准模式或标签模式等五种中的一种的模式,且这几种可以自动切换,由内部状态机变化或主机的命令决定。

(5)调整和改变两块开发板之间的距离,记录无线非接触式NFC通信的有效性随距离变化而变化的情况。

(6)两块开发板间需通过一个UART口连接宿主计算机,且宿主计算机安装串口调试助手,便于显示必要信息和调试时使用。

(7)两个UART串口通信的接收中断服务程序均需要快进快出,不允许进行过于复杂的应用功能处理,只允许完成实时性要求高的功能处理,如简单通信错误的排查、正确接收数据的转存等。

(8)除基本功能之外的其他功能设计允许自由发挥,可以在一块开发板上实现近场无线NFC通信功能,然后作为读卡器去扫描无线标签、身份证、校园卡等,也可以新增应用功能,但不作为考核项要求。

16.3 综合实践要求

(1)同学根据给出功能需求,自主完成资料查阅、方案设计、技术开发和功能实现;

(2)理解近场无线NFC通信的基本概念、技术标准及工作原理;

(3)理解近场无线NFC通信存储资源分配及通信收发流程;

(4)理解嵌入式微控制器与串口NFC模块的硬件电路连接方法;

(5)掌握通过串口NFC模块完成近场无线通信的开发方法;

(6)综合软硬件设计,编程实现基于串口NFC模块的近场无线NFC通信功能;

(7)掌握资料查询、方案设计、技术开发、实验验证、数据记录、结果分析的方法;

(8)撰写综合实践报告。

a.按照课程设计报告的要求统一格式,撰写综合实践报告;

b.尽可能充分体现出分析、设计、开发及实现的思路、方法、技巧;

c.在综合实践报告中给出设计思想、电路分析、程序开发、实现技巧、环境条件、实验步骤、结果记录、结果分析以及最后得出结论。

综合实践4　无线个域网ZigBee通信

17.1　综合实践目的

(1)能够完成需求分析、资料查阅、自主设计及开发实现。

(2)理解无线个域网ZigBee通信的基本概念、技术标准及工作原理。

(3)理解无线个域网ZigBee通信存储资源分配及通信收发流程。

(4)理解嵌入式微控制器与串口ZigBee模块的硬件电路连接方法。

(5)掌握通过串口ZigBee模块完成无线个域网通信的开发方法。

(6)编程实现基于串口ZigBee模块的无线个域网ZigBee通信功能。

(7)鼓励开展国产嵌入式微控制器芯片的应用开发。

17.2　基本功能需求

(1)利用无线个域网ZigBee通信,两块开发板间的无线通信连接、数字ID传输、点对点数据传输。其中一块开发板作为ZigBee协调器,并通过以太网与计算机相连,另一块作为ZigBee路由节点。

(2)ZigBee协调器不仅具有Ethernet/ZigBee网关的作用,可完成有线网络/无线网络的转换和互连,而且对整个ZigBee网络进行管理具有组网能力,还可在ZigBee节点汇聚上传数据。

(3)ZigBee路由节点不仅具有网络通信路由转发的作用,完成ZigBee网络的连接构造和数据转发,而且还就具有在节点上直接完成数据采集、控制输出等作用,根据具体应用情况而定。

(4)ZigBee模块可采用周立功推出的ZM516X系列ZigBee无线模块,通过UART串口,完成ZigBee模块与嵌入式微控制器之间的硬件电路连接,也可直接选择NXP公司的JN516x芯片完成相应的硬件电路连接,详细资料均需自行查阅相关文档。

(5)ZigBee通信标准直接相关的资料:ZigBee Pro、ZigBee协议规范、IEEE 802.15.4等均需自行查找下载阅读,这些标准规约技术要求,但没有约束实现方法,由开发者自主完成。

(6)改变两块开发板之间的距离,记录无线个域网ZigBee通信随距离变化而变的情况;在两块开发板之间加入遮挡物,验证无线个域网ZigBee通信的受影响情况;修改一块开发板个域网ID,验证无线个域网ZigBee通信情况;改变一块开发板信道,验证无线个域网ZigBee通信情况。

（7）两块开发板还需要通过一个UART口连接宿主计算机，且宿主计算机安装串口调试助手，便于显示必要信息和调试时使用。

（8）两个UART串口通信的接收中断服务程序均需要快进快出，不允许进行过于复杂的应用功能处理，只允许完成实时性要求高的功能处理，如简单通信错误的排查、正确接收数据的转存等。

（9）除基本功能之外的其他功能设计允许自由发挥，也可以新增应用功能，但不作为考核项要求。

17.3　综合实践要求

（1）由同学根据给出功能需求，自主完成资料查阅、方案设计、技术开发和功能实现；

（2）理解无线个域网ZigBee通信的基本概念、技术标准及工作原理；

（3）理解无线个域网ZigBee通信存储资源分配及通信收发流程；

（4）理解嵌入式微控制器与串口ZigBee模块的硬件电路连接；

（5）掌握通过串口ZigBee模块完成无线个域网通信的开发方法；

（6）综合软硬件设计，编程实现基于串口ZigBee模块的无线个域网ZigBee通信功能；

（7）掌握资料查询、方案设计、技术开发、实验验证、数据记录、结果分析的方法；

（8）撰写综合实践报告。

a.按照课程设计报告的要求统一格式，撰写综合实践报告；

b.尽可能充分体现出分析、设计、开发及实现的思路、方法、技巧；

c.在综合实践报告中给出设计思想、电路分析、程序开发、实现技巧、环境条件、实验步骤、结果记录、结果分析以及最后得出结论。

综合实践5　长距离物联网LoRa通信

18.1　综合实践目的

(1)能够完成需求分析、资料查阅、自主设计及开发实现。

(2)理解长距离物联网LoRa通信的基本概念、技术标准及工作原理。

(3)理解长距离物联网LoRa通信存储资源分配及通信收发流程。

(4)理解嵌入式微控制器与串口LoRaLoRa模块的硬件电路连接方法。

(5)掌握通过串口LoRaLoRa模块完成长距离物联网通信的开发方法。

(6)编程实现基于串口LoRaLoRa模块的长距离物联网LoRaLoRa通信功能。

(7)鼓励开展国产嵌入式微控制器芯片的应用开发。

18.2　基本功能需求

(1)利用长距离物联网LoRa通信,完成两块开发板间的无线通信连接、数字ID传输、点对点数据传输。其中一块开发板作为LoRa网关,并通过以太网与计算机相连,另一块作为LoRa节点。

(2)LoRa网关不仅具有Ethernet/LoRa网关的作用,完成有线网络/无线网络的转换和互连,而且还对整个LoRa网络进行管理,具有组网能力,还可在LoRa节点汇聚上传数据。

(3)LoRa节点不仅具有网络通信作用,而且还具有在节点上直接完成数据采集、控制输出等功能(根据具体应用情况而定)。在设计开发时,需要考虑数据的交互和存储的管理,避免通信任务与测控任务之间出现冲突。

(4)LoRa模块可采用已有的LoRa无线模块,通过UART串口,完成LoRa模块与嵌入式微控制器之间的硬件电路连接,也可直接选择LoRa芯片完成相应的硬件电路连接,详细资料均需自行查阅相关文档。

(5)LoRa通信标准直接相关的资料均需自行查找下载阅读,这些标准规约了应达到的技术要求,但没有约束实现的方法,由开发者自主完成。

(6)改变两块开发板之间的距离,记录长距离物联网LoRa通信因距离变化而变的情况;在两块开发板之间加入遮挡物,验证长距离物联网LoRa通信变化情况;改变一块开发板信道,验证长距离物联网LoRa通信情况。

(7)两块开发板还需要通过一个UART口连接宿主计算机,且宿主计算机安装串口调试助手,便于显示必要信息和调试时使用。

(8)两个UART串口通信的接收中断服务程序均需要快进快出,不允许进行过于复杂的应用功能处理,只允许完成实时性要求高的功能处理,如简单通信错误的排查、正确接收数据的转存等。

(9)除基本功能之外的其他功能设计允许自由发挥,也可以新增应用功能,但不作为考核项要求。

18.3 综合实践要求

(1)同学根据给出功能需求,自主完成资料查阅、方案设计、技术开发和功能实现;

(2)理解长距离物联网LoRa通信的基本概念、技术标准及工作原理;

(3)理解长距离物联网LoRa通信存储资源分配及通信收发流程;

(4)理解嵌入式微控制器与串口LoRa模块的硬件电路连接方法;

(5)掌握通过串口LoRa模块完成长距离物联网通信的开发方法;

(6)综合软硬件设计,编程实现基于串口ZigBee模块的长距离物联网LoRa通信功能;

(7)掌握资料查询、方案设计、技术开发、实验验证、数据记录、结果分析的方法;

(8)撰写综合实践报告。

a.按照课程设计报告的要求统一格式,撰写综合实践报告;

b.尽可能充分体现出分析、设计、开发及实现的思路、方法、技巧;

c.在综合实践报告中给出设计思想、电路分析、程序开发、实现技巧、环境条件、实验步骤、结果记录、结果分析以及最后得出结论。

综合实践6　窄带物联网NB-IoT通信

19.1　综合实践目的

(1)能够完成需求分析、资料查阅、自主设计及开发实现。

(2)理解窄带物联网NB-IoT通信的基本概念、技术标准及工作原理。

(3)理解窄带物联网NB-IoT通信存储资源分配及通信收发流程。

(4)理解嵌入式微控制器与串口NB-IoT模块的硬件电路连接方法。

(5)掌握通过串口NB-IoT模块完成窄带物联网通信的开发方法。

(6)编程实现基于串口NB-IoT模块的窄带物联网NB-IoT通信功能。

(7)鼓励开展国产嵌入式微控制器芯片的应用开发。

19.2　基本功能需求

(1)窄带物联网NB-IoT通信可完成一两块开发板间的无线通信连接、数字ID传输、点对点数据传输。其中一块开发板作为NB-IoT网关,并通过以太网与计算机相连,另一块作为NB-IoT节点。

(2)NB-IoT网关不仅具有Ethernet/NB-IoT网关的作用,完成有线网络/无线网络的转换和互连,而且还管理整个NB-IoT网络。另外,还能汇聚NB-IoT节点的上传数据。

(3)NB-IoT节点不仅具有网络通信作用,而且,还可以在节点上直接完成数据采集、控制输出等功能,将根据具体应用情况而定。在设计开发时,需要考虑数据的交互和存储的管理,避免出现通信任务与测控任务之间的冲突。

(4)NB-IoT模块可采用移远通的NB-IoT无线模块,通过UART串口,完成NB-IoT模块与嵌入式微控制器之间的硬件电路连接,也可选择骐俊物联的NB-IoT模块完成相应的硬件电路连接,详细资料均需自行查阅相关文档。

(5)NB-IoT通信标准直接相关的资料均需自行查找下载阅读,这些标准规约了应达到的技术要求,但没有约束实现的方法,由开发者自主完成。

(6)改变两块开发板之间的距离,记录窄带物联网NB-IoT通信随距离变化而变的情况;在两块开发板之间加入遮挡物,验证窄带物联网NB-IoT通信变化情况;改变一块开发板频率,验证窄带物联网NB-IoT通信情况。

(7)两块开发板还需要通过一个UART口连接宿主计算机,且宿主计算机安装串口调试助手,便于显示必要信息和调试时使用。

(8)两个UART串口通信的接收中断服务程序均需要快进快出,不允许进行过于复杂的应用功能处理,只允许完成实时性要求高的功能处理,如简单通信错误的排查、正确接收数据的转存等。

(9)除基本功能之外的其他功能设计允许自由发挥,也可以新增应用功能,但不作为考核项要求。

19.3 综合实践要求

(1)同学根据给出功能需求,自主完成资料查阅、方案设计、技术开发和功能实现;

(2)理解窄带物联网NB-IoT通信的基本概念、技术标准及工作原理;

(3)理解窄带物联网NB-IoT通信存储资源分配及通信收发流程;

(4)理解嵌入式微控制器与串口NB-IoT模块的硬件电路连接方法;

(5)掌握通过串口NB-IoT模块完成窄带物联网通信的开发方法;

(6)综合软硬件设计,编程实现基于串口NB-IoT模块的窄带物联网NB-IoT通信功能;

(7)掌握资料查询、方案设计、技术开发、实验验证、数据记录、结果分析的方法;

(8)撰写综合实践报告。

a.按照课程设计报告的要求统一格式,撰写综合实践报告;

b.尽可能充分体现出分析、设计、开发及实现的思路、方法、技巧;

c.在综合实践报告中给出设计思想、电路分析、程序开发、实现技巧、环境条件、实验步骤、结果记录、结果分析以及最后得出结论。

综合实践7　自动避障轮式移动机器人控制

20.1　综合实践目的

(1)能够完成需求分析、自主设计及综合开发实验。
(2)理解超声波传感器检测障碍物的基本工作原理。
(3)理解PWM输出的概念及电机调速的工作原理。
(4)理解PID控制算法及嵌入式平台上的编程实现方式。
(5)掌握微控制器与调速模块及电机的硬件电路连接。
(6)掌握微控制器与超声波传感器的硬件电路连接。
(7)编程实现自动避障轮式移动机器人控制的功能。
(8)鼓励开展国产嵌入式微控制器芯片的应用开发。

20.2　基本功能需求

(1)以轮式移动机器人运动过程中的自动避障为表现形式,分析实际的基本输入、输出硬件电路,设计在直行、弯道行走过程中对障碍物的自动规避程序,行走速度应尽量保持一致,障碍物可在行走路径的右侧和前方出现,可以采用路沿或墙面指引道路。

(2)为了准确检测出障碍物的出现和超越,以及区分出弯道行走控制与直道行走控制的差异,需要在设计中考虑超声传感器的数量、位置、部署以及数据融合问题,确保对轮式移动机器人能够全面、准确地获得行走过程的状态。

(3)对于两个驱动电机的控制正常直行时需要两个电机同步控制和确保行走方向的稳定;在转弯时,控制两个电机的差速;在自动避障过程中也要考虑两个电机的差速,确保轮式移动机器人的转向正确。此刻速度可以适当降低。

(4)合理设置数据采样周期,对采样数据滤波;合理设置控制周期,在控制周期内,完成PID控制运算、电机驱动输出;不允许依赖程序自己的执行周期进行数据采集及控制输出。

(5)PWM输出设计时首先确定工作频率,直接根据电机驱动模块确定,可以采用示波器观察波形后确定,还可以按经验定在10—50 kHz之间,如20 kHz。确定方式都应与控制周期协同考虑。

(6)如果是采用直接购买的电机驱动模块控制轮式移动机器人电机,应根据电机驱动模块的资料设置PWM输出的参数,需要注意的是如果电机驱动模块与嵌入式微控制器之间用I2C通信，应注意通信死锁问题。

(7)在轮式移动机器人弯道转弯或自动避障时，两个电机的差速控制应能根据实际情况自动调整，尽量避免轮式移动机器人车头晃动且使控制趋于稳定的速度越快越好，及时优化控制算法设计和控制参数整定。

(8)中断服务程序需要快进快出，不允许进行过于复杂的应用功能处理，只允许完成实时性要求高的功能处理。

(9)除基本功能之外的其他功能设计允许自由发挥，可以相对于自动避障轮式移动机器人控制方式进行增加，也可以新增应用功能，但不作为考核项要求。

20.3 综合实践要求

(1)同学根据给出的功能需求，完成自主设计、开发和实验；

(2)理解超声波传感器检测障碍物的工作原理，合理部署传感器；

(3)理解PWM输出及电机调速的工作原理，合理选型调速模块；

(4)理解PID控制算法并在嵌入式微控制器上设计开发编程实现方式；

(5)掌握MCU与传感器、调试模块等硬件连接的电路分析方法；

(6)编程实现自动避障轮式移动机器人控制的功能；

(7)掌握实验设计、条件建立、实验记录、结果分析的方法；

(8)撰写综合实践设计报告。

a.按照课程设计报告的要求统一格式，撰写综合实践设计报告；

b.尽可能充分体现出分析、设计、开发及实现的思路、方法、技巧；

c.在综合实践设计报告中给出设计思想、电路分析、程序开发、实现技巧、环境条件、实验步骤、结果记录、结果分析以及最后得出结论。

综合实践8　嵌入式AI图像分类

21.1　综合实践目的

(1)能够完成需求分析、自主设计及综合开发实验。

(2)理解机器学习用于图像分类的基本工作原理。

(3)理解基于机器学习框架如何进行图像分类训练。

(4)掌握移植TensorFlow Lite for Microcontrollers的方法。

(5)掌握内嵌DSP指令集和CMSIS-NN库的使用方法。

(6)掌握Cortex-M4系列微控制器开发嵌入式AI的方法。

(7)编程实现裸机嵌入式平台上的AI图像分类功能。

(8)鼓励开展国产嵌入式微控制器芯片的应用开发。

21.2　基本功能需求

(1)以图像分类为表现形式完成TensorFlow Lite或Caffe训练好的图像分类模型转换为C语言格式的模型,移植到资源约束严格的Cortex-M4嵌入式微控制器,在内嵌DSP指令集和CMSIS-NN库的支持下实现嵌入式AI图像分类功能。

(2)机器学习框架采用TensorFlow Lite或Caffe,由同学自行确定种类。数据集可采用开源数据集CIFAR-10,取其中5/6的图片作为训练集,另外1/6的图片作为测试集,不用自己收集图片。

(3)把训练好的图像分类模型移植到Cortex-M4以上的嵌入式微控制器,利用DSP运算适合性,因神经网络中卷积、池化等复杂运算由DSP完成,提高实际应用中嵌入式AI图像分类的运算速度。

(4)Cortex-M4系列嵌入式微控制器的片上数据存储资源少,在设计用于存储卷积层输出、中间层输出的内存空间分配时,需要考虑重复使用问题,需要仔细考虑其空间大小问题,通过遍历各层的使用情况而定。

(5)在使用CMSIS-NN库中的卷积层函数时,需要根据实际设计,合理选择基本型或根据不同目标优化卷积层函数;同理,在使用CMSIS-NN库中的全连接层函数时,根据实际设计,合理选择常规的权值矩阵或者速度优化的权值矩阵。

(6)除图像分类的基本功能之外,其他功能设计允许自由发挥,可以变化数据集,可以采用不同的机器学习框架,可以变化嵌入式微控制器,也可以新增应用功能,但不作为考核项要求。

21.3 综合实践要求

(1)同学根据给出的功能需求,完成自主设计、开发和实验;

(2)理解机器学习用于图像分类的工作原理,合理开展系统设计;

(3)理解基于机器学习框架的图像分类训练,合理选择训练的模型;

(4)掌握移植 TensorFlow Lite for Microcontrollers 方法,考虑模型的移植;

(5)掌握内嵌 DSP 指令集和 CMSIS-NN 库的使用方法,准备移植条件;

(6)编程实现 Cortex-M4 系列微控制器上的嵌入式 AI 图像分类功能;

(7)掌握实验设计、条件建立、实验记录、结果分析的方法;

(8)撰写综合实践设计报告。

a.按照课程设计报告的要求统一格式,撰写综合实践设计报告;

b.尽可能充分体现出分析、设计、开发及实现的思路、方法、技巧;

c.在综合实践设计报告中给出设计思想、电路分析、程序开发、实现技巧、环境条件、实验步骤、结果记录、结果分析以及最后得出结论。

综合实践9 嵌入式AI运动事件识别

22.1 综合实践目的

(1)能够完成需求分析、自主设计及综合开发实验。

(2)理解机器学习用于运动事件识别的基本工作原理。

(3)理解基于机器学习框架如何进行动作识别训练方法。

(4)掌握移植TensorFlow Lite for Microcontrollers的方法。

(5)掌握内嵌DSP指令集和CMSIS-NN库的使用方法。

(6)掌握Cortex-M4系列微控制器开发嵌入式AI的方法。

(7)编程实现裸机嵌入式平台上的AI运动事件识别功能。

(8)鼓励开展国产嵌入式微控制器芯片的应用开发。

22.2 基本功能需求

(1)以运动事件识别为表现形式把TensorFlow Lite或Caffe训练好的动作识别模型转换成C语言格式的模型。移植到资源约束严格的Cortex-M4嵌入式微控制器,在内嵌DSP指令集和CMSIS-NN库的支持下实现嵌入式AI运动事件识别功能。

(2)机器学习框架可以采用TensorFlow Lite或Caffe,同学自行确定;数据集可采用开源数据集,具体可在TensorFlow Lite的网站查到,同学自行查阅、下载,取其中部分作为训练集,另外一部分作为测试集。

(3)把训练好的动作识别模型移植到Cortex-M4以上的嵌入式微控制器时,利用DSP运算适合性,因此神经网络中卷积、池化等复杂运算由DSP完成,提高实际应用中嵌入式AI动作识别的运算速度。

(4)Cortex-M4系列嵌入式微控制器的片上数据存储资源少,在设计用于存储卷积层输出、中间层输出的内存空间分配时,需要考虑重复使用问题,需要仔细考虑其空间大小问题,要通过遍历各层的使用情况而定。

(5)在使用CMSIS-NN库中的卷积层函数时,根据实际设计合理选择基本型或者是根据不同目标优化卷积层函数;同理,在使用CMSIS-NN库中的全连接层函数时,根据实际设计,合理地选择常规的权值矩阵或速度优化的权值矩阵。

(6)除运动事件识别的基本功能之外,其他功能设计允许自由发挥,可以变化数据集,可以采用不同的机器学习框架,可以变化嵌入式微控制器,也可以新增应用功能,但不作为考核项要求。

22.3 综合实践要求

(1)同学根据给出的功能需求,完成自主设计、开发和实验;

(2)理解机器学习用于运动事件识别的工作原理,合理开展系统设计;

(3)理解基于机器学习框架的动作识别训练,合理选择训练得到模型;

(4)掌握移植TensorFlow Lite for Microcontrollers方法,考虑模型的移植;

(5)掌握内嵌DSP指令集和CMSIS-NN库的使用方法,准备移植条件;

(6)编程实现Cortex-M4系列微控制器上的嵌入式AI运动事件识别功能;

(7)掌握实验设计、条件建立、实验记录、结果分析的方法;

(8)撰写综合实践设计报告。

a.按照课程设计报告的要求统一格式,撰写综合实践设计报告;

b.尽可能充分体现出分析、设计、开发及实现的思路、方法、技巧;

c.在综合实践设计报告中给出设计思想、电路分析、程序开发、实现技巧、环境条件、实验步骤、结果记录、结果分析以及最后得出结论。

综合实践10　嵌入式AI声音识别

23.1　综合实践目的

(1)能够完成需求分析、自主设计及综合开发实验。
(2)理解机器学习用于声音识别的基本工作原理。
(3)理解基于机器学习框架如何进行声音识别训练的方法。
(4)掌握移植TensorFlow Lite for Microcontrollers的方法。
(5)掌握内嵌DSP指令集和CMSIS-NN库的使用方法。
(6)掌握Cortex-M4系列微控制器开发嵌入式AI的方法。
(7)编程实现裸机嵌入式平台上的AI声音识别功能。
(8)鼓励开展国产嵌入式微控制器芯片的应用开发。

23.2　基本功能需求

(1)以声音识别为表现形式把TensorFlow Lite或Caffe训练好的声音识别模型转换成C语言格式的模型,移植到资源约束严格的Cortex-M4嵌入式微控制器,在内嵌DSP指令集和CMSIS-NN库的支持下实现嵌入式AI声音识别功能。

(2)机器学习框架可以采用TensorFlow Lite或Caffe,同学自行确定;数据集可采用开源数据集,具体可在TensorFlow Lite的网站查阅,同学自行查阅、下载,取其中部分作为训练集,另外一部分作为测试集。

(3)把训练好声音识别模型移植到Cortex-M4以上的嵌入式微控制器,利用DSP运算适合性,因此神经网络中卷积、池化等复杂运算由DSP完成,提高实际应用中嵌入式AI声音识别的运算速度。

(4)Cortex-M4系列嵌入式微控制器的片上数据存储资源少,在设计用于存储卷积层输出、中间层输出的内存空间分配时,需要考虑重复使用问题,需要仔细考虑其空间大小问题,要通过遍历各层的使用情况而定。

(5)在使用CMSIS-NN库中的卷积层函数时,根据实际设计合理选择基本型或是根据不同目标优化卷积层函数;同理,在使用CMSIS-NN库中的全连接层函数时,根据实际设计合理选择常规的权值矩阵或者速度优化的权值矩阵。

(6)除声音识别的基本功能之外,其他功能设计允许自由发挥,可以变化数据集,可以采用不同的机器学习框架,可以变化嵌入式微控制器,也可以新增应用功能,但不作为考核项要求。

23.3 综合实践要求

(1)由同学根据给出的功能需求,完成自主设计、开发和实验;

(2)理解机器学习用于声音识别的工作原理,合理开展系统设计;

(3)理解基于机器学习框架的声音识别训练,合理选择训练的模型;

(4)掌握移植TensorFlow Lite for Microcontrollers方法,考虑模型的移植;

(5)掌握内嵌DSP指令集和CMSIS-NN库的使用方法,准备移植的条件;

(6)编程实现Cortex-M4系列微控制器上的嵌入式AI声音识别功能;

(7)掌握实验设计、条件建立、实验记录、结果分析的方法;

(8)撰写综合实践设计报告。

a.按照课程设计报告的要求统一格式,撰写综合实践设计报告;

b.尽可能充分体现出分析、设计、开发及实现的思路、方法、技巧;

c.在综合实践设计报告中给出设计思想、电路分析、程序开发、实现技巧、环境条件、实验步骤、结果记录、结果分析以及最后得出结论。

参考文献

[1]STMicroelectronics. DS9405_STM32F427xx和STM32F429xx单片机的数据手册[EB/OL]. (2015-03-20) [2022-03-08]. https://www. stmcu. com. cn/Designresource/detail/localization_document/709994.

[2]STMicroelectronics. DS8626_STM32F405xx,STM32F407xx单片机数据手册[EB/OL]. (2020-09-14) [2022-03-08]. https://www. stmcu. com. cn/Designresource/detail/datasheet/696193.

[3]STMicroelectronics. RM0090_STM32F405/415, STM32F407/417, STM32F427/437 and STM32F429/439单片机参考手册[EB/OL]. (2015-07-27)[2022-03-08]. https://www.stmcu.com.cn/Designresource/detail/localization_document/710005.

[4]刘火良,杨森. STM32库开发实战指南:基于STM32F4 [M].北京:机械工业出版社,2017.

[5]正点原子. STM32F4开发指南-库函数版本V1.1[EB/OL]. (2014-10-23)[2022-03-08]. http://www.openedv.com/docs/boards/stm32/zdyz_stm32f407_explorer.html.

[6]正点原子. STM32F4 LWIP开发手册V2.0[EB/OL]. (2014-12-01)[2022-03-08]. http://www.openedv.com/docs/boards/stm32/zdyz_stm32f407_explorer.html.

[7]梁晶,吴银琴. 嵌入式系统原理与应用 [M]. 北京:人民邮电出版社,2021.

[8]蒋建春,曾素华. 嵌入式系统原理及应用 [M]. 北京:高等教育出版社,2014.

[9]Joseph Yiu. The Definitive Guide to ARM Cortex-M3 and Cortex-M4 Processors [M]. 3rd.London :Newnes,2014.

[10]Joseph Yiu. The Definitive Guide to the ARM® Cortex®-M0 [M]. London :Newnes, 2014.

[11]Elecia White. Making Embedded Systems:Design Patterns for Great Software[M]. Sevastopol, California:O'Reilly Media,2011.